"十三五"示范性高职院校建设

建筑工程质量检验评定

主　编　王　胜　昌永红

副主编　赵　雪　杨　勇　杨　帆

参　编　朱莉宏　李学泉　付丽文

主　审　聂立武

北京理工大学出版社

BEIJING INSTITUTE OF TECHNOLOGY PRESS

内 容 提 要

　　本书根据国家颁布的最新规范编写而成。本书共分为6个项目，主要内容包括：建筑工程施工质量验收统一标准、地基与基础工程、主体结构工程、屋面工程、建筑装饰装修工程、建筑工程质量事故的处理。

　　本书可作为高职高专院校建筑类相关专业的教材，也可作为建筑工程技术人员学习及建筑施工质量验收操作的工具书。

版权专有　侵权必究

图书在版编目(CIP)数据

　　建筑工程质量检验评定 / 王胜，昌永红主编. —北京：北京理工大学出版社，2017.1
（2017.2重印）
　　ISBN 978-7-5682-2908-1

　　Ⅰ.①建⋯　Ⅱ.①王⋯　②昌⋯　Ⅲ.①建筑工程－工程质量－质量管理－高等学校－教材　Ⅳ.①TU712.3

　　中国版本图书馆CIP数据核字(2016)第200568号

出版发行 / 北京理工大学出版社有限责任公司

社　　　址 / 北京市海淀区中关村南大街5号

邮　　　编 / 100081

电　　　话 / （010）68914775（总编室）
　　　　　　（010）82562903（教材售后服务热线）
　　　　　　（010）68948351（其他图书服务热线）

网　　　址 / http://www.bitpress.com.cn

经　　　销 / 全国各地新华书店

印　　　刷 / 北京紫瑞利印刷有限公司

开　　　本 / 787毫米×1092毫米　1/16

印　　　张 / 18　　　　　　　　　　　　　　　　责任编辑 / 封　雪

字　　　数 / 415千字　　　　　　　　　　　　　　文案编辑 / 封　雪

版　　　次 / 2017年1月第1版　2017年2月第2次印刷　责任校对 / 周瑞红

定　　　价 / 45.00元　　　　　　　　　　　　　　责任印制 / 边心超

图书出现印装质量问题，请拨打售后服务热线，本社负责调换

前　言

　　为培养建设工程施工现场质检员、施工员、监理员等工程应用管理型人才，编者依据现行的国家、行业及地方标准、规范编写了本书。

　　本书与其他同类书相比，具有以下特色：

　　1. 以"实际工程项目"为载体，以"引导学生思考"为目标。在编写过程中，将书中内容与实际工作过程直接联系，即以某实际工程为依托，进行项目—子项目—任务的设计，真正符合"以项目为导向、以任务为驱动"的教学理念。

　　2. 以"施工质量控制和质量验收工作过程"为导向。本书以建设工程施工质量控制点和质量验收两部分内容为主，以质量问题的预防及处理等拓展内容为补充进行编写。

　　3. 以"任务描述—任务分析—相关知识—任务实施—任务巩固—项目小结—思考题—知识链接"为架构。首先在每个任务实施后，设置相应的任务巩固训练题，以加深对该任务相关知识的掌握，其次在每个项目结束后，设置项目小结，将本项目内的相关任务内容进行概括梳理，然后再针对项目设置若干思考题，使所学知识融会贯通，最后设置知识链接。

　　本书由辽宁建筑职业学院王胜、昌永红担任主编，煤科集团沈阳研究院有限公司赵雪、辽宁建筑职业学院杨勇、杨帆担任副主编，朱莉宏、李学泉、付丽文参与编写。全书由辽宁建筑职业学院聂立武主审。具体编写分工如下：项目二和项目三由王胜编写，项目一和项目四中子项目一、子项目二由昌永红编写，项目四中子项目三和子项目四由赵雪编写，项目五中子项目一和子项目二由杨勇编写，项目五中子项目三和子项目四由杨帆编写，项目五中子项目五和子项目六由朱莉宏编写，项目五中子项目七由李学泉编写，项目六由付丽文编写。

由于编写时间紧迫和编写水平有限，书中难免有不足之处，敬请广大读者和专家指正。

编　者

目 录

项目一　建筑工程施工质量验收统一标准

一、教学目标

(一)知识目标

(1)了解建筑工程质量检查基本规定。

(2)熟悉建筑工程质量验收划分原则。

(3)掌握检验批、分项工程、分部工程及单位工程的质量验收合格规定和质量验收程序。

(二)能力目标

(1)能根据《建筑工程施工质量验收统一标准》(GB 50300—2013)，运用建筑工程质量验收划分原则，对建筑工程进行质量验收划分。

(2)能根据《建筑工程施工质量验收统一标准》(GB 50300—2013)，运用检验批、分项工程、分部工程及单位工程的质量验收合格规定和质量验收程序，组织对建筑工程进行质量验收。

(三)素质目标

(1)具备团队合作精神。

(2)具备组织、管理及协调能力。

(3)具备表达能力。

(4)具备工作责任心。

(5)具备查阅资料及自学能力。

二、教学重点与难点

(一)教学重点

(1)建筑工程质量验收划分原则。

(2)检验批、分项工程、分部工程及单位工程的质量验收合格规定和质量验收程序。

(二)教学难点

检验批、分项工程、分部工程及单位工程的质量验收合格规定和质量验收程序。

任务一　基本规定

一、任务描述

建筑工程开工前、施工过程中以及施工结束均需要进行相应的质量检查，完成建筑工程质量检查基本规定的收集。

二、任务分析

本任务要求完成建筑工程质量检查基本规定的收集，应该以《建筑工程施工质量验收统一标准》(GB 50300—2013)中的基本规定为主。

三、相关知识

建筑工程质量检查基本规定如下。

(1)施工现场质量管理应具有相应的施工技术标准，健全总包和专业分包单位的质量管理体系、施工质量检验制度和综合施工质量水平评定考核制度。施工现场质量管理可按表1-1的要求进行检查记录。

表 1-1　施工现场质量管理检查记录　　开工日期：

工程名称			施工许可证号		
建设单位			项目负责人		
设计单位			项目负责人		
监理单位			总监理工程师		
施工单位		项目负责人		项目技术负责人	
序号	项目		主要内容		
1	项目部质量管理体系				
2	现场质量责任制				
3	主要专业工种操作岗位证书				
4	分包单位管理制度				
5	图纸会审记录				
6	地质勘察资料				
7	施工技术标准				
8	施工组织设计、施工方案编制及审批				
9	物资采购管理制度				
10	施工设施和机械设备管理制度				
11	计量设备配备				
12	检测试验管理制度				

序号	项目	主要内容
13	工程质量检查验收制度	
14		

自检结果:	检查结论:
施工单位项目负责人：　　　年　月　日	总监理工程师：　　　年　月　日

(2)未实行监理的建筑工程，建设单位相关人员应履行《建筑工程施工质量验收统一标准》(GB 50300—2013)涉及的监理职责。

(3)建筑工程的施工质量控制应符合下列规定：

1)建筑工程采用的主要材料、半成品、成品、建筑构配件、器具和设备应进场验收。凡涉及安全、节能、环境保护和主要使用功能的重要材料、产品，应按各专业工程施工规范、验收规范和设计文件等规定进行复检，并应经监理工程师检查认可。

2)各施工工序应按施工技术标准进行质量控制，每道施工工序完成后，经施工单位自检符合规定后，才能进行下道工序施工。各专业工种之间的相关工序应进行交接检验，并形成记录。

3)对于监理单位提出检查要求的重要工序，应经监理工程师检查认可，才能进行下道工序施工。

(4)符合下列条件之一时，可按相关专业验收规范的规定适当调整抽样复验、试验数量，调整后的抽样复验、试验方案应由施工单位编制，并报监理单位审核确认。

1)同一项目中由相同施工单位施工的多个单位工程，使用同一生产厂家的同品种、同规格、同批次的材料、构配件、设备时；

2)同一施工单位在现场加工的成品、半成品、构配件用于同一项目中的多个单位工程；

3)在同一项目中，针对同一抽样对象已有检验成果可以重复利用。

(5)当专业验收规范对工程中的验收项目未作出相应规定时，应由建设单位组织监理、设计、施工等相关单位制定专项验收要求。涉及安全、节能、环境保护等项目的专项验收要求应由建设单位组织专家论证。

(6)建筑工程施工质量应按下列要求进行验收：

1)工程质量验收均应在施工单位自检合格的基础上进行；

2)参加工程施工质量验收的各方人员应具备规定的资格；

3)检验批的质量应按主控项目和一般项目验收；

4)对涉及结构安全、节能、环境保护和主要使用功能的试块、试件及材料，应在进场时或施工中按规定进行见证检验；

5)隐蔽工程在隐蔽前应由施工单位通知监理单位进行验收，并应形成验收文件，验收合格后方可继续施工；

6)对涉及结构安全、节能、环境保护和使用功能的重要分部工程，应在验收前按规定进行抽样检测；

7)工程的观感质量应由验收人员现场检查，并应共同确认。

(7)建筑工程施工质量验收合格应符合下列要求：

1)符合工程勘察、设计文件的要求；

2)符合《建筑工程施工质量验收统一标准》(GB 50300—2013)和相关专业验收规范的规定。

(8)检验批的质量检验，应根据检验项目的特点在下列抽样方案中进行选择：

1)计量、计数或计量-计数等抽样方案；

2)一次、二次或多次抽样方案；

3)对重要的检验项目，当有简易快速的检验方法时，选用全数检验方案；

4)根据生产连续性和生产控制稳定性情况，采用调整型抽样方案；

5)经实践证明有效的抽样方案。

(9)检验批抽样样本应随机抽取，满足分布均匀、具有代表性的要求，抽样数量应符合有关专业验收规范的规定。当采用计数抽样时，最小抽样数量应符合表 1-2 的规定。

明显不合格的个体可不纳入检验批，但应进行处理，使其满足有关专业验收规范的规定，并对处理情况予以记录并重新验收。

表 1-2 检验批最小抽样数量

检验批的容量	最小抽样数量	检验批的容量	最小抽样数量
2~15	2	151~280	13
16~25	3	281~500	20
26~50	5	501~1 200	32
51~90	6	1 201~3 200	50
91~150	8	3 201~10 000	80

(10)计量抽样的错判概率 α 和漏判概率 β 可按下列规定采取：

1)主控项目：对应于合格质量水平的 α 和 β 均不宜超过 5%；

2)一般项目：对应于合格质量水平的 α 不宜超过 5%，β 不宜超过 10%。

四、任务实施

建筑工程质量检查基本规定见相关知识点。

【任务巩固】

1. 各施工工序应按施工技术标准进行质量控制，每道施工工序完成后，经( )自检符合规定后，才能进行下道工序施工。

   A. 建设单位　　B. 监理单位　　　　C. 施工单位　　　　D. 设计单位

2. 隐蔽工程在隐蔽前应由施工单位通知(   )进行验收，并应形成验收文件，验收合格后方可继续施工。

  A. 建设单位 B. 监理单位   C. 施工单位   D. 设计单位

3. 对涉及结构安全、节能、环境保护和主要使用功能的试块、试件及材料，应在进场时或施工中按规定进行(   )。

  A. 抽样检验 B. 见证检验   C. 计量检验   D. 计数检验

任务二 建筑工程质量验收的划分

一、任务描述

建筑工程进行质量验收时，应划分为不同的验收单元，完成建筑工程质量验收的划分。

二、任务分析

本任务要求完成建筑工程质量验收的划分，应该按照单位工程划分原则、分部工程划分原则、分项工程划分原则和检验批划分原则进行划分。

三、相关知识

建筑工程质量验收划分原则如下。

(1)建筑工程施工质量验收应划分为单位工程、分部工程、分项工程和检验批。

(2)单位工程应按下列原则划分：

1)具备独立施工条件并能形成独立使用功能的建筑物或构筑物为一个单位工程；

2)对于规模较大的单位工程，可将其能形成独立使用功能的部分作为一个子单位工程。

(3)分部工程应按下列原则划分：

1)可按专业性质、工程部位确定；

2)当分部工程较大或较复杂时，可按材料种类、施工特点、施工程序、专业系统及类别等将分部工程划分为若干子分部工程。

(4)分项工程可按主要工种、材料、施工工艺、设备类别等进行划分。

(5)检验批可根据施工、质量控制和专业验收的需要，按工程量、楼层、施工段、变形缝进行划分。

(6)建筑工程的分部工程、分项工程划分宜按表1-3进行。

(7)施工前，应由施工单位制定分项工程和检验批的划分方案，并由监理单位审核。对于表1-3及相关专业验收规范未涵盖的分项工程和检验批，可由建设单位组织监理、施工等单位协商确定。

(8)室外工程可根据专业类别和工程规模按表1-4的规定划分单位工程、分部工程。

表 1-3　建筑工程的分部工程、分项工程划分

序号	分部工程	子分部工程	分项工程
1	地基与基础	地基	素土、灰土地基，砂和砂石地基、土工合成材料地基，粉煤灰地基，强夯地基，注浆地基，预压地基，砂石桩复合地基，高压旋喷注浆地基，水泥土搅拌桩地基，土和灰土挤密桩复合地基，水泥粉煤灰碎石桩复合地基，夯实水泥土桩复合地基
		基础	无筋扩展基础，钢筋混凝土扩展基础，筏形与箱形基础，钢结构基础，钢管混凝土结构基础，型钢混凝土结构基础，钢筋混凝土预制桩基础，泥浆护壁成孔灌注桩基础，干作业成孔桩基础，长螺旋钻孔压灌桩基础，沉管灌注桩基础，钢桩基础，锚杆静压桩基础，岩石锚杆基础，沉井与沉箱基础
		基坑支护	灌注桩排桩围护墙，板桩围护墙，咬合桩围护墙，型钢水泥土搅拌墙，土钉墙，地下连续墙，水泥土重力式挡墙，内支撑，锚杆，与主体结构相结合的基坑支护
		地下水控制	降水与排水，回灌
		土方	土方开挖，土方回填，场地平整
		边坡	喷锚支护，挡土墙，边坡开挖
		地下防水	主体结构防水，细部构造防水，特殊施工法结构防水，排水，注浆
2	主体结构	混凝土结构	模板，钢筋，混凝土，预应力、现浇结构，装配式结构
		砌体结构	砖砌体，混凝土小型空心砌块砌体，石砌体，配筋砌体，填充墙砌体
		钢结构	钢结构焊接，紧固件连接，钢零部件加工，钢构件组装及预拼装，单层钢结构安装，多层及高层钢结构安装，钢管结构安装，预应力钢索和膜结构，压型金属板，防腐涂料涂装，防火涂料涂装
		钢管混凝土结构	构件现场拼装，构件安装，钢管焊接，构件连接，钢管内钢筋骨架，混凝土
		型钢混凝土结构	型钢焊接，紧固件连接，型钢与钢筋连接，型钢构件组装及预拼装，型钢安装，模板，混凝土
		铝合金结构	铝合金焊接，紧固件连接，铝合金零部件加工，铝合金构件组装，铝合金构件预拼装，铝合金框架结构安装，铝合金空间网格结构安装，铝合金面板，铝合金幕墙结构安装，防腐处理
		木结构	方木和原木结构，胶合木结构，轻型木结构，木结构防护

序号	分部工程	子分部工程	分项工程
3	建筑装饰装修	建筑地面	基层铺设，整体面层铺设，板块面层铺设，木、竹面层铺设
		抹灰	一般抹灰，保温层薄抹灰，装饰抹灰，清水砌体勾缝
		外墙防水	砂浆防水，涂膜防水，透气膜防水
		门窗	木门窗安装，金属门窗安装，塑料门窗安装，特种门安装，门窗玻璃安装
		吊顶	整体面层吊顶，板块面层吊顶，格栅吊顶
		轻质隔墙	板材隔墙，骨架隔墙，活动隔墙，玻璃隔墙
		饰面板	石板安装，陶瓷板安装，木板安装，金属板安装，塑料板安装
		饰面砖	外墙饰面砖粘贴，内墙饰面砖粘贴
		幕墙	玻璃幕墙安装，金属幕墙安装，石材幕墙安装，陶板幕墙安装
		涂饰	水性涂料涂饰，溶剂型涂料涂饰，美术涂饰
		裱糊与软包	裱糊，软包
		细部	橱柜制作与安装，窗帘盒和窗台板制作与安装，门窗套制作与安装，护栏和扶手制作与安装，花饰制作与安装
4	屋面	基层与保护	找平层，找坡层，隔汽层，隔离层，保护层
		保温与隔热	板状材料保温层，纤维材料保温层，喷涂硬泡聚氨酯保温层，现浇泡沫混凝土保温层，种植隔热层，架空隔热层，蓄水隔热层
		防水与密封	卷材防水层，涂膜防水层，复合防水层，接缝密封防水层
		瓦面与板面	烧结瓦和混凝土瓦铺装，沥青瓦铺装，金属板铺装，玻璃采光顶铺装
		细部构造	檐口，檐沟和天沟，女儿墙和山墙，水落口，变形缝，伸出屋面管道，屋面出入口，反梁过水孔，设施基座，屋脊，屋顶窗
5	建筑给水排水及供暖	略	
6	通风与空调	略	
7	建筑电气	略	
8	智能建筑	略	
9	建筑节能	略	
10	电梯	略	

表 1-4　室外工程划分

单位工程	子单位工程	分部(子分部)工程
室外设施	道路	路基，基层，面层，广场与停车场，人行道，人行地道，挡土墙，附属构筑物
	边坡	土石方，挡土墙，支护
附属建筑及室外环境	附属建筑	车棚，围墙，大门，挡土墙
	室外环境	建筑小品，亭台，水景，连廊，花坛，场坪绿化，景观桥

四、任务实施

建筑工程质量验收的划分按照相关知识点进行。

【任务巩固】

1. 具备独立施工条件并能形成独立使用功能的建筑物或构筑物为一个(　　)。
   A. 单位工程　　　B. 分部工程　　　C. 分项工程　　　D. 检验批
2. (　　)可按专业性质、工程部位确定。
   A. 单位工程　　　B. 分部工程　　　C. 分项工程　　　D. 检验批
3. (　　)可根据施工、质量控制和专业验收的需要，按工程量、楼层、施工段、变形缝进行划分。
   A. 单位工程　　　B. 分部工程　　　C. 分项工程　　　D. 检验批

任务三　建筑工程质量验收

一、任务描述

建筑工程开工前、施工过程中以及施工结束均需要进行相应的质量检查，完成检验批、分项工程、分部工程和单位工程的质量验收。

二、任务分析

本任务要求完成检验批、分项工程、分部工程和单位工程的质量验收，应该按照检验批、分项工程、分部工程和单位工程的质量验收合格规定进行。

三、相关知识

检验批、分项工程、分部工程和单位工程的质量验收合格规定如下。

(1)检验批质量验收合格应符合下列规定：

1)主控项目的质量经抽样检验均应合格。

2)一般项目的质量经抽样检验合格。当采用计数抽样时，合格点率应符合有关专业验收规范的规定，且不得存在严重缺陷。对于计数抽样的一般项目，正常检验一次抽样应按表1-5判定，正常检验二次抽样应按表1-6判定。样本容量在表1-5或表1-6给出的数值之间时，合格判定数和不合格判定数可通过插值并四舍五入取整确定。抽样方案应在抽样前确定。

表1-5　一般项目正常一次性抽样的判定

样本容量	合格判定数	不合格判定数	样本容量	合格判定数	不合格判定数
5	1	2	32	7	8
8	2	3	50	10	11
13	3	4	80	14	15
20	5	6	125	21	22

表1-6　一般项目正常二次性抽样的判定

抽样次数	样本容量	合格判定数	不合格判定数	抽样次数	样本容量	合格判定数	不合格判定数
(1)	3	0	2	(1)	20	3	6
(2)	6	1	2	(2)	40	9	10
(1)	5	0	3	(1)	32	5	9
(2)	10	3	4	(2)	64	12	13
(1)	8	1	3	(1)	50	7	11
(2)	16	4	5	(2)	100	18	19
(1)	13	2	5	(1)	80	11	16
(2)	26	6	7	(2)	160	26	27

注：(1)和(2)表示抽样次数，(2)对应的样本容量为二次抽样的累计数量。

3)具有完整的施工操作依据、质量验收记录。

(2)分项工程质量验收合格应符合下列规定：

1)所含检验批的质量均应验收合格；

2)所含检验批的质量验收记录应完整。

(3)分部工程质量验收合格应符合下列规定：

1)所含分项工程的质量均应验收合格；

2)质量控制资料应完整；

3)有关安全、节能、环境保护和主要使用功能的抽样检验结果应符合有关规定；

4)观感质量应符合要求。

(4)单位工程质量验收合格应符合下列规定：

1)所含分部工程的质量均应验收合格；

2)质量控制资料应完整；

3)所含分部工程中有关安全、节能、环境保护和主要使用功能的检验资料应完整；

4)主要使用功能项目的抽查结果应符合相关专业验收规范的规定；

5)观感质量应符合要求。

建筑工程施工质量验收记录可按下列规定填写。

(1)检验批质量验收记录可按表 1-7 填写，填写时应具有现场验收检查原始记录。

表 1-7　检验批质量验收记录

编号：

单位(子单位) 工程名称		分部(子分部) 工程名称			分项工程名称	
施工单位		项目负责人			检验批容量	
分包单位		分包单位 项目负责人			检验批部位	
施工依据			验收依据			

	验收项目	设计要求及 规范规定	最小/实际 抽样数量	检查记录	检查结果
主控项目	1				
	2				
	3				
	4				
	5				
	6				
	7				
	8				
	9				
	10				
一般项目	1				
	2				
	3				
	4				
	5				
施工单位 检查结果		专业工长： 项目专业质量检查员： 年　月　日			
监理单位 验收结论		专业监理工程师： 年　月　日			

（2）分项工程质量验收记录可按表1-8填写。

表1-8 分项工程质量验收记录

编号：

单位（子单位） 工程名称			分部（子分部） 工程名称			
分项工程数量			检验批数量			
施工单位			项目负责人		项目技术 负责人	
分包单位			分包单位 项目负责人		分包内容	
序号	检验批名称	检验批容量	部位/区段	施工单位检查结果		监理单位验收结论
1						
2						
3						
4						
5						
6						
7						
8						
9						
10						
11						
12						
13						
14						
15						
说明：						
施工单位 检查结论					项目专业技术负责人： 年　月　日	
监理单位 验收结论					专业监理工程师： 年　月　日	

（3）分部工程质量验收记录可按表 1-9 填写。

表 1-9 分部工程质量验收记录

编号：

单位(子单位) 工程名称			子分部工程 数量		分项工程 数量	
施工单位			项目负责人		技术(质量) 负责人	
分包单位			分包单位 负责人		分包内容	
序号	子分部 工程名称	分项工程名称	检验批数量	施工单位检查结果	监理单位验收结论	
1						
2						
3						
4						
5						
6						
7						
8						
9						
质量控制资料						
安全和功能检验报告						
观感质量检验结果						
综合验收结论						
施工单位 项目负责人： 　年 月 日		勘察单位 项目负责人： 　年 月 日		设计单位 项目负责人： 　年 月 日		监理单位 总监理工程师： 　年 月 日

注：1. 地基与基础分部工程的验收应由施工、勘察、设计单位项目负责人和总监理工程师参加并签字。

　　2. 主体结构、节能分部工程的验收应由施工、设计单位项目负责人和总监理工程师参加并签字。

(4)单位工程质量竣工验收应按表 1-10 记录，单位工程质量控制资料核查应按表 1-11 记录，单位工程安全和功能检验资料核查应按表 1-12 记录，单位工程观感质量检查应按表 1-13 记录。

表 1-10　单位工程质量竣工验收记录

工程名称		结构类型		层数/建筑面积	
施工单位		技术负责人		开工日期	
项目负责人		项目技术负责人		完工日期	
序号	项目	验收记录		验收结论	
1	分部工程验收	共　分部，经查　分部，符合设计及标准规定　分部			
2	质量控制资料核查	共　项，经核查符合规定　项，经核查不符合规定　项			
3	安全和主要使用功能核查及抽查结果	共核查　项，符合规定　项，共抽查　项，符合规定　项，经返工处理符合规定　项			
4	观感质量验收	共抽查　项，符合规定　项，不符合规定　项			
5	综合验收结论				

参加验收单位	建设单位	监理单位	施工单位	设计单位	勘察单位
	（公章） 项目负责人： 　年　月　日	（公章） 总监理工程师： 　年　月　日	（公章） 项目负责人： 　年　月　日	（公章） 项目负责人： 　年　月　日	（公章） 项目负责人： 　年　月　日

注：单位工程验收时，验收签字人员应由相应单位的法人代表书面授权。

表 1-11 单位工程质量控制资料核查记录

工程名称				施工单位			
序号	项目	资料名称	份数	施工单位		监理单位	
				核查意见	核查人	核查意见	核查人
1	建筑与结构	图纸会审记录、设计变更通知单、工程洽商记录					
2		工程定位测量、放线记录					
3		原材料出厂合格证及进场检验、试验报告					
4		施工试验报告及见证检测报告					
5		隐蔽工程验收记录					
6		施工记录					
7		地基基础、主体结构检验及抽样检测资料					
8		分项、分部工程质量验收记录					
9		工程质量事故调查处理资料					
10		新技术论证、备案及施工记录					
11							
12							
13							
给水排水与供暖		略					
通风与空调		略					
建筑电气		略					
智能建筑		略					
建筑节能		略					
电梯		略					

结论：

施工单位项目负责人： 　总监理工程师：

　　　年　月　日 　　　　　年　月　日

表 1-12 单位工程安全和功能检验资料核查记录

工程名称			施工单位				
序号	项目	安全和功能检查项目	份数	监理意见			
				核查意见	抽查人	核查意见	核查人
1	建筑与结构	地基承载力检验报告					
2		桩基承载力检验报告					
3		混凝土强度试验报告					
4		砂浆强度试验报告					
5		主体结构尺寸、位置抽查记录					
6		建筑物垂直度、标高、全高测量记录					
7		屋面淋水或蓄水试验记录					
8		地下室防水效果检查记录					
9		有防水要求的地面蓄水试验记录					
10		抽气(风)道检查记录					
11		外窗气密性、水密性、耐风压检测报告					
12		幕墙气密性、水密性、耐风压检测报告					
13		建筑物沉降观测测量记录					
14		节能、保温测试记录					
15		室内环境检测报告					
16		土壤氡气浓度检测报告					
给水排水与供暖		略					
通风与空调		略					
建筑电气		略					
智能建筑		略					
建筑节能		略					
电梯		略					
结论:							
施工单位项目负责人:　　　　　　　　　　年　月　日				总监理工程师:　　　　　　　　年　月　日			
注:抽查项目由验收组协商确定。							

表 1-13 单位工程观感质量检查记录

工程名称				施工单位				
序号		项目		抽查质量状况		质量评价		
						好	一般	差
1	建筑与结构	主体结构外观		共检查　点，其中合格　点				
2		室外墙面		共检查　点，其中合格　点				
3		变形缝、雨水管		共检查　点，其中合格　点				
4		屋面		共检查　点，其中合格　点				
5		室内墙面		共检查　点，其中合格　点				
6		室内顶棚		共检查　点，其中合格　点				
7		室内地面		共检查　点，其中合格　点				
8		楼梯、踏步、护栏		共检查　点，其中合格　点				
9		门窗		共检查　点，其中合格　点				
10		雨罩、台阶、坡道、散水		共检查　点，其中合格　点				
给水排水与供暖		略						
通风与空调		略						
建筑电气		略						
智能建筑		略						
电梯		略						
观感质量综合评价								
结论： 施工单位项目负责人： 　　　　年　月　日				总监理工程师： 　　　　年　月　日				
注：1. 对质量评价为差的项目应进行返修。 　　2. 观感质量现场检查原始记录应作为本表附件。								

当建筑工程施工质量不符合要求时，应按下列规定进行处理。

（1）经返工或返修的检验批，应重新进行验收。

（2）经有资质的检测机构检测鉴定能够达到设计要求的检验批，应予以验收。

（3）经有资质的检测机构检测鉴定达不到设计要求，但经原设计单位核算认可能够满足安全和使用功能的检验批，可予以验收。

（4）经返修或加固处理的分项、分部工程，满足安全及使用功能要求时，可按技术处理方案和协商文件的要求予以验收。

工程质量控制资料应齐全完整。当部分资料缺失时，应委托有资质的检测机构按有关标准进行相应的实体检验或抽样试验。

经返修或加固处理仍不能满足安全或使用要求的分部工程及单位工程，严禁验收。

四、任务实施

建筑工程质量验收按照相关知识点进行。

【任务巩固】

1. 检验批质量验收时，主控项目的质量经抽样检验（　　）合格。
   A. 50%　　　　　　　B. 75%　　　　　　　C. 90%　　　　　　　D. 均应

2. 分项工程质量验收合格，其所含检验批的质量（　　）验收合格。
   A. 50%　　　　　　　B. 75%　　　　　　　C. 90%　　　　　　　D. 均应

3. 经返修或加固处理仍不能满足安全或重要使用要求的分部工程及单位工程，（　　）
   验收。
   A. 可以　　　　　　　B. 让步　　　　　　　C. 降级　　　　　　　D. 严禁

任务四　建筑工程质量验收的程序和组织

一、任务描述

检验批、分项工程、分部工程和单位工程的质量验收均有规定的质量验收程序，组织
检验批、分项工程、分部工程和单位工程的质量验收。

二、任务分析

本任务要求组织检验批、分项工程、分部工程和单位工程的质量验收，应该按照检验
批、分项工程、分部工程和单位工程的质量验收程序进行。

三、相关知识

检验批、分项工程、分部工程和单位工程的质量验收程序如下。

(1)检验批应由专业监理工程师组织施工单位项目专业质量检查员、专业工长等进行
验收。

(2)分项工程应由专业监理工程师组织施工单位项目专业技术负责人等进行验收。

(3)分部工程应由总监理工程师组织施工单位项目负责人和项目技术、质量负责人等进
行验收。勘察、设计单位项目负责人和施工单位技术、质量部门负责人应参加地基与基础
分部工程的验收。设计单位项目负责人和施工单位技术、质量部门负责人应参加主体结构、
节能分部工程的验收。

(4)单位工程中的分包工程完工后，分包单位应对所承包的工程项目进行自检，并应按

《建筑工程施工质量验收统一标准》(GB 50300—2013)规定的程序进行验收。验收时，总包单位应派人参加。分包单位应将所分包工程的质量控制资料整理完整，并移交给总包单位。

(5)单位工程完工后，施工单位应自行组织有关人员进行自检，总监理工程师应组织各专业监理工程师对工程质量进行竣工预验收。存在施工质量问题时，应由施工单位及时整改。整改完毕后，由施工单位向建设单位提交工程竣工报告，申请工程竣工验收。

(6)建设单位收到工程竣工验收报告后，应由建设单位项目负责人组织监理、施工、设计、勘察等单位项目负责人进行单位工程验收。

四、任务实施

组织检验批、分项工程、分部工程和单位工程的质量验收按照相关知识点进行。

【任务巩固】

1. 检验批应由(   )组织施工单位项目专业质量检查员、专业工长等进行验收。

A. 项目经理   B. 总监理工程师

C. 专业监理工程师   D. 施工单位技术负责人

2. 分项工程应由(   )组织施工单位项目专业技术负责人等进行验收。

A. 项目经理   B. 总监理工程师

C. 专业监理工程师   D. 施工单位技术负责人

3. 分部工程应由(   )组织施工单位项目负责人和项目技术负责人等进行验收。

A. 项目经理   B. 总监理工程师

C. 专业监理工程师   D. 施工单位技术负责人

【例题 1-1】 某市银行大厦是一座现代化的智能型建筑，建筑面积为 50 000 m²，施工总承包单位是该市第一建筑公司，由于该工程设备先进，要求高，因此，该公司将机电设备安装工程分包给具有相应资质的某合资安装公司。

问题:

1. 工程质量验收分为哪两类?

2. 该银行大厦主体和其他分部工程验收的程序和组织是什么?

3. 该机电设备安装分包工程验收的程序和组织是什么?

答案:

1. 建筑工程质量验收分为过程验收和单位工程竣工验收两大类。其中，检验批、分项、分部和隐蔽工程验收为过程验收。

2. 该银行大厦主体和其他分部工程验收的程序和组织：在施工单位自检合格，并填好相关验收记录(有关监理记录和结论不填)的基础上，应由总监理工程师组织施工单位项目负责人和项目技术负责人等进行验收。勘察、设计单位项目负责人和施工单位技术、质量部门负责人应参加地基与基础分部工程的验收。设计单位项目负责人和施工单位技术、质量部门负责人应参加主体结构、节能分部工程的验收，并在验收记录上签字、盖章。

3. 某合资安装公司对分包的机电设备安装工程应按《建筑工程施工质量验收统一标准》

(GB 50300—2013)规定的程序和组织检查评定，总包单位第一建筑公司应派人参加。分包的机电设备安装工程完成后，合资安装公司将工程有关资料交总包单位第一建筑公司，待建设单位组织单位工程质量验收时，第一建筑公司和合资安装公司单位负责人参加验收。

【能力训练】

训练题目：完成建筑工程施工质量的检验，并填写质量验收记录。

项目一　综合训练

某教学楼长为 75.76 m，宽为 25.2 m，共 7 层，室内外高差为 450 mm。1～7 层每层层高均为 4.2 m，顶层水箱间层高为 3.9 m，建筑高度为 29.85 m(室外设计地面到平屋面面层)，建筑总高度为 30.75 m(室外设计地面到平屋面女儿墙)。在第 4 层混凝土部分试块检测时发现强度达不到设计要求，但实体经有资质的检测单位检测鉴定，强度达到了要求。由于加强了预防和检查，没有再发生类似情况。该楼最终顺利完工，达到验收条件后，建设单位组织了竣工验收。

问题：

(1)工序质量控制的内容有哪些？

(2)第 4 层的质量问题是否需要处理？请说明理由。

(3)如果第 4 层混凝土强度经检测达不到要求，施工单位如何处理？

(4)该教学楼达到什么条件后方可竣工验收？

答案：

(1)工序质量控制的内容包括：严格遵守工艺规程；主动控制工序活动条件的质量；及时检查工序活动效果的质量；设置工序质量控制点。

(2)第 4 层的混凝土不需要处理。

理由：虽然在第 4 层混凝土部分试块检测时发现强度达不到设计要求，但实体经有资质的检测单位检测鉴定，强度达到了要求，故不需要进行处理。

(3)如果第 4 层实体混凝土强度经检测达不到设计强度要求，应按如下程序处理：

1)施工单位应将试块检测和实体检测情况向监理单位和建设单位报告。

2)由原设计单位进行校核。如经设计单位核算混凝土强度能满足结构安全和工程使用功能，可予以验收；如经设计单位核算混凝土强度不能满足要求，需根据混凝土实际强度情况制订拆除、重建、加固补强、结构卸荷、限制使用等相应的处理方案。

3)施工单位按批准的处理方案进行处理。

4)施工单位将处理结果报请监理单位进行检查验收报告。

5)施工单位对发生的质量事故剖析原因，采取预防措施予以防范。

(4)该教学楼工程应达到下列条件，方可竣工验收：

1)完成建设工程设计和合同约定的内容，工程质量和使用功能符合规范规定的设计要求。

2)有完整的技术档案和施工管理资料。

3)有工程使用的主要建筑材料、建筑构配件和设备的进场试验报告。

4)有工程勘察、设计、施工、工程监理等单位分别签署的质量合格文件。

5)有施工单位签署的工程保修书。

项目小结

本项目主要介绍了建筑工程施工质量验收的基本规定、建筑工程质量验收的划分、建筑工程质量验收及建筑工程质量验收程序和组织四大部分内容。

建筑工程施工质量验收基本规定主要介绍了建筑工程的施工质量控制规定和建筑工程施工质量验收合格的相关要求等。

建筑工程质量验收的划分主要介绍了单位工程、分部工程、分项工程和检验批的划分原则。

建筑工程质量验收主要介绍了检验批、分项工程、分部工程和单位工程的质量验收合格规定。

建筑工程质量验收程序和组织主要介绍了检验批、分项工程、分部工程和单位工程的质量验收程序。

思 考 题

1. 建筑工程施工检验批质量验收合格的规定有哪些?

2. 分项工程质量验收合格的规定有哪些?

3. 当建筑工程质量不符合要求时,应如何进行处理?

4. 简述地基与基础工程验收的程序。

5. 简述主体工程验收的程序。

知 识 链 接

一、单项选择题

1. 见证取样检测是检测试样在( )的见证下,由施工单位有关人员现场取样,并委托检测机构所进行的检测。

A. 监理单位具有见证人员证书的人员

B. 建设单位授权的具有见证人员证书的人员

C. 监理单位或建设单位具有见证资格的人员

D. 设计单位项目负责人

2. 检验批的质量应按主控项目和（　　）验收。

    A. 保证项目　　　　　　　　　　B. 一般项目

    C. 基本项目　　　　　　　　　　D. 允许偏差项目

3. 建筑工程质量验收应划分为单位（子单位）工程、分部（子分部）工程、分项工程和

    （　　）。

    A. 验收部位　　　　　　　　　　B. 工序

    C. 检验批　　　　　　　　　　　D. 专业验收

4. 分项工程可由（　　）检验批组成。

    A. 若干个　　　　　　　　　　　B. 不少于十个

    C. 不少于三个　　　　　　　　　D. 不少于五个

5. 分部工程的验收应由（　　）组织。

    A. 监理单位

    B. 建设单位

    C. 总监理工程师（建设单位项目负责人）

    D. 监理工程师

6. 单位工程的观感质量应由验收人员通过现场检查，并经（　　）确认。

    A. 监理单位　　　　　　　　　　B. 施工单位

    C. 建设单位　　　　　　　　　　D. 共同

7. 工程质量控制资料应齐全完整，当部分资料缺失时，应委托有资质的检测机构按有

    关标准进行相应的（　　）。

    A. 原材料检测　　　　　　　　　B. 实体检测

    C. 抽样试验　　　　　　　　　　D. 实体检测或抽样试验

8. 建筑地面工程属于（　　）分部工程。

    A. 建筑装饰　　　　　　　　　　B. 建筑装修

    C. 地面与楼面　　　　　　　　　D. 建筑装饰装修

9. 门窗工程属于（　　）分部工程。

    A. 建筑装饰　　　　　　　　　　B. 建筑装修

    C. 主体工程　　　　　　　　　　D. 建筑装饰装修

二、多项选择题

1. 分项工程应按主要（　　）等进行划分。

    A. 工种　　　　　　　B. 材料　　　　　　　C. 施工工艺

    D. 设备类别　　　　　E. 楼层

2. 观感质量验收的检查方法有（　　）。

    A. 观察　　　　　　　B. 凭验收人员的经验　　　C. 触摸

    D. 简单量测　　　　　E. 科学仪器

3. 建筑工程的建筑与结构部分最多可划分为（　　）分部工程。

    A. 地基与基础　　　　B. 主体结构　　　　　C. 楼地面

    D. 建筑装饰装修　　　E. 建筑屋面

4. 参加单位工程质量竣工验收的单位为( )等。

    A. 建设单位   B. 施工单位   C. 勘察、设计单位

    D. 监理单位   E. 材料供应单位

5. 检验批可根据施工及质量控制和专业验收需要按( )等进行划分。

    A. 楼层   B. 施工段   C. 变形缝

    D. 专业性质   E. 施工程序

三、案例题

    某办公楼工程，建筑面积为 18 500 m²，现浇钢筋混凝土框架结构，筏形基础。该工程位于市中心，场地狭小，开挖土方需上运至指定地点，建设单位通过公开招标的方式选定了施工总承包单位和监理单位，并按规定签订了施工总承包合同和监理委托合同。

    基础工程施工完成后，在施工总承包单位自检合格、总监理工程师签署"质量控制资料符合要求"的审查意见基础上，施工总承包单位项目经理组织施工单位质量部门负责人、监理工程师进行了分部工程验收。

    问题：

    施工总承包单位项目经理组织基础工程验收是否妥当？说明理由。本工程地基基础分部工程验收还应包括哪些人员？

项目二 地基与基础工程

一、教学目标

(一)知识目标

(1)了解地基与基础工程施工质量控制要点。

(2)熟悉地基与基础工程施工常见的质量问题及预防措施。

(3)掌握地基与基础工程验收标准、验收内容和验收方法。

(二)能力目标

(1)能根据《建筑工程施工质量验收统一标准》(GB 50300—2013)和《建筑地基基础工程施工质量验收规范》(GB 50202—2002),运用质量验收方法、验收内容等知识,对地基与基础工程进行验收和评定。

(2)能根据《建筑地基处理技术规范》(JGJ 79—2012)、《建筑桩基技术规范》(JGJ 94—2008)及施工方案文件等,对地基与基础工程常见的质量问题进行预控。

(三)素质目标

(1)具备团队合作精神。

(2)具备组织、管理及协调能力。

(3)具备表达能力。

(4)具备工作责任心。

(5)具备查阅资料及自学能力。

二、教学重点与难点

(一)教学重点

(1)地基与基础工程施工质量控制要点。

(2)地基与基础工程验收标准、验收内容和验收方法。

(二)教学难点

地基与基础工程施工常见的质量问题及预防措施。

子项目一 土方工程

土方是地基与基础分部工程的子分部工程,共包括三个分项工程:土方开挖、土方回填及场地平整。

土方工程施工前应进行挖、填方的平衡计算，综合考虑土方运距最短、运程合理和各个工程项目的合理施工程序等，做好土方平衡调配，减少重复挖运。土方平衡调配应尽可能与城市规划和农田水利相结合，将余土一次性运到指定弃土场，做到文明施工。

当土方工程挖方较深时，施工单位应采取措施，防止基坑底部土的隆起并避免危害周边环境。在挖方前，应做好地面排水和降低地下水位的工作。

土方工程施工，应经常测量和校核其平面位置、水平标高和边坡坡度。平面控制桩和水准控制点应采取可靠的保护措施，定期复测和检查。土方不应堆在基坑边缘。对雨期和冬期施工还应遵守国家现行的有关标准。

平整场地的表面坡度应符合设计要求，如设计无要求时，排水沟方向的坡度不应小于2‰。平整后的场地表面应逐点检查，检查点为每 $100 \sim 400$ m² 取 1 点，但不应少于 10 点；长度、宽度和边坡均为每 20 m 取 1 点，每边不应少于 1 点。

任务一　土方开挖工程质量控制与验收

一、任务描述

工程开工前需进行场地平整，采用推土机等土方施工机械开挖的过程中要保证土方开挖工程的施工质量。开挖至设计标高后，完成土方开挖工程检验批的质量验收。

二、任务分析

本任务共包含两方面的内容：一是要保证土方开挖工程的施工质量；二是要对土方开挖工程检验批进行质量验收。

要保证土方开挖工程的施工质量，就需要掌握土方开挖工程施工质量控制要点。

要对土方开挖工程检验批进行质量验收，就需要掌握土方开挖工程检验批的检验标准及检验方法等知识。

三、相关知识

相关知识包括土方开挖工程质量控制点和土方开挖工程检验批的检验标准及检验方法两部分知识。

(一)质量控制点

(1)土方开挖前应检查定位放线、排水和降低地下水位系统，合理安排土方运输车的行走路线及弃土场。

(2)施工过程中应检查平面位置、水平标高、边坡坡度、压实度、排水、降低地下水位系统，并随时观测周围的环境变化。

(3)临时性挖方的边坡值见表2-1。

表 2-1　临时性挖方边坡值

土的类别		边坡值(高:宽)
砂土(不包括细砂、粉砂)		1:1.25~1:1.50
一般性黏土	硬	1:0.75~1:1.00
	硬、塑	1:1.00~1:1.25
	软	1:150 或更缓
碎石类土	充填坚硬、硬塑黏性土	1:0.50~1:1.00
	充填砂土	1:1.00~1:1.50

注: 1. 设计有要求时,应符合设计标准。
　　2. 如采用降水或其他加固措施,可不受本表限制,但应计算复核。
　　3. 开挖深度,对软土不应超过 4 m,对硬土不应超过 8 m。

(二)检验批施工质量验收

土方开挖工程质量检验标准见表 2-2。

表 2-2　土方开挖工程质量检验标准　　　　　　　　　　　　　　　　mm

项目	序号	内容	允许偏差或允许值					检验方法	检查数量
			柱基基坑基槽	挖方场地平整		管沟	地(路)面基层		
				人工	机械				
主控项目	1	标高	−50	±30	±50	−50	−50	水准仪	柱基按总数抽查10%,但不少于5个,每个不少于2点;基坑每20 m²取1点,但不少于2点;基槽、管沟、排水沟、路面基层每20 m取1点,但不少于5点;挖方每30~50 m²取1点,但不少于5点
	2	长度、宽度(由设计中心线向两边量)	+200 −50	+300 −100	+500 −150	+100	—	经纬仪,用钢尺量	每20 m取1点,每边不少于1点
	3	边坡	设计要求					观察或用坡度尺检查	
一般项目	1	表面平整度	20	20	50	20	20	用2m靠尺和楔形塞尺检查	每30~50 m²取1点
	2	基底土性	设计要求					观察或土样分析	全数观察检查

注:地(路)面基层的偏差只适用于直接在挖、填方上做地(路)面的基层。

四、任务实施

(1)保证土方开挖工程施工质量的措施见"质量控制点"相关内容。

(2)土方开挖工程检验批质量验收按照"表2-2 土方开挖工程质量检验标准"进行。

五、拓展提高

土方开挖工程施工过程中常见的质量问题如下所述。

(一)挖方边坡塌方

1. 现象

在场地平整过程中或平整后,挖方边坡土方局部或大面积发生塌方或滑塌现象。

2. 预防措施

(1)在斜坡地段开挖边坡时应遵循由上而下、分层开挖的顺序,合理放坡,不使过陡,同时避免切割坡脚,以防导致边坡失稳而造成塌方。

(2)在有地表滞水或地下水作用的地段,应做好排、降水措施,以拦截地表滞水和地下水,避免冲刷坡面和掏空坡脚,防止坡体失稳。特别在软土地段开挖边坡,应降低地下水位,防止边坡产生侧移。

(3)施工中避免在坡顶堆土和存放建筑材料,并避免行驶施工机械设备和车辆振动,以减轻坡体负担,防止塌方。

(二)基底超挖

1. 现象

基坑(槽)开挖后,发现坑底标高超过设计标高。

2. 预防措施

(1)由上而下分层分段依次挖土。

(2)采用机械挖土时,应预留20~30 cm厚的土层经人工开挖。

(三)桩基位移

1. 现象

桩基挖土后,发现桩基移位。

2. 预防措施

(1)软土地区桩基挖土应防止桩基位移,在密集群桩上开挖基坑时,应在打桩完成后,间隔一段时间,再对称挖土。

(2)在密集桩附近开挖基坑(槽)时,应事先确定预防桩基位移的措施。

【任务巩固】

1. 土方开挖前应检查定位放线和( )。

  A. 边坡坡度   B. 水平标高

C. 排水和降低地下水位系统　　　　D. 平面位置

2. 基坑土方开挖时，每 20 m² 取 1 点，但不少于（　　　）点。

   A. 2　　　　　　B. 3　　　　　　C. 4　　　　　　D. 5

3. 采用机械挖土时，应预留（　　　）cm 厚的土层经人工开挖。

   A. 10～20　　　B. 20～30　　　C. 30～40　　　D. 0

任务二　土方回填工程质量控制与验收

一、任务描述

采用推土机等土方施工机械进行土方回填施工过程中要保证土方回填工程的施工质量。回填至设计标高后，完成土方回填工程检验批的质量验收。

二、任务分析

本任务共包含两方面的内容：一是要保证土方回填工程的施工质量；二是要对土方回填工程检验批进行质量验收。

要保证土方回填工程的施工质量，就需要掌握土方回填工程施工质量控制要点。

要对土方回填工程检验批进行质量验收，就需要掌握土方回填工程检验批的检验标准及检验方法等知识。

三、相关知识

相关知识包括土方回填工程质量控制点和土方回填工程检验批的检验标准及检验方法两部分知识。

(一)质量控制点

(1)原材料要求。

1)宜优先利用基坑(槽)中挖出的原土，但不得含有有机杂质。使用前应过筛，其粒径不应大于 50 mm，含水量应符合规定。

2)碎石类土、砂土(使用细砂、粉砂时应取得设计单位同意)和爆破石碴，可用作表层以下填料。其最大粒径不得超过每层铺填厚度的 2/3 或 3/4(使用振动碾时)，含水量应符合要求。

3)填料为黏性土时，填土前应检验其含水量是否在控制范围内，如含水量偏高可采用翻耕、晾晒、均匀掺入干土或吸水性填料等措施。如含水量偏低，可采用预先洒水湿润，增加压实遍数或使用最大压实功能机械等措施。

4)盐渍土一般不可使用。但填料中不含有盐晶、盐块或含盐植物的根茎，并符合《土方与爆破工程施工及验收规范》(GB 50201—2012)的规定的盐渍土则可以使用。

(2)土方回填前应清除基底的垃圾、树根等杂物，抽除坑穴积水、淤泥，验收基底标高。如在耕植土或松土上填方时，应在基底压实后再进行。

（3）对填方土料应按设计要求验收后方可填入。

（4）填方施工过程中应检查排水措施、每层填筑厚度、含水量控制和压实程度。填筑厚度及压实遍数应根据土质、压实系数及所用机具确定。如无试验依据，应符合表2-3的规定。

表2-3 填土施工时的分层厚度及压实遍数

压实机具	分层厚度/mm	每层压实遍数
平碾	250～300	6～8
振动压实机	250～350	3～4
柴油打夯机	200～250	3～4
人工打夯	<200	3～4

(二)检验批施工质量验收

土方回填工程质量检验标准见表2-4。

表2-4 土方回填工程质量检验标准   mm

项目	序号	内容	允许偏差或允许值					检验方法	检验数量
			柱基基坑基槽	挖方场地平整		管沟	地(路)面基层		
				人工	机械				
主控项目	1	标高	−50	±30	±50	−50	−50	水准仪	柱基按总数抽查10%，但不少于5个，每个不少于2点；基坑每20 m² 取1点，每坑不少于2点；基槽、管沟、排水沟、路面基层每20 m取1点，但不少于5点；场地平整每100～400 m² 取1点，但不少于10点
	2	分层压实系数	设计要求					按规定方法	密实度控制基坑和室内填土，每层按每100～500 m² 取样一组；场地平整填方，每层按每400～900 m² 取样一组；基坑和管沟回填每20～50 m² 取样一组，但每层均不得少于一组，取样部位在每层压实后的下半部

项目	序号	内容	允许偏差或允许值					检验方法	检验数量
			柱基基坑基槽	挖方场地平整		管沟	地(路)面基层		
				人工	机械				
一般项目	1	回填土料	设计要求					取样检查或直观鉴别	同一土场不少于1组
	2	分层厚度及含水量	设计要求					水准仪及抽样检查	分层铺土厚度检查每10～20 mm或100～200 m² 设置一处。回填料实测含水量与最佳含水量之差,黏性土控制在−4%～+2%范围内,每层填料均应抽样检查一次,由于气候因素使含水量发生较大变化时应再抽样检查
	3	表面平整度	20	20	30	20	20	用靠尺或水准仪	每30～50 m²取1点

四、任务实施

(1)保证土方回填工程施工质量的措施见"质量控制点"相关内容。

(2)土方回填工程检验批质量验收按照"表2-4 土方回填工程质量检验标准"进行。

五、拓展提高

土方回填工程施工过程中常见的质量问题如下所述。

(一)填方边坡塌方

1. 现象

填方边坡塌陷或滑塌,造成坡脚处土方堆积,坡顶上部土体裂缝。

2. 预防措施

(1)永久性填方的边坡坡度应根据填方高度、土的种类和工程重要性按设计规定放坡。当填土边坡用不同土料进行回填时,应根据分层回填土料类别,将边坡做成折线形式。

(2)使用时间较长的临时填方边坡坡度:当填方高度在10 m以内,可采用1:1.5进行放坡;当填方高度超过10 m,可做成折线形,上部为1:1.5,下部采用1:1.75进行放坡。

(3)填方应选用符合要求的土料,避免采用腐殖土和未经破碎的大块土作边坡填料。边坡施工应按填土压实标准进行水平分层回填、碾压或夯实。

(4)在气候、水文和地质条件不良的情况下，对黏土、粉砂、细砂、易风化岩石边坡以及黄土类缓边坡，应于施工完毕后，随即进行防护。

(5)在边坡上、下部作好排水沟，避免在影响边坡稳定的范围内积水。

(二)填方出现橡皮土

1. 现象

填土受夯打(碾压)后，基土发生颤动，受夯击(碾压)处下陷，四周鼓起，形成软塑状态，而体积并没有压缩，人踩上去有一种颤动感觉。在人工填土地基内，成片出现这种橡皮土(又称弹簧土)，将使地基的承载力降低，变形加大，地基长时间不能得到稳定。

2. 预防措施

(1)夯(压)实填土时，应适当控制填土的含水量，土的最优含水量可通过击实试验确定。工地简单检验，一般以手握成团，落地开花为宜。

(2)避免在含水量过大的黏土、粉质黏土、淤泥质土、腐殖土等原状土上进行回填。

(3)填方区如有地表水时，应设排水沟排走；有地下水应降低至基底 0.5 m 以下。

(4)暂停一段时间回填，使橡皮土含水量逐渐降低。

(三)填土密实度达不到要求

1. 现象

回填土经碾压或夯实后，达不到设计要求的密实度，将使填土场地、地基在荷载下变形量增大，承载力和稳定性降低，或导致不均匀下沉。

2. 预防措施

(1)选择符合填土要求的土料回填。

(2)填土的密实度应根据工程性质来确定，一般将土的压实系数换算为干密度来控制。

(3)加强对土料、含水量、施工操作和回填土干密度的现场检验，按规定取样，严格每道工序的质量控制。

(四)场地积水

1. 现象

在建筑场地平整过程中或平整完成后，场地范围内高洼不平，局部或大面积出现积水。

2. 预防措施

(1)平整前，对整个场地的排水坡、排水沟、截水沟、下水道进行有组织排水系统设计。

(2)对场地内的填土进行认真分层回填碾压(夯)实，使密实度不低于设计要求。设计无要求时，一般也应分层回填、分层压(夯)实，使相对密实度不低于85%，避免松填。

(3)做好测量的复核工作，防止出现标高误差。

【任务巩固】

1. 土方回填材料使用前应过筛，其粒径不大于(　　)mm，含水量应符合规定。

    A. 25　　　　　　　B. 30　　　　　　　C. 40　　　　　　　D. 50

2. 填筑厚度及压实遍数应根据土质、(　　)及所用机具确定。

　　A. 压实系数　　　 B. 排水措施　　　 C. 每层填筑厚度　　 D. 含水量控制

3. 土方回填表面平整度的检查应每(　　)m² 取 1 点。

　　A. 10～30　　　　 B. 20～40　　　　 C. 30～50　　　　 D. 40～60

子项目二　基坑支护工程

基坑支护是地基与基础分部工程的子分部工程，共包括十个分项工程：灌注桩排桩围护墙、板桩围护墙、咬合桩围护墙、型钢水泥土搅拌墙、土钉墙、地下连续墙、水泥土重力式挡墙、内支撑、锚杆及与主体结构相结合的基坑支护排桩墙支护工程。

在基坑(槽)或管沟等工程开挖施工中，现场不宜进行放坡开挖，当可能对邻近建(构)筑物、地下管线、永久性道路产生危害时，应对基坑(槽)、管沟进行支护后再开挖。土方开挖的顺序、方法必须与设计工况相一致，并遵循"开槽支撑，先撑后挖，分层开挖，严禁超挖"的原则。

基坑(槽)、管沟的挖土应分层进行。在施工过程中基坑(槽)、管沟边堆置土方不应超过设计荷载，挖方时不应碰撞或损伤支护结构、降水设施。基坑(槽)、管沟土方施工中应对支护结构、周边环境进行观察和检测，如出现异常情况应及时处理，待恢复正常后方可继续施工。基坑(槽)、管沟开挖至设计标高后，应对坑底进行保护，经验槽合格后，方可进行垫层施工。对特大型基坑，宜分区分块挖至设计标高，分区分块及时浇筑垫层。必要时，可加强垫层。

基坑(槽)、管沟土方工程验收必须以确保支护结构安全和周围环境安全为前提。当设计有指标时，以设计要求为依据，如无设计指标时应按表 2-5 的规定执行。

表 2-5　基坑变形的监控值　　　　　　　　　　　　　　　　　　　　　cm

基坑类别	围护结构墙顶位移监控值	围护结构墙体最大位移监控值	地面最大沉降监控值
一级基坑	3	5	3
二级基坑	6	8	6
三级基坑	8	10	10

注：1. 符合下列情况之一，为一级基坑：

　　(1)重要工程或支护结构做主体结构的一部分；

　　(2)开挖深度大于 10 m；

　　(3)与邻近建筑物，重要设施的距离在开挖深度以内的基坑；

　　(4)基坑范围内有历史文物、近代优秀建筑、重要管线等需严加保护的基坑。

2. 三级基坑为开挖深度小于 7 m，且周边环境无特别要求时的基坑。

3. 除一级和三级外的基坑属二级基坑。

4. 当周围已有的设施有特殊要求时，应符合这些要求。

任务一   排桩墙支护工程质量控制与验收

排桩墙支护结构包括灌注桩、预制桩、板桩等类型桩构成的支护结构。

一、任务描述

采用板桩式排桩墙作为基坑支护结构时，要保证板桩式排桩墙支护工程的施工质量。板桩式排桩墙支护工程施工完毕后，完成对板桩式排桩墙支护工程检验批的质量验收。

二、任务分析

本任务共包含两方面的内容：一是要保证板桩式排桩墙支护工程的施工质量；二是要对板桩式排桩墙支护工程检验批进行质量验收。

要保证板桩式排桩墙支护工程的施工质量，就需要掌握板桩式排桩墙支护工程施工质量控制要点。

要对板桩式排桩墙支护工程检验批进行质量验收，就需要掌握板桩式排桩墙支护工程检验批的检验标准及检验方法等知识。

三、相关知识

相关知识包括板桩式排桩墙支护工程质量控制点和板桩式排桩墙支护工程检验批的检验标准及检验方法两部分知识。

(一)质量控制点

(1)排桩墙支护的基坑，开挖后应及时支护，每一道支撑施工应确保基坑变形在设计要求的控制范围内。

(2)在含水地层范围内的排桩墙支护基坑，应有确实可靠的止水措施，确保基坑施工及邻近构筑物的安全。

(二)检验批施工质量验收

钢板桩均为工厂成品，新桩可按出厂标准检验，重复使用的钢板桩质量检验标准见表2-6，混凝土板桩质量检验标准见表2-7。

表 2-6   重复使用的钢板桩质量检验标准

序号	检查项目	允许偏差或允许值		检查方法
		单位	数值	
1	桩垂直度	%	<1	用钢尺量
2	桩身弯曲度		<2%L	用钢尺量，L 为桩长
3	齿槽平直度及光滑度	无电焊渣或毛刺		用1m长的桩段做通过试验
4	桩长度	不小于设计长度		用钢尺量

表 2-7 混凝土板桩质量检验标准

项目	序号	检查项目	允许偏差或允许值		检查方法
			单位	数值	
主控项目	1	桩长度	mm	+10 0	用钢尺量
	2	桩身弯曲度		<0.1%L	用钢尺量，L 为桩长
一般项目	1	保护层厚度	mm	±5	用钢尺量
	2	横截面相对两面之差	mm	5	用钢尺量
	3	桩尖对桩轴线的位移	mm	10	用钢尺量
	4	桩厚度	mm	+10 0	用钢尺量
	5	凹凸槽尺寸	mm	±3	用钢尺量

四、任务实施

(1)保证板桩式排桩墙支护工程施工质量的措施见"质量控制点"相关内容。

(2)板桩式排桩墙支护工程检验批质量验收按照"表 2-6 重复使用的钢板桩检验标准"和"表 2-7 混凝土板桩检验标准"进行。

五、拓展提高

板桩式排桩墙支护工程施工过程中常见的质量问题如下所述。

(一)悬壁式排桩嵌固深度不足

1. 现象

基坑挖土分两步挖，当第二步挖到将近坑底时发现桩倾侧，桩后裂缝，地面也产生裂缝，附近道路下沉，邻近房屋出现竖向裂缝，不久，排桩倒塌，连接圈梁折断，桩后土方滑移入基坑内，基坑支护破坏。

2. 预防措施

悬臂桩的嵌固深度必须通过计算确定，计算应考虑土的物理参数因素。

(二)钢板桩渗漏

1. 现象

基坑挖土过半时，发现钢板桩渗漏，主要在接缝处和转角处，有的地方还涌砂。

2. 预防措施

(1)旧钢板桩在打设前需进行整修矫正。矫正要在平台上进行，对弯曲变形的钢板桩可用油压千斤顶顶压或火烘等方法矫正。

(2)做好围檩支架，以保证钢板桩垂直打入和打入后与钢板桩墙面平直。

(3)防止钢板桩锁口中心线产生位移，可在打桩进行方向的钢板桩锁口处设卡板，阻止板桩产生位移。

(4)为保证钢板桩垂直，用2台经纬仪从两个方向控制锤击入土。

(5)由于钢板桩打入时倾斜，且锁口接合部有空隙，封闭合拢比较困难。解决的办法一是采用异形板桩，此法较困难；二是采用轴线封闭法，此法较为方便。

【任务巩固】

1. 排桩墙支护的基坑，开挖后应及时支护，每一道支撑施工应确保基坑变形在（　　）的控制范围内。

    A. 设计要求　　　　B. 施工要求　　　　C. 监理要求　　　　D. 建设要求

2. 钢板桩垂直度允许偏差为（　　）。

    A. <0.5%　　　　B. <1%　　　　C. <1.5%　　　　D. <3%

3. 混凝土板桩质量检验主控项目有（　　）。

    A. 桩长度　　　　B. 桩厚度　　　　C. 保护层厚度　　　　D. 横截面相对两面之差

任务二　水泥土桩墙支护工程质量控制与验收

水泥土桩墙支护结构是指水泥土搅拌桩（包括加筋水泥土搅拌桩）、高压喷射注浆桩所构成的围护结构。下文仅以加筋水泥土搅拌桩为例。

一、任务描述

采用加筋水泥土搅拌桩作为基坑支护结构时，要保证加筋水泥土搅拌桩支护工程的施工质量。加筋水泥土搅拌桩支护工程施工完毕后，完成对加筋水泥土搅拌桩支护工程检验批的质量验收。

二、任务分析

本任务共包含两方面的内容：一是要保证加筋水泥土搅拌桩支护工程的施工质量；二是要对加筋水泥土搅拌桩支护工程检验批进行质量验收。

要保证加筋水泥土搅拌桩支护工程的施工质量，就需要掌握加筋水泥土搅拌桩支护工程施工质量控制要点。

要对加筋水泥土搅拌桩支护工程检验批进行质量验收，就需要掌握加筋水泥土搅拌桩支护工程检验批的检验标准及检验方法等知识。

三、相关知识

相关知识包括加筋水泥土搅拌桩支护工程质量控制点和加筋水泥土搅拌桩支护工程检验批的检验标准及检验方法两部分知识。

(一)质量控制点

(1)原材料要求。

1)水泥：水泥品种应按设计要求选用，宜采用强度等级为42.5级及以上的普通硅酸盐水泥，水泥进场需对产品名称、强度等级、出厂日期等进行观察检查，同时验收合格证，并进行复检。

2)砂子：中砂或粗砂，含泥量不大于5％。

3)水：应用自来水或不含有害物质的洁净水。

4)外加剂和掺和料：按设计要求通过试验确定。

(2)施工前应检查水泥及外掺剂的质量、桩位、搅拌机工作性能及各种计量设备(主要是水泥浆流量计及其他计量装置)的完好程度。

(3)施工中应检查机头提升速度、水泥浆或水泥注入量、搅拌桩的长度及标高。

(4)施工结束后，应检查桩体强度、桩体直径及地基承载力。

(5)进行强度检验时，对承重水泥土搅拌桩应取90 d后的试件；对支护水泥土搅拌桩应取28 d后的试件。

(二)检验批施工质量验收

加筋水泥土桩质量检验标准见表2-8。

表2-8　加筋水泥土桩质量检验标准

序	检查项目	允许偏差或允许值		检查方法
		单位	数值	
1	型钢长度	mm	±10	用钢尺量
2	型钢垂直度	%	<1	经纬仪
3	型钢插入标高	mm	±30	水准仪
4	型钢插入平面位置	mm	10	用钢尺量

四、任务实施

(1)保证加筋水泥土搅拌桩支护工程施工质量的措施见"质量控制点"相关内容。

(2)加筋水泥土搅拌桩支护工程检验批质量验收按照"表2-8 加筋水泥土桩质量检验标准"进行。

五、拓展提高

水泥土桩墙支护工程施工过程中常见的质量问题如下所述。

(一)水泥土桩墙嵌固深度不足

1. 现象

工程开挖时发生坑底涌砂涌水，由于大量砂土冒出，最终导致水泥土桩墙倒塌。

2. 预防措施

水泥土桩墙的嵌固深度必须满足抗渗透稳定条件。

(二)水泥土桩墙施工质量差造成的事故

1. 现象

开挖后，水泥土桩墙多处渗水，挖到快达到设计标高时，基坑局部水泥土墙坍塌。基坑被淹，当基坑抽完水后，基坑土质结构随之破坏，基坑边坡滑塌。

2. 预防措施

(1)水泥土桩墙应按规定施工。

(2)在海边滩地施工应筑防水围堤，以防海潮侵入。

【任务巩固】

1. 加筋水泥土搅拌桩施工结束后，应检查桩体强度、桩体直径及( )。

    A. 水泥注入量   B. 机头提升速度

    C. 地基承载力   D. 搅拌桩的长度及标高

2. 加筋水泥土桩施工时，用( )检查型钢垂直度。

    A. 钢尺   B. 经纬仪   C. 水准仪   D. 线锤

3. 加筋水泥土桩中型钢插入标高允许偏差为( )mm。

    A. ±10   B. ±20   C. ±30   D. ±40

任务三 锚杆及土钉墙支护工程质量控制与验收

一、任务描述

采用锚杆及土钉墙作为基坑支护结构时，要保证锚杆及土钉墙支护工程的施工质量。锚杆及土钉墙支护工程施工完毕后，完成对锚杆及土钉墙支护工程检验批的质量验收。

二、任务分析

本任务共包含两方面的内容：一是要保证锚杆及土钉墙支护工程的施工质量；二是要对锚杆及土钉墙支护工程检验批进行质量验收。

要保证锚杆及土钉墙支护工程的施工质量，就需要掌握锚杆及土钉墙支护工程施工质量控制要点。

要对锚杆及土钉墙支护工程检验批进行质量验收，就需要掌握锚杆及土钉墙支护工程检验批的检验标准及检验方法等知识。

三、相关知识

相关知识包括锚杆及土钉墙支护工程质量控制点和锚杆及土钉墙支护工程检验批的检验标准及检验方法两部分知识。

(一)质量控制点

(1)原材料要求。

1)锚杆：钢筋、钢管、钢丝束或钢绞线。有单杆和多杆之分，单杆多用 HRB335 级或 HRB400 级热螺纹粗钢筋，直径为 22~32 mm；多杆直径为 16 mm，一般为 2~4 根，承载力很高的土层锚杆多采用钢丝束或钢绞线。以上材料必须符合设计要求，并有出厂合格证及现场复试的试验报告。

2)钢材：用于喷射混凝土面层内的钢筋网片及连接结构的钢材必须符合设计要求，并有出厂合格证和现场复试的试验报告。

3)水泥浆：水泥用 42.5 级普通硅酸盐水泥。

4)砂：用粒径小于 2 mm 的中细砂。

5)水：用 pH 值小于 4 的水。

(2)锚杆及土钉墙支护工程施工前应熟悉地质资料、设计图纸及周围环境，降水系统应确保正常工作，必需的施工设备如挖掘机、钻机、压浆泵、搅拌机等应能正常运转。

(3)一般情况下，应遵循分段开挖、分段支护的原则，不宜按一次挖就再行支护的方式施工。

(4)施工中应对锚杆或土钉位置，钻孔直径、深度及角度，锚杆或土钉插入长度，注浆配比、压力及注浆量，喷锚墙面厚度及强度，锚杆或土钉应力等进行检查。

(5)每段支护体施工完后，应检查坡顶或坡面位移，坡顶沉降及周围环境变化，如有异常情况应采取措施，恢复正常后方可继续施工。

(二)检验批施工质量验收

锚杆及土钉墙支护工程质量检验标准见表 2-9。

表 2-9　锚杆及土钉墙支护工程质量检验标准

项目	序号	检查项目	允许偏差或允许值		检查方法
			单位	数值	
主控项目	1	锚杆土钉长度	mm	±30	用钢尺量
	2	锚杆锁定力	设计要求		现场实测
一般项目	1	锚杆或土钉位置	mm	±100	用钢尺量
	2	钻孔倾斜度	°	±1	测钻机倾角
	3	浆体强度	设计要求		试样送检
	4	注浆量	大于理论计算浆量		检查计量数据
	5	土钉墙墙面厚度	mm	±10	用钢尺量
	6	墙体强度	设计要求		试样送检

四、任务实施

(1)保证锚杆及土钉墙支护工程施工质量的措施见"质量控制点"相关内容。

(2)锚杆及土钉墙支护工程检验批质量验收按照"表 2-9 锚杆及土钉墙支护工程质量检验标准"进行。

五、拓展提高

锚杆及土钉墙支护工程施工过程中常见的质量问题如下所述。

(一)边坡位移

1. 现象

监测发现边坡变形过大,有时会同时发生市政地下水管道爆裂、水量较大溢出地表等现象。

2. 预防措施

地质勘察范围要扩大,尤其在有基坑设计施工的情况下,应比原有范围扩大而准确,需要土的各种物理指标作为基坑工程设计与施工的依据。

(二)相邻建筑坍塌

1. 现象

土钉墙完工正清理坑底作基础施工时,发现邻近建筑物发出断裂响声,随即建筑物向基坑方向不断倾斜,最终倒塌入基坑。

2. 预防措施

(1)根据环境和地质条件,采取土层预应力锚杆和土钉墙结合的支护方案。

(2)在地面下第一根土钉处采用预应力土层锚杆,通过测试后设计一根强有力的锚杆,锚杆长度应通过建筑物宽度,达到较好的土层。

(3)其每根土钉长度应按规范规定计算,一般上部较长而下部较短,并应考虑邻近建筑的荷载。

(4)监测边坡情况及监测相邻建筑物倾斜数据,应及时发现倾侧情况,并立即作出处理。

(三)土钉墙滑坡

1. 现象

当挖到地下水时,基坑壁下部坍塌。同时在坑外出现裂缝,局部发生大滑坡。

2. 预防措施

(1)对勘察报告应详加研究,特别是 φ、c 及渗透系数 K 等,并据此制定降水方案。如对邻近建筑产生沉降影响,则应制定回灌井点方案即回灌系数的设计,如深度数量、位置及施工方法等。

(2)根据规程计算土钉长度,并按支护内部整体稳定安全系数计算稳定安全系数。

(3)施工前应作土钉与土体的极限摩阻力试验,如与规程标准不符时,要调整设计。施工时要作监控。

【任务巩固】

1. 锚杆及土钉墙支护工程中选用砂的粒径应小于(   )mm。

    A. 2   B. 3   C. 5   D. 8

2. 锚杆及土钉墙支护工程质量检查的主控项目包括(　　)。

    A. 浆体强度　　　　　　　　　B. 注浆量

    C. 土钉墙墙面厚度　　　　　　D. 锚杆土钉长度

3. 锚杆土钉长度允许偏差为(　　)mm。

    A. ±10　　　　B. ±20　　　　C. ±30　　　　D. ±40

任务四　钢或混凝土支撑系统工程质量控制与验收

支撑系统包括围檩及支撑,当支撑较长时(一般超过15 m),还包括支撑下的立柱及相应的立柱桩。

一、任务描述

采用钢或混凝土支撑系统作为基坑支护结构时,要保证钢或混凝土支撑系统工程的施工质量。钢或混凝土支撑系统工程施工完毕后,完成对钢或混凝土支撑系统工程检验批的质量验收。

二、任务分析

本任务共包含两方面的内容:一是要保证钢或混凝土支撑系统工程的施工质量;二是要对钢或混凝土支撑系统工程检验批进行质量验收。

要保证钢或混凝土支撑系统工程的施工质量,就需要掌握钢或混凝土支撑系统工程施工质量控制要点。

要对钢或混凝土支撑系统工程检验批进行质量验收,就需要掌握钢或混凝土支撑系统工程检验批的检验标准及检验方法等知识。

三、相关知识

相关知识包括钢或混凝土支撑系统工程质量控制点和钢或混凝土支撑系统工程检验批的检验标准及检验方法两部分知识。

(一)质量控制点

(1)施工前应熟悉支撑系统的图纸及各种计算工况,掌握开挖方式、支撑位置的预顶力及周围环境保护的要求。

(2)施工过程中严格控制开挖和支撑的程序及时间,对支撑的位置(包括立柱及立柱桩的位置)、每层开挖深度、预加顶力(如需要时)、钢围檩与围护体或支撑与围檩的密贴度做周密检查。

(3)全部支撑安装结束后,仍维持整个系统的正常运转直至支撑全部拆除。

(4)作为永久性结构的支撑系统符合现行国家标准《混凝土结构工程施工质量验收规范》

(GB 50204—2015)的要求。

(二)检验批施工质量验收

钢或混凝土支撑系统工程质量检验标准见表2-10。

表 2-10　钢或混凝土支撑系统工程质量检验标准

项目	序号	检查项目	允许偏差或允许值		检查方法
			单位	数量	
主控项目	1	支撑位置：标高 平面	mm mm	30 100	水准仪 用钢尺量
	2	预加顶力	kN	±50	油泵读数或传感器
一般项目	1	围檩标高	mm	30	水准仪
	2	立柱桩	参见桩基础有关内容		参见桩基础有关内容
	3	立柱位置：标高 平面	mm mm	30 50	水准仪 用钢尺量
	4	开挖超深（开槽放支撑不在此范围）	mm	<200	水准仪
	5	支撑安装时间	设计要求		用钟表估测

四、任务实施

(1)保证钢或混凝土支撑系统工程施工质量的措施见"质量控制点"相关内容。

(2)钢或混凝土支撑系统工程检验批质量验收按照"表2-10 钢或混凝土支撑系统工程质量检验标准"进行。

五、拓展提高

钢或混凝土支撑系统施工过程中常见的质量问题如下所述。

(一)钢支撑失稳

1. 现象

大直径灌注桩、钢支撑支护、水泥搅拌桩作截水帷幕，当土方挖到设计标高时，一根支撑连杆断裂，围护桩大幅度移位，路面出现裂缝。

2. 预防措施

(1)支撑系统的设计计算应按《建筑基坑支护技术规程》(JGJ 120—2012)中支撑体系计算的规定设计。

(2)对工程的具体情况，如土质情况，施工单位等设计时在安全系数方面可以适当考虑，对建设单位要求节约应通盘研究考虑。

(二)角撑未及时支撑造成地面裂缝

1. 现象

双排小直径灌注桩加两层钢支撑及角撑，挖土到设计底标高时，围护桩发生滑移倾斜，造成道路及场地地面裂缝。

2. 预防措施

(1)基坑工程必须按照施工方案的规定进行施工，即如何分层挖土、何时加撑和斜角支撑等。

(2)较多工程若发现有地下水管或化粪池漏水现象，在设计前应调查了解，如发现问题，则在设计时应考虑土的力学指标如 φ、c 值，即将地质勘探提供的指标，计算时适当提高安全度，施工时发现有漏水，则应立即组织排除。

(三)钢管支撑间距过大，节点处理不当

1. 现象

深基坑采用钢筋混凝土灌注桩支护，并设两道钢管支撑。挖土至设计标高时，支护结构向坑内侧倾斜，基坑底部土体隆起，造成巨大经济损失，影响工期。

2. 预防措施

(1)支撑体系应按规定计算确定间距，处理好节点，如做钢围檩并与围檩焊接好。

(2)必须验算灌注桩嵌固长度，以防止坑内被动土水平抗力不足。

(3)雨期施工应有基坑施工方案，主要是控制地面及地下水。

【任务巩固】

1. 混凝土支撑系统工程标高允许偏差为(　　)mm。
   A. 20　　　　　　　B. 30　　　　　　　C. 50　　　　　　　D. 80
2. 钢支撑系统工程质量检查的主控项目包括(　　)。
   A. 围檩标高　　　B. 立柱桩　　　　　C. 预加顶力　　　D. 支撑安装时间
3. 混凝土支撑系统平面位置的检查工具为(　　)。
   A. 经纬仪　　　　B. 水准仪　　　　　C. 钢尺　　　　　D. 水平尺

任务五　地下连续墙工程质量控制与验收

一、任务描述

采用地下连续墙作为基坑支护结构时，要保证地下连续墙工程的施工质量。地下连续墙工程施工完毕后，完成对地下连续墙工程检验批的质量验收。

二、任务分析

本任务共包含两方面的内容：一是要保证地下连续墙工程的施工质量；二是要对地下

连续墙工程检验批进行质量验收。

要保证地下连续墙工程的施工质量，就需要掌握地下连续墙工程施工质量控制要点。

要对地下连续墙工程检验批进行质量验收，就需要掌握地下连续墙工程检验批的检验标准及检验方法等知识。

三、相关知识

相关知识包括地下连续墙工程质量控制点和地下连续墙工程检验批的检验标准及检验方法两部分知识。

(一)质量控制点

(1)原材料要求。

1)水泥：宜采用 42.5 级普通硅酸盐水泥或 32.5 级矿渣硅酸盐水泥。

2)砂：中砂或粗砂，含泥量不大于 5%。

3)石子：粒径为 0.5~3.2 cm 的卵石或碎石，墙身混凝土也可用粒径不大于 5 cm 的石子，且含泥量不大于 2%。

4)水：应用自来水或不含有害物质的洁净水。

5)钢筋：钢筋的级别、直径必须符合设计要求，并有出厂证明书及复检报告。

6)膨润土或黏土：可选择膨润土或就地选择塑性指数 $I_p \geqslant 17$ 的黏土。

7)外加早强剂：应通过试验确定。

(2)地下连续墙均应设置导墙，导墙形式有预制和现浇两种，现浇导墙形状有"L"形或倒"L"形，可根据不同土质选用。

(3)地下墙施工前宜先试成槽，以检验泥浆的配比、成槽机的选型并可复核地质资料。

(4)地下墙槽段间的连接接头形式，应根据地下墙的使用要求选用，且应考虑施工单位的经验，无论选用何种接头，在浇筑混凝土前，接头处必须刷洗干净，不留任何泥砂或污物。

(5)地下墙与地下室结构顶板、楼板、底板及梁之间连接可预埋钢筋或接驳器(锥螺纹或直螺纹)，对接驳器也应按原材料检验要求，抽样复验。数量每 500 套为一个检验批，每批应抽检 3 件，复验内容为外观、尺寸、抗拉试验等。

(6)施工前应检验进场的钢材、电焊条。已完工的导墙应检查其净空尺寸、墙面平整度与垂直度。检查泥浆用的仪器、泥浆循环系统应完好。地下连续墙应用商品混凝土。

(7)施工中应检查成槽的垂直度、槽底的淤积物厚度、泥浆密度、钢筋笼尺寸、浇筑导管位置、混凝土上升速度、浇筑面标高、地下墙连接面的清洗程度、商品混凝土的坍落度、锁口管或接头箱的拔出时间及速度等。

(8)成槽结束后应对成槽的宽度、深度及倾斜度进行检验，重要结构每段槽段都应检查，一般结构可抽查总槽段数的 20%，每槽段应抽查 1 个段面。

(9)永久性结构的地下墙，在钢筋笼沉放后，应做二次清孔，沉渣厚度应符合要求。

(10)每 50 m³ 地下墙应做 1 组试件，每幅槽段不得少于 1 组，在强度满足设计要求后方可开挖土方。

(11)作为永久性结构的地下连续墙，土方开挖后应进行逐段检查。

(二)检验批施工质量验收

地下连续墙工程质量检验标准见表 2-11。

表 2-11　地下连续墙工程质量检验标准

项目	序号	检查项目		允许偏差或允许值		检查方法
				单位	数值	
主控项目	1	墙体强度		设计要求		查试件记录或取芯试压
	2	垂直度：永久结构 临时结构			1/300 1/150	测声波测槽仪或成槽机上的监测系统
一般项目	1	导墙尺寸	宽度	mm	$W+40$	用钢尺量，W 为地下墙设计厚度
			墙面平整度	mm	＜5	用钢尺量
			导墙平面位置	mm	±10	用钢尺量
	2	沉渣厚度：永久结构 临时结构		mm mm	≤100 ≤200	重锤测或沉积物测定仪测
	3	槽深		mm	＋100	重锤测
	4	混凝土坍落度		mm	180～220	坍落度测定器
	5	钢筋笼尺寸		参见混凝土灌注桩		参见混凝土灌注桩
	6	地下墙表面平整度	永久结构 临时结构 插入式结构	mm mm mm	＜100 ＜150 ＜20	此为均匀黏土层，松散及易坍土层由设计决定
	7	永久性结构时的预埋件位置	水平向 垂直向	mm mm	≤10 ≤20	用钢尺量 水准仪

四、任务实施

(1)保证地下连续墙工程施工质量的措施见"质量控制点"相关内容。

(2)地下连续墙工程检验批质量验收按照"表 2-11 地下连续墙工程质量检验标准"进行。

五、拓展提高

地下连续墙工程施工过程中常见的质量问题如下所述。

(一)地下连续墙接头漏水涌砂

1. 现象

基坑开挖过程发现不同槽段接头、不同高度处渗水，然后大量中砂、细砂涌进坑内，接头地面(墙顶面)下陷，逐渐向深度及广度扩展，坑内堆积泥砂和积水。

2. 预防措施

(1)封头钢板上的泥砂必须清理干净。

(2)槽段挖深及钢筋笼制作长度的垂直误差须在规定范围内，注意起吊接头箱及U形接头，避免泥砂留在槽段缝处。

(二)导墙破坏或变形

1. 现象

导墙出现坍塌、不均匀下沉、裂缝、断裂、向内挤扰等现象，而致其不能使用。

2. 预防措施

(1)按设计要求精心施工导墙，确保其质量；导墙内钢筋应连接。

(2)适当加大导墙深度，加固地基；导墙两侧做好排水措施。

(3)在导墙内侧设置有一定强度的支撑，间距不宜过大；替换支撑时，应安全可靠地进行。

(4)如钻机及附属荷载过大，宜用大张钢板(厚40~60 mm)铺在导墙上，以分散作用在导墙上的设备荷载，致使导墙上荷载均匀分布。

【任务巩固】

1. 永久性结构的地下墙，在钢筋笼沉放后，应做二次清孔，(　　)应符合要求。

    A. 泥浆密度　　　　B. 钢筋笼尺寸　　　　C. 浇筑导管位置　　D. 沉渣厚度

2. 满足导墙平面位置偏差要求的是(　　)。

    A. −10 cm　　　　B. −15 mm　　　　C. −12 mm　　　　D. −10 mm

3. 地下墙作为临时结构时，表面平整度允许偏差为(　　)mm。

    A. <100　　　　B. <150　　　　C. <10　　　　D. <20

任务六　降水与排水工程质量控制与验收

一、任务描述

进行降水与排水工程施工时，要保证降水与排水工程的施工质量。降水与排水工程施工完毕后，完成对降水与排水工程检验批的质量验收。

二、任务分析

本任务共包含两方面的内容：一是要保证降水与排水工程的施工质量；二是要对降水与排水工程检验批进行质量验收。

要保证降水与排水工程的施工质量，就需要掌握降水与排水工程施工质量控制要点。

要对降水与排水工程检验批进行质量验收，就需要掌握降水与排水工程检验批的检验标准及检验方法等知识。

三、相关知识

相关知识包括降水与排水工程质量控制点和降水与排水工程检验批的检验标准及检验

方法两部分知识。

(一)质量控制点

(1)降水与排水是配合基坑开挖的安全措施，施工前应有降水与排水设计。当在基坑外降水时，应有降水范围的估算，对重要建筑物或公共设施在降水过程中应进行监测。

(2)对不同的土质应用不同的降水形式，常用的降水形式见表2-12。

表2-12 降水类型及适用条件

适用条件 降水类型	渗透系数/(cm·s⁻¹)	可能降低的水位深度/m
轻型井点 多级轻型井点	$10^{-2} \sim 10^{-5}$	3~6 6~12
喷射井点	$10^{-3} \sim 10^{-6}$	8~20
电渗井点	$<10^{-6}$	宜配合其他形式降水使用
深井井管	$\geqslant 10^{-5}$	>10

(3)降水系统施工完后，应试运转，如发现井管失效，应采取措施使其恢复正常，如不可能恢复则应报废，另行设置新的井管。

(4)降水系统运转过程中应随时检查观测孔中的水位。

(5)基坑内明排水应设置排水沟及集水井，排水沟纵坡宜控制在1‰~2‰。

(二)检验批施工质量验收

降水与排水工程质量检验标准见表2-13。

表2-13 降水与排水工程施工质量检验标准

序号	检查项目	允许值或允许偏差		检查方法
		单位	数值	
1	集水沟坡度	‰	1~2	目测：坑内不积水，沟内排水畅通
2	井管(点)垂直度	%	1	插管时目测
3	井管(点)间距(与设计相比)	%	≤150	用钢尺量
4	井管(点)插入深度(与设计相比)	mm	≤200	水准仪
5	过滤砂砾料填灌(与计算值相比)	mm	≤5	检查回填料用量
6	井点真空度：轻型井点 喷射井点	kPa kPa	>60 >93	真空度表 真空度表
7	电渗井点阴阳极距离：轻型井点 喷射井点	mm mm	80~100 120~150	用钢尺量 用钢尺量

四、任务实施

(1)保证降水与排水工程施工质量的措施见"质量控制点"相关内容。

(2)降水与排水工程检验批质量验收按照"表 2-13 降水与排水工程施工质量检验标准"进行。

五、拓展提高

降水与排水工程施工过程中常见的质量问题如下所述。

(一)地下水位降低深度不足

1. 现象

(1)地下水位没有降到施工组织设计的要求,即挖土面以下 0.5～1 m,水不断渗进坑内。

(2)基坑内土的含水量较大、较湿,不利于土方开挖,并引起基坑边坡失稳。

(3)坑内有流砂现象出现。

2. 预防措施

(1)工程地质和水文地质资料以及降水范围、深度、起止时间和工程周围环境要求是制定降水设计方案、选择施工机具、计算涌水量、布置井点位置、确定滤管位置和标高等的基本条件,应提前进行勘察或在现场进行有关试验。

(2)开挖低于地下水位的基坑(槽)、管沟和其他挖方时,应根据当地工程地质资料、挖方尺寸、深度及要求降水的深度和工程特点,选择降水方法和设备。

(3)采用挖掘机、铲运机、推土机等机械挖土时,应使地下水位经常低于开挖底面不少于 0.5 m;采用人工挖土时,地下水位低于开挖底面值可适当减少。

(4)井点施工应符合要求。

(二)地面沉陷过多

1. 现象

在基坑外侧的降低地下水位影响范围内,地基土产生不均匀沉降,导致受其影响的邻近建筑物和市政设施发生不均匀沉降,引起不同程度的倾斜、裂缝,甚至断裂、倒塌。

2. 预防措施

(1)降水前,应考虑到水位降低区域内的建筑物(包括市政地下管线等)可能产生的沉降和水平位移或供水井水位下降。

(2)在降水期间,应定期对基坑外地面、邻近建筑物、构筑物、地下管线沉陷进行观测。

(3)基础降水工程施工前,应根据工程特点、工程地质与水文地质条件、附近建筑物和构筑物的详细调查情况等,合理选择降水方法、降水设备和降水深度,并按相关规定编制施工组织设计,然后按施工组织设计的要求组织施工。

(4)尽可能地缩短基坑开挖、地基与基础工程施工的时间,加快施工进度,并尽快地进行回填土作业，以缩短降水的时间。

(5)设置止水帷幕或采用降水与回灌技术相结合的工艺，减少降水对外侧地基土的影响。

【任务巩固】

1. 基坑内明排水应设置排水沟及集水井，排水沟纵坡宜控制在( )。
   A. 1‰~2‰　　　B. 2‰~3‰　　　C. 1%~2%　　　D. 2%~3%

2. 采用挖掘机、铲运机、推土机等机械挖土时，应使地下水位经常低于开挖底面不少于( )mm。
   A. 250　　　　　B. 500　　　　　C. 750　　　　　D. 1 000

3. 轻型井点可能降低的水位深度为( )m。
   A. 2~5　　　　　B. 3~6　　　　　C. 8~10　　　　　D. >10

【例题 2-1】 某建设项目地处闹市区，场地狭小。工程总建筑面积为 30 000 m^2，其中地上建筑面积为 25 000 m^2，地下室建筑面积为 5 000 m^2，大楼分为裙楼和主楼，其中主楼 28 层，裙楼 5 层，地下 2 层，主楼高度为 84 m，裙楼高度为 24 m，全现浇钢筋混凝土框架-剪力墙结构。基础形式为筏形基础，基坑深度为 15 m，地下水位为 −8 m，属于层间滞水。基坑东、北两面距离建筑围墙为 2 m，西、南两面距离交通主干道为 9 m。

土方施工时，先进行土方开挖。土方开挖采用机械一次挖至槽底标高，再进行基坑支护，基坑支护采用土钉墙支护，最后进行降水。

问题：

(1)本项目的土方开挖方案和基坑支护方案是否合理？为什么？

(2)该项目基坑先开挖后降水的方案是否合理？为什么？

答案：

(1)不合理。本方案采用一次挖到底后再支护的方法，违背了土方开挖"开槽支撑、先撑后挖、分层开挖、严禁超挖"的原则。现场没有足够的放坡距离，一次挖到底后再支护，会影响到坑壁、边坡的稳定和周围建筑物的安全。

本项目采用土钉墙支护，现场没有足够的放坡距离，土钉墙支护不适用于地下水位以下的基坑支护，也不宜用于深度超过 12 m 的基坑。

(2)不合理。在地下水位较高的透水层中进行开挖施工时，由于基坑内外的水位差较大，易产生流砂、管涌等渗透破坏现象，还会影响到坑壁或边坡的稳定。因此，应在开挖前采用人工降水的方法，将水位降至开挖面以下。

【能力训练】

训练题目：完成场地表面平整度的检查和基底土性的初步判断，并填写现场验收检查原始记录表。

【例题 2-2】 某办公楼工程，建筑面积为 82 000 m^2，地下 3 层，地上 20 层，全现浇钢筋混凝土框架-剪力墙结构，距离邻近六层住宅楼 7 m，地基土层为粉质黏土和粉细砂，地下水为潜水。地下水位为－9.5 m，自然地面为－0.5 m，基础为筏形基础，埋深为14.5 m，基础底板混凝土厚为1 500 mm，水泥采用普通硅酸盐水泥，采取整体连续分层浇筑方式施工，基坑支护工程委托有资质的专业单位施工，降排的地下水用于现场机具、设备清洗，主体结构选择有相应资质的 A 劳务公司作为劳务分包，并签订了劳务分包合同。

基坑支护工程专业施工单位提出了基坑支护降水采用"排桩＋锚杆＋降水井"方案，施工总承包单位要求对基坑支护降水方案进行比选后确定。

问题：

(1)适用于本工程的基坑支护降水方案还有哪些？

(2)降排的地下水还可用于施工现场的哪些方面？

答案：

(1)其他用于本项目的降水方案有真空井点、喷射井点、管井井点、截水、隔水、截水帷幕。

(2)降排的地下水还可用于混凝土搅拌、混凝土冷却、回灌、洒水湿润场地、清洗施工用具等。

【能力训练】

训练题目：完成混凝土板桩桩长和桩身弯曲度偏差的检查，并填写现场验收检查原始记录表。

子项目三　地基工程

地基是地基与基础分部工程的子分部工程，共包括十三个分项工程：素土、灰土地基、砂和砂石地基、土工合成材料地基、粉煤灰地基、强夯地基、注浆地基、预压地基、砂石桩复合地基、高压旋喷注浆地基、水泥土搅拌桩地基、土和灰土挤密桩复合地基、水泥粉煤灰碎石桩复合地基及夯实水泥土桩复合地基。

建筑物地基的施工应具备岩土工程勘察资料、邻近建筑物和地下设施类型、分布及结构质量情况以及工程设计图纸、设计要求及需达到的标准、检验手段等资料。

砂、石子、水泥、钢材、石灰、粉煤灰等原材料的质量、检验项目、批量和检验方法，应符合现行国家标准的规定。地基施工结束，宜在一个间歇期后，进行质量验收，间歇期由设计确定。地基加固工程，应在正式施工前进行试验段施工，论证设定的施工参数及加固效果。为验证加固效果所进行的载荷试验，其施加载荷应不低于设计载荷的2倍。

任务一　灰土地基质量控制与验收

一、任务描述

进行灰土地基施工时，要保证灰土地基的施工质量。灰土地基施工完毕后，完成对灰土地基检验批的质量验收。

二、任务分析

本任务共包含两方面的内容：一是要保证灰土地基的施工质量；二是要对灰土地基检验批进行质量验收。

要保证灰土地基的施工质量，就需要掌握灰土地基施工质量控制要点。

要对灰土地基检验批进行质量验收，就需要掌握灰土地基检验批的检验标准及检验方法等知识。

三、相关知识

相关知识包括灰土地基质量控制点和灰土地基检验批的检验标准及检验方法两部分知识。

(一)质量控制点

(1)原材料要求。

1)土料：采用就地挖出的土，应尽可能用粉质黏土及塑性指数大于 4 的粉土，土内有机质含量不得超过 5%。土料应过筛，其颗粒不应大于 15 mm。

2)石灰：应用Ⅲ级以上新鲜的块灰，活性氧化钙、氧化镁的含量不得低于 50%，使用前 1~2 d 消解并过筛，其颗粒不得大于 5 mm，且不应夹有未熟化的生石灰块粒及其他杂质，也不得含有过多的水分。石灰储存期不得超过 3 个月。

(2)灰土土料、石灰或水泥(当水泥替代灰土中的石灰时)等材料及配合比应符合设计要求，灰土应搅拌均匀。

(3)施工过程中应检查分层铺设的厚度、分段施工时上下两层的搭接长度、夯实时加水量、夯压遍数、压实系数。

(4)施工结束后，应检验灰土地基的承载力。

(二)检验批施工质量验收

灰土地基质量检验标准见表 2-14。

表 2-14　灰土地基质量检验标准

项目	序号	检查项目	允许偏差或允许值		检查方法	检查数量
			单位	数值		
主控项目	1	地基承载力	设计要求		按规定方法	每单位工程应不少于 3 点，1 000 m² 以上工程，每 100 m² 至少应有 1 点，3 000 m² 以上工程，每 300 m² 至少应有 1 点。每一独立基础下至少应有 1 点，基槽每 20 延米应有 1 点
	2	配合比	设计要求		按拌和时的体积比	柱坑按总数抽查 10%；但不少于 5 个；基坑、沟槽每 10 m² 抽查 1 处，但不少于 5 处
	3	压实系数	设计要求		现场实测	应分层抽样检验土的干密度，当采用贯入仪或钢筋检验垫层的质量时，检验点的间距应小于 4 m。当取土样检验垫层的质量时，对大基坑每 50～100 m² 应不少于 1 个检验点；对基槽每 10～20 m 应不少于 1 个点；每个单独柱基应不少于 1 个点
一般项目	1	石灰粒径	mm	≤5	筛分法	柱坑按总数抽查 10%；但不少于 5 个；基坑、沟槽每 10 m² 抽查 1 处，但不少于 5 处
	2	土料有机质含量	%	≤5	试验室焙烧法	随机抽查，但土料产地变化时须重新检测
	3	土颗粒粒径	mm	≤15	筛分法	柱坑按总数抽查 10%；但不少于 5 个；基坑、沟槽每 10 m² 抽查 1 处，但不少于 5 处
	4	含水量（与要求的最优含水量比较）	%	±2	烘干法	应分层抽样检验土的干密度，当采用贯入仪或钢筋检验垫层的质量时，检验点的间距应小于 4 m。当取土样检验垫层的质量时，对大基坑每 50～100 m² 应不少于 1 个检验点；对基槽每 10～20 m 应不少于 1 个点；每个单独柱基应不少于 1 个点
	5	分层厚度偏差（与设计要求比较）	mm	±50	水准仪	柱坑按总数抽查 10%；但不少于 5 个；基坑、沟槽每 10 m² 抽查 1 处，但不少于 5 处

四、任务实施

(1)保证灰土地基施工质量的措施见"质量控制点"相关内容。

(2)灰土地基检验批质量验收按照"表 2-14 灰土地基质量检验标准"进行。

五、拓展提高

灰土地基施工过程中常见的质量问题如下所述。

(一)出现橡皮土

参见"子项目一 任务二 五、拓展提高"中"(二)填方出现橡皮土"内容。

(二)地基密实度达不到要求

1. 现象

换土后的地基,经夯击、碾压后,达不到设计要求的密实度。

2. 预防措施

(1)土料应尽量采用就地基槽中挖出的土,凡有机质含量不大的黏性土,都可用作为灰土的土料,但不应采用地表耕植土。土料应予过筛,其粒径不大于 15 mm。石灰必须经消解 3~4 d 后方可使用,粒径不大于 5 mm,且不能夹有未熟化的生石灰块粒,灰、土配合比(体积比)一般为 2∶8 或 3∶7,拌和均匀后铺入基坑(槽)内。

(2)灰土经拌和后,如水分过多或不足时,可晾干或洒水润湿。一般可按经验在现场直接判断,其方法为:手握灰土成团,两指轻捏即碎,此时灰土基本上接近最佳含水量。

(3)掌握分层虚铺厚度,必须按所使用机具来确定。

【任务巩固】

1. 灰土采用体积配合比,一般宜为( )。

    A. 4∶6   B. 2∶8   C. 3∶7   D. B 或 C

2. ( )属于灰土地基验收的主控项目。

    A. 压实系数   B. 分层厚度偏差   C. 石灰粒径   D. 含水量

3. 土颗粒粒径的检查方法是( )。

    A. 烘干法   B. 筛分法   C. 钢尺   D. 水准仪

任务二 砂和砂石地基质量控制与验收

一、任务描述

进行砂和砂石地基施工时,要保证砂和砂石地基的施工质量。砂和砂石地基施工完毕后,完成对砂和砂石地基检验批的质量验收。

二、任务分析

本任务共包含两方面的内容：一是要保证砂和砂石地基的施工质量；二是要对砂和砂石地基检验批进行质量验收。

要保证砂和砂石地基的施工质量，就需要掌握砂和砂石地基施工质量控制要点。

要对砂和砂石地基检验批进行质量验收，就需要掌握砂和砂石地基检验批的检验标准及检验方法等知识。

三、相关知识

相关知识包括砂和砂石地基质量控制点和砂和砂石地基检验批的检验标准及检验方法两部分知识。

(一)质量控制点

(1)原材料要求。

1)砂：宜用颗粒级配良好、质地坚硬的石屑、中砂或粗砂、砾砂，当用细砂、粉砂时，应掺加粒径为 20~50 mm 的卵石(或碎石)，但要分布均匀。砂中有机质的含量不超过 5%，含泥量不超过 5%，兼作排水固结的垫层时，含泥量不得超过 3%。

2)砂石：用自然级配或人工级配的砂砾石(或卵石、碎石)混合物，粒级应在 50 mm 以下，其含量应在 50% 以内，不得含有植物残体、垃圾等杂物，含泥量小于 5%。

(2)砂、石等原材料质量、配合比应符合设计要求，砂、石应搅拌均匀。

(3)施工过程中必须检查分层厚度、分段施工时搭接部分的压实情况、加水量、压实遍数、压实系数。

(4)施工结束后，应检验砂石地基的承载力。

(二)检验批施工质量验收

砂和砂石地基质量检验标准见表 2-15。

表 2-15　砂和砂石地基质量检验标准

项目	序号	检查项目	允许偏差或允许值		检查方法	检查数量
			单位	数值		
主控项目	1	地基承载力	设计要求		按规定方法	每单位工程应不少于 3 点，1 000 m² 以上工程，每 100 m² 至少应有 1 点，3 000 m² 以上工程，每 300 m² 至少有 1 点。每一独立基础下至少应有 1 点，基槽每 20 延米应有 1 点
	2	配合比	设计要求		检查拌和时的体积比或质量比	柱坑按总数抽查 10%；但不少于 5 个；基坑、沟槽每 10 m² 抽查 1 处，但不少于 5 处

项目	序号	检查项目	允许偏差或允许值		检查方法	检查数量
			单位	数值		
主控项目	3	压实系数	设计要求		现场实测	应分层抽样检验土的干密度，当采用贯入仪或钢筋检验垫层的质量时，检验点的间距应小于 4 m。当取土样检验垫层的质量时，对大基坑每 50～100 m² 应不少于 1 个检验点；对基槽每 10～20 m 应不少于 1 个点；每个单独柱基应不少于 1 个点
一般项目	1	砂石料有机质含量	%	≤5	焙烧法	随机抽查，但砂石料产地变化时须重新检测
	2	砂石料含泥量	%	≤5	水洗法	石子、砂的取样、检测。用大型工具（如火车、货船或汽车）运输至现场的，以 400 m³ 或 600 t 为一验收批；用小型工具（如马车等）运输的，以 200 m³ 或 300 t 为一验收批。不足上述数量者以一验收批取样
	3	石料粒径	mm	≤100	筛分法	
	4	含水量（与最优含水量比较）	%	±2	烘干法	每 50～100 m² 不少于 1 个检验点
	5	分层厚度（与设计要求比较）	mm	±50	水准仪	柱坑按总数抽查 10%，但不少于 5 个；基坑、沟槽每 10 m² 抽查 1 处，但不少于 5 处

四、任务实施

(1)保证砂和砂石地基施工质量的措施见"质量控制点"相关内容。

(2)砂和砂石地基检验批质量验收按照"表 2-15 砂和砂石地基质量检验标准"进行。

五、拓展提高

砂和砂石地基施工过程中常见的质量问题如下所述。

(一)出现橡皮土

参见"子项目一 任务二 五、拓展提高"中"(二)填方出现橡皮土"的内容。

(二)地基密实度达不到要求

1. 现象

换土后的地基，经夯击、碾压后，达不到设计要求的密实度。

2. 预防措施

(1)砂垫层和砂石垫层地基宜采用质地坚硬的中砂、粗砂、砾砂、卵石或碎石，以及石屑、煤渣或其他工业废粒料。如采用细砂，宜同时掺入一定数量的卵石或碎石。砂石材料不能含有草根、垃圾等杂质。

(2)砂垫层和砂石垫层施工可按所采用的捣实方法，分别选用最佳含水量。

(3)掌握分层虚铺厚度，必须按所使用的机具来确定。

【任务巩固】

1. 砂石地基用汽车运输黄砂到现场的，以(　　)为一个验收批。

    A. 200 m³ 或 30 t   B. 300 m³ 或 450 t

    C. 400 m³ 或 600 t   D. 500 m³ 或 800 t

2. 砂和砂石地基的最优含水量可用(　　)求得。

    A. 轻型击实试验   B. 环刀取样试验

    C. 烘干试验   D. 称重试验

3. 砂和砂石地基的主控项目有(　　)。

    A. 地基承载力   B. 石料粒径

    C. 含水量   D. 分层厚度

任务三　粉煤灰地基质量控制与验收

一、任务描述

进行粉煤灰地基施工时，要保证粉煤灰地基的施工质量。粉煤灰地基施工完毕后，完成对粉煤灰地基检验批的质量验收。

二、任务分析

本任务共包含两方面内容：一是要保证粉煤灰地基的施工质量；二是要对粉煤灰地基检验批进行质量验收。

要保证粉煤灰地基的施工质量，就需要掌握粉煤灰地基施工质量控制要点。

要对粉煤灰地基检验批进行质量验收，就需要掌握粉煤灰地基检验批的检验标准及检验方法等知识。

三、相关知识

相关知识包括粉煤灰地基质量控制点和粉煤灰地基检验批的检验标准及检验方法两部分知识。

(一)质量控制点

(1)粉煤灰：用一般电厂Ⅲ级以上粉煤灰，含 SiO_2、Al_2O_3、Fe_2O_3 的总量尽量选用高的，颗粒粒径宜为 0.001~2.000 mm，烧失量宜低于 12%，含 SiO_2 量宜小于 0.4%，以免对地下金属管道等产生一定的腐蚀性。粉煤灰中严禁混入植物、生活垃圾及其他有机杂质。粉煤灰进场，其含水量应控制在±2%范围内。

(2)施工前应检查粉煤灰材料，并对基槽清底状况、地质条件予以检验。

(3)施工过程中应检查铺筑厚度、碾压遍数、施工含水量控制、搭接区碾压程度、压实系数等。

(4)施工结束后，应检验地基的承载力。

(二)检验批施工质量验收

粉煤灰地基质量检验标准见表 2-16。

表 2-16　粉煤灰地基质量检验标准

项目	序号	检查项目	允许偏差或允许值		检查方法	检查数量
			单位	数值		
主控项目	1	压实系数		设计要求	现场实测	每柱坑不少于 2 点；基坑每 20 m² 查 1 点，但不少于 2 点；基槽、管沟、路基面层每 20 m 查 1 点，但不少于 5 点；地面基层每 30~50 m² 查 1 点，但不少于 5 点；场地铺垫每 100~400 m² 查 1 点，但不得小于 10 点
	2	地基承载力		设计要求	按规定方法	每单位工程应不少于 3 点；1 000 m² 以上工程，每 100 m² 至少应有 1 点；3 000 m² 以上工程，每 300 m² 至少应有 1 点。每一独立基础下至少应有 1 点，基槽每 20 延米应有 1 点
一般项目	1	粉煤灰粒径	mm	0.001~2.000	过筛	同一厂家，同一批次为一批
	2	氧化铝及二氧化硅含量	%	≥70	试验室化学分析	
	3	烧失量	%	≤12	试验室焙烧法	
	4	每层铺筑厚度	mm	±50	水准仪	柱坑总数检查 10%，但不少于 5 个；基坑、沟槽每 10 m² 检查 1 处，但不少于 5 处
	5	含水量(与最优含水量比较)	%	±2	取样后试验室确定	对大基坑，每 50~100 m² 应不少于 1 点；对基槽，每 10~20 m 应不少于 1 个点；每个单独柱基应不少于 1 点

四、任务实施

(1)保证粉煤灰地基施工质量的措施见"质量控制点"相关内容。

(2)粉煤灰地基检验批质量验收按照"表 2-16 粉煤灰地基质量检验标准"进行。

五、拓展提高

粉煤灰地基施工过程中常见的质量问题参见砂和砂石地基施工过程中常见的质量问题。

【任务巩固】

1. 粉煤灰地基含水量误差在允许范围内的是( )。

    A. 1.5%   B. 2.5%   C. 3%   D. 3.5%

2. 粉煤灰地基面积为 $1\ 250\ m^2$,进行地基承载力检测时应检查( )点。

    A. 10   B. 11   C. 12   D. 13

3. 粉煤灰地基的一般项目有( )。

    A. 地基承载力   B. 压实系数   C. 含水量   D. 含泥量

任务四　强夯地基质量控制与验收

一、任务描述

进行强夯地基施工时,要保证强夯地基的施工质量。强夯地基施工完毕后,完成对强夯地基检验批的质量验收。

二、任务分析

本任务共包含两方面的内容:一是要保证强夯地基的施工质量;二是要对强夯地基检验批进行质量验收。

要保证强夯地基的施工质量,就需要掌握强夯地基施工质量控制要点。

要对强夯地基检验批进行质量验收,就需要掌握强夯地基检验批的检验标准及检验方法等知识。

三、相关知识

相关知识包括强夯地基质量控制点和强夯地基检验批的检验标准及检验方法两部分知识。

(一)质量控制点

(1)施工前应检查夯锤重量、尺寸,落距控制手段,排水设施及被夯地基的土质。

(2)施工中应检查落距、夯击遍数、夯点位置、夯击范围。

(3)施工结束后，检查被夯地基的强度并进行承载力检验。

(二)检验批施工质量验收

强夯地基质量检验标准见表2-17。

表 2-17　强夯地基质量检验标准

项目	序号	检查项目	允许偏差或允许值		检查方法	检查数量
			单位	数值		
主控项目	1	地基强度	设计要求		按规定方法	对于简单场地上的一般建筑物，每个建筑物地基的检验点应不少于3处；对于复杂场地或重要建筑物地基应增加检验点数。检验深度应不少于设计处理的深度
	2	地基承载力	设计要求		按规定方法	每单位工程应不少于3点；1 000 m² 以上工程，每 100 m² 至少应有 1 点；3 000 m² 以上工程，每 300 m² 至少应有 1 点。每一独立基础下至少应有 1 点，基槽每 20 延米应有 1 点
一般项目	1	夯锤落距	mm	±300	钢索设标志	每工作台班不少于 3 次
	2	锤重	kg	±100	称重	全数检查
	3	夯击遍数及顺序	设计要求		计数法	
	4	夯点间距	mm	±500	用钢尺量	可按夯击点数抽查 5%
	5	夯击范围(超出基础范围距离)	设计要求		用钢尺量	
	6	前后两遍间歇时间	设计要求			全数检查

四、任务实施

(1)保证强夯地基施工质量的措施见"质量控制点"相关知识内容。

(2)强夯地基检验批质量验收按照"表2-17 强夯地基质量检验标准"进行。

五、拓展提高

强夯地基施工过程中常见的质量问题如下所述。

(一)地面隆起及翻浆

1. 现象

夯击过程中地面出现隆起和翻浆现象。

2. 预防措施

(1)调整夯点间距、落距、夯击数等，以其不出现地面隆起和翻浆为标准(视不同的土层、不同机具等确定)。

(2)施工前要进行试夯确定各夯点相互干扰的数据、各夯点压缩变形的扩散角、各夯点达到要求效果的遍数及每夯一遍空隙水压力消散完的间歇时间。

(3)根据不同土层不同的设计要求，选择合理的操作方法(连夯或间夯等)。

(4)在易翻浆的饱和黏性土上，可在夯点下铺填砂石垫层，以利于空隙水压的消散，可一次铺成或分层铺填。

(5)尽量避免雨期施工，必须雨期施工时，要挖排水沟，设集水井，地面不得有积水，减少夯击数，增加空隙水的消散时间。

(二)夯击效果差

1. 现象

强夯后未能满足设计要求深度内的密实度。

2. 预防措施

(1)雨期施工时，施工表面不能有积水，并增加排水通道，底面平整应有泛水，夯坑及时回填压实，防止积水；在场地外围设围堰，防止外部地表水浸入，并在四周设排水沟，及时排水。

(2)地下水位太高时，可采用点井降水或明排水(抽水)等办法降低水位。

(3)冬期应尽可能避免施工，否则应增大夯击能量，使能击碎冻块，并清除大冻块，避免未被击碎的大冻块埋在土中，或待来年天暖融化后作最后夯实。

(4)若基础埋置较深时，可采取先挖除表层土的办法，使地表标高接近基础标高，减小夯击厚度，提高加固效果。

(5)夯击点一般按三角形或正方形网格状布置，对荷载较大的部位，可适当增加夯击点。

(6)建筑物最外围夯点的轮廓中心线，应比建筑物最外边轴线再扩大 1～2 排夯点(取决于加固深度)。

(7)土层发生液化时，应停止夯击，此时的夯击数为该遍确定的夯击数或视夯坑周围隆起情况，确定最佳夯击数。目前，常用夯击数为 5～20 击。

(8)间歇时间是保证夯击效果的关键，主要根据空隙水压力消散完来确定。

(9)当夯击效果不显著时(与土层有关)，应铺以袋装砂井或石灰桩配合使用，以利排水，增加加固效果。

(10)夯锤应有排气孔，以克服气垫作用，减少冲击能的损耗和起锤时夯坑底对夯锤的吸力，增加夯击效果。

(三)土层中有软弱土

1. 现象

土层中存在黏土夹层，对加固深度与加固效果不利。

2. 预防措施

(1)尽量避免在软弱夹层地区采用强夯法加固地基。

(2)加大夯击能量。

【任务巩固】

1. 对灰土地基、强夯地基，其竣工后的地基强度或承载力检验数量，每单位工程不应
   少于( )点，每一独立基础下至少应有1点。
   A. 1   B. 2   C. 3   D. 4

2. 强夯地基施工中应检查( )。
   A. 夯锤重量   B. 落距   C. 落距控制手段   D. 排水设施

3. 夯击点一般按( )网格状布置。
   A. 四边形   B. 五边形   C. 六边形   D. 七边形

任务五 注浆地基质量控制与验收

一、任务描述

进行注浆地基施工时，要保证注浆地基的施工质量。注浆地基施工完毕后，完成对注浆地基检验批的质量验收。

二、任务分析

本任务共包含两方面内容：一是要保证注浆地基的施工质量；二是要对注浆地基检验批进行质量验收。

要保证注浆地基的施工质量，就需要掌握注浆地基施工质量控制要点。

要对注浆地基检验批进行质量验收，就需要掌握注浆地基检验批的检验标准及检验方法等知识。

三、相关知识

相关知识包括注浆地基质量控制点和注浆地基检验批的检验标准及检验方法两部分知识。

(一)质量控制点

(1)原材料要求。

1)水泥：水泥品种应按设计要求选用。宜采用42.5级普通硅酸盐水泥，注浆时可掺用粉煤灰代替部分水泥，掺入量可为水泥质量的20%～50%，严禁使用过期、受潮结块的水泥，水泥进厂需对产品名称、强度等级、出厂日期等进行外观检查，同时验收合格证，并

进行复验。

2)砂：水泥中掺砂可提高砂浆的固体含量和抗剪强度，减少浆液流失，降低成本。注浆时，应根据地基岩土裂隙、空洞大小、浆液浓度和灌注条件选择砂的粒径。

3)水：适合饮用的自来水或清洁而未被污染的河水、湖水和地下水都可用于灌浆，不得采用 pH 值小于 4 的酸性水和工业废水。

4)外加剂：外加剂的性能应符合国际和行业标准一等品及以上的质量要求，其掺量应经试验确定。

(2)浆液的配合比应符合下列规定：

1)水泥浆的水胶比可取 0.6～2.0，常用的水胶比为 1.0。

2)封闭泥浆的 7 d 立方体试块(边长为 7.07 cm)抗压强度应为 0.3～0.5 MPa，浆液黏度应为 80～90 s。

3)根据工程需要，可在浆液拌制时加入速凝剂、减水剂和防析水剂。

(3)施工前应掌握有关技术文件(注浆点位置、浆液配比、注浆施工技术参数、检测要求等)。浆液组成材料的性能应符合设计要求，注浆设备应确保正常运转。

(4)施工中应经常抽查浆液的配比及主要性能指标，注浆的顺序、注浆过程中的压力控制等。

(5)施工结束后，应检查注浆体强度、承载力等。检查孔数为总量的 2%～5%，不合格率大于或等于 20% 时应进行二次注浆。检验应在注浆后 15 d(砂土、黄土)或 60 d(黏性土)进行。

(二)检验批施工质量验收

注浆地基质量检验标准见表 2-18。

表 2-18　注浆地基质量检验标准

项目	序号	检查项目		允许偏差或允许值		检查方法	检查数量
				单位	数值		
主控项目	1	原材料检验	水泥		设计要求		查产品合格证书或抽样送检	按同一生产厂家、同一等级、同一品种、同一批号且连续进场的水泥，袋装不超过 200 t 为一批，散装不超过 500 t 为一批，每批抽样不少于一次
			注浆用砂：粒径　细度模数　含泥量及有机物含量	mm　　　%	<2.5 <2.0 <3	试验室试验	用大型工具(如火车、货船或汽车)运输至现场的，以 400 m³ 或 600 t 为一验收批；用小型工具(如马车等)运输的，以 200 m³ 或 300 t 为一验收批。不足上述数量者以一验收批取样

项目	序号	检查项目		允许偏差或允许值		检查方法	检查数量
				单位	数值		
主控项目	1	原材料检验	注浆用黏土：塑性指数		>14	试验室试验	根据土料供货质量和货源情况抽查
			黏粒含量	%	>25		
			含砂量	%	<5		
			有机物含量	%	<3		
			粉煤灰：细度	不粗于同时使用的水泥		试验室试验	同一厂家、同一批次为一批
			烧失量	%	<3		
			水玻璃：模数	2.5～3.3		抽样送检	同一厂家、同一品种为一批
			其他化学浆液	设计要求		查产品合格证书或抽样送检	
	2	注浆体强度		设计要求		取样检验	孔数总量的 2%～5%，且不少于 3 个
	3	地基承载力		设计要求		按规定方法	
一般项目	1	各种注浆材料称量误差		%	<3	抽查	随机抽查，每一台班不少于 3 次
	2	注浆孔位		mm	±20	用钢尺量	抽孔位的 10%，且不少于 3 个
	3	注浆孔深		mm	±100	量测注浆管长度	
	4	注浆压力（与设计参数比）		%	±10	检查压力表读数	随机抽查，每一台班不少于 3 次

四、任务实施

(1)保证注浆地基施工质量的措施见"质量控制点"相关内容。

(2)注浆地基检验批质量验收按照"表 2-18 注浆地基质量检验标准"进行。

五、拓展提高

注浆地基施工过程中常见的质量问题如下所述。

(一)冒浆

1. 现象

注入化学浆液有冒浆现象。

2. 预防措施

(1)注浆法加固地基要有详细的地质报告，对需要加固的土层要详细描述，以便作出合理的施工方案。

（2）注液管宜选用钢管，管路系统的附件和设备以及验收仪器（压力计）应符合规定的压力。

（3）需要加固的土层之上，应有不小于 1.0 m 厚度的土层，否则应采取措施，防止浆液上冒。

（4）及时调整浆液配方，满足该土层的灌浆要求。

（5）根据具体情况，调整灌浆时间。

（6）注浆管打至设计标高并清理管中的泥砂后，应及时向土中灌注溶液。

（7）打管前检查带有孔眼的注浆管应保持畅通。

（8）采用间隙灌注法，亦即让一定数量的浆液灌入上层孔隙大的土中后，暂停工作，让浆液凝固，几次反复，就可把上抬的通道堵死。

（9）加快浆液的凝固时间，使浆液出注浆管就凝固，这就缩短了上冒的机会。

（二）注浆管沉入困难，偏差过大

1. 现象

注浆管沉入困难，达不到设计深度，且偏斜过大。

2. 预防措施

（1）放桩位点时，在地质复杂地区，应用钎探查找障碍物，以便排除。

（2）打（钻）注浆管及电极棒，应采用导向装置，注浆管底端间距的偏差不得超过 20%，超过时，应打补充注浆管或拔出重打。

（3）放桩位偏差应在允许范围内，一般不大于 20 mm。

（4）场地要平坦坚实，必要时要铺垫砂或砾石层，稳桩时要双向校正，保证垂直沉管。

（5）开工前应作工艺试桩，校核设计参数及沉管难易情况，并确定出有效的施工方案。

（6）设置注浆管和电极棒宜用打入法，如土层较深，宜先钻孔至所需加固区域顶面以上 2～3 m，然后再用打入法，钻孔的孔径应小于注浆管和电极棒的外径。

（7）灌浆操作工序包括打管、冲管、试水、灌浆和拔管五道工序，应先进行试验。

【任务巩固】

1. 注浆时可掺用粉煤灰代替部分水泥，掺入量可为水泥质量的（   ）。

    A. 45%   B. 55%

    C. 60%   D. 70%

2. 水泥进场总量为 1 100 t，检查时应划分为（   ）检验批。

    A. 4   B. 5

    C. 6   D. 7

3. 注浆地基进行地基承载力检测时，检查数量不少于（   ）个。

    A. 2   B. 3

    C. 4   D. 5

任务六 水泥土搅拌桩地基质量控制与验收

一、任务描述

进行水泥土搅拌桩地基施工时，要保证水泥土搅拌桩地基的施工质量。水泥土搅拌桩地基施工完毕后，完成对水泥土搅拌桩地基检验批的质量验收。

二、任务分析

本任务共包含两方面的内容：一是要保证水泥土搅拌桩地基的施工质量；二是要对水泥土搅拌桩地基检验批进行质量验收。

要保证水泥土搅拌桩地基的施工质量，就需要掌握水泥土搅拌桩地基施工质量控制要点。

要对水泥土搅拌桩地基检验批进行质量验收，就需要掌握水泥土搅拌桩地基检验批的检验标准及检验方法等知识。

三、相关知识

相关知识包括水泥土搅拌桩地基质量控制点和水泥土搅拌桩地基检验批的检验标准及检验方法两部分知识。

(一)质量控制点

(1)原材料要求。

1)水泥：用 42.5 级普通硅酸盐水泥，要求新鲜无结块。

2)外加剂：塑化剂采用木质素硫酸钙，促凝剂采用硫酸钠、石膏；应有产品出厂合格证，掺量通过试验确定。

(2)配合比要求：水泥掺入量一般为加固土重的 7%～20%，每加固 1 m³ 的土体掺入水泥为 110～160 kg，当用水泥浆作固化剂，配合比为 1∶1～2∶1(水泥∶砂)。为增加流动性，可掺入水泥质量 0.2%～0.25% 的木质素硫酸钙减水剂与 1% 的硫酸钠和 2% 的石膏，水胶比为 0.43～0.50。

(3)施工前应检查水泥及外掺剂的质量、桩位、搅拌机工作性能及各种计量设备(主要是水泥浆流量计及其他计量装置)的完好程度。

(4)施工中应检查机头提升速度、水泥浆或水泥注入量、搅拌桩的长度及标高。

(5)施工结束后，应检查桩体强度、桩体直径及地基承载力。

(6)进行强度检验时，对承重水泥土搅拌桩应取 90 d 后的试件；对支护水泥土搅拌桩应取 28 d 后的试件。

(二)检验批施工质量验收

水泥土搅拌桩地基质量检验标准见表 2-19。

表 2-19　水泥土搅拌桩地基质量检验标准

项目	序号	检查项目	允许偏差或允许值		检查方法	检查数量
			单位	数值		
主控项目	1	水泥及外掺剂质量	设计要求		查产品合格证书或抽样送检	水泥：按同一生产厂家、同一等级、同一品种、同一批号且连续进场的水泥，袋装不超过 200 t 为一批，散装不超过 500 t 为一批，每批抽样不少于一次 外加剂：按进场的批次和产品的抽样检验方案确定
	2	水泥用量	参数指标		查看流量计	每工作台班不少于 3 次
	3	桩体强度	设计要求		按规定方法	不少于桩总数的 20%
	4	地基承载力	设计要求		按规定方法	总数的 0.5%～1%，但应不少于 3 处。有单桩强度检验要求时，数量为总数的 0.5%～1%，但应不少于 3 根
一般项目	1	机头提升速度	m/min	≤0.5	量机头上升距离及时间	每工作台班不少于 3 次
	2	桩底标高	mm	±200	测机头深度	抽 20% 且不少于 3 个
	3	桩顶标高	mm	+100 −50	水准仪（最上部 500 mm 不计入）	
	4	桩位偏差	mm	<50	用钢尺量	
	5	桩径		<0.04D	用钢尺量，D 为桩径	
	6	垂直度	%	≤1.5	经纬仪	
	7	搭接	mm	>200	用钢尺量	

四、任务实施

(1)保证水泥土搅拌桩地基施工质量的措施见"质量控制点"相关内容。

(2)水泥土搅拌桩地基检验批质量验收按照"表 2-19 水泥土搅拌桩地基质量检验标准"进行。

五、拓展提高

水泥土搅拌桩地基施工过程中常见的质量问题如下所述。

(一)搅拌体不均匀

1. 现象

搅拌体质量不均匀。

2. 预防措施

(1)施工前应对搅拌机械、注浆设备、制浆设备等进行检查维修，使其处于正常状态。

(2)选择合理的工艺。

(3)灰浆搅拌机搅拌时间一般不少于 2 min，增加拌和次数，保证拌和均匀，不使浆液沉淀。

(4)提高搅拌转数，降低钻进速度，边搅拌，边提升，提高拌和均匀性。

(5)注浆设备要完好，单位时间内注浆量要相等，不能忽多忽少，更不得中断。

(6)重复搅拌下沉及提升各一次，以反复搅拌法解决钻进速度快与搅拌速度慢的矛盾，即采用一次喷浆二次补浆或重复搅拌的施工工艺。

(7)拌制固化剂时不得任意加水，以防改变水胶比(水泥浆)，降低拌和强度。

(二)喷浆不正常

1. 现象

注浆作业时喷浆突然中断。

2. 预防措施

(1)注浆泵、搅拌机等设备施工前应试运转，保证完好。

(2)喷浆口采用逆止阀(单向球阀)，不得倒灌泥土。

(3)注浆应连续进行，不得中断。高压胶管搅拌机输浆管与灰浆泵应连接可靠。

(4)泵与输浆管路用完后要清洗干净，并在集浆池上部设细筛过滤，防止杂物及硬块进入各种管路，造成堵塞。

(5)选用合适的水胶比(一般为 0.6~1.0)。

(6)在钻头喷浆口上方设置越浆板，解决喷浆孔堵塞问题，使喷浆正常。

(三)抱钻、冒浆

1. 现象

搅拌施工中有抱钻或冒浆出现。

2. 预防措施

(1)选择适合不同土层的不同工艺，如遇较硬土层及较密实的粉质黏土，可采用以下拌和工艺：输水搅动→输浆拌和→搅拌。

(2)搅拌机沉入前，桩位处要注水，使搅拌头表面湿润。地表为软黏土时，还可掺加适量砂子，改变土中黏度，防止土抱搅拌头。

(3)在搅拌、输浆、拌和过程中，要随时记录孔口所出现的各种现象(如硬层情况、注水深度、冒水、冒浆情况及外出土量等)。

(4)由于在输浆过程中土体持浆能力的影响出现冒浆，使实际输浆量小于设计量，这时应采用"输水搅拌→输浆拌和→搅拌"工艺，并将搅拌转速提高到 50 r/min，钻进速度降到 1 m/min，可使拌和均匀，减小冒浆。

(四)桩顶强度低

1. 现象

桩顶加固体强度低。

2. 预防措施

(1)将桩顶标高 1 m 内作为加强段,进行一次复拌加注浆,并提高水泥掺量,一般为 15％左右。

(2)在设计桩顶标高时,应考虑需凿除 0.5 m,以加强桩顶强度。

【任务巩固】

1. 水泥土搅拌桩复合地基承载力检验数量为总数的 0.5％～1％,但不应少于 (   )处。

    A. 1　　　　　　　B. 2　　　　　　　C. 3　　　　　　　D. 4

2. 水泥土搅拌桩原材料中外加剂掺量通过(   )确定。

    A. 计算　　　　　B. 估算　　　　　C. 试验　　　　　D. 以上均可

3. 水泥土搅拌桩进行强度检验时,对承重水泥土搅拌桩应取(   )d 后的试件。

    A. 14　　　　　　B. 28　　　　　　C. 56　　　　　　D. 90

任务七　水泥粉煤灰碎石桩复合地基质量控制与验收

一、任务描述

进行水泥粉煤灰碎石桩复合地基施工时,要保证水泥粉煤灰碎石桩复合地基的施工质量。水泥粉煤灰碎石桩复合地基施工完毕后,完成对水泥粉煤灰碎石桩复合地基检验批的质量验收。

二、任务分析

本任务共包含两方面的内容:一是要保证水泥粉煤灰碎石桩复合地基的施工质量;二是要对水泥粉煤灰碎石桩复合地基检验批进行质量验收。

要保证水泥粉煤灰碎石桩复合地基的施工质量,就需要掌握水泥粉煤灰碎石桩复合地基施工质量控制要点。

要对水泥粉煤灰碎石桩复合地基检验批进行质量验收,就需要掌握水泥粉煤灰碎石桩复合地基检验批的检验标准及检验方法等知识。

三、相关知识

相关知识包括水泥粉煤灰碎石桩复合地基质量控制点和水泥粉煤灰碎石桩复合地基检

验批的检验标准及检验方法两部分知识。

(一)质量控制点

(1)原材料要求。

1)碎石：粒径为 20~50 mm，松散密度为 1.39 t/m³，杂质含量小于 5%。

2)石屑：粒径为 2.5~10 mm，松散密度为 1.47 t/m³，杂质含量小于 5%。

3)粉煤灰：利用Ⅲ级粉煤灰。

4)水泥：用 42.5 级普通硅酸盐水泥，要求新鲜无结块。

(2)施工中应检查桩身混合料的配合比、坍落度和提拔钻杆速度(或提拔套管速度)、成孔深度、混合料灌入量等。

(3)施工结束后，对桩顶标高、桩位、桩体质量、地基承载力以及褥垫层的质量做检查。

(二)检验批施工质量验收

水泥粉煤灰碎石桩复合地基质量检验标准见表 2-20。

表 2-20　水泥粉煤灰碎石桩复合地基质量检验标准

项目	序号	检查项目	允许偏差或允许值		检查方法	检查数量
			单位	数值		
主控项目	1	原材料		设计要求	查产品合格证书或抽样送检	设计要求
	2	桩径	mm	−20	用钢尺量或计算填料量	抽桩数 20%
	3	桩体强度		设计要求	查 28 d 试块强度	一个台班一组试块
	4	地基承载力		设计要求	按规定方法	总数的 0.5%~1%，但应不少于 3 处。有单桩强度检验要求时，数量为总数的 0.5%~1%，但应不少于 3 根
一般项目	1	桩身完整性		按桩基检测技术规范	按桩基检测技术规范	(1)柱下三桩或三桩以下的承台抽检桩数不得少于 1 根；(2)设计等级为甲级，或地质条件复杂、成桩质量可靠性较低的灌注桩，抽检数量应不少于总桩数的 30%，且不得少于 20 根；其他桩基工程的抽检数量应不少于总桩数的 20%，且不得少于 10 根
	2	桩位偏差		满堂布桩≤0.40D 条基布桩≤0.25D	用钢尺量，D 为桩径	抽总桩数的 20%
	3	桩垂直度	%	≤1.5	用经纬仪测桩管	
	4	桩长	mm	+100	测桩管长度或垂球测孔深	

项目	序号	检查项目	允许偏差或允许值		检查方法	检查数量
			单位	数值		
一般项目	5	褥垫层夯填度		≤0.9	用钢尺量	桩坑按总数抽查10%，但不少于5个；槽沟每10 m长抽查1处，且不少于5处；大基坑按50～100 m² 抽查1处

注：1. 夯填度指夯实后的褥垫层厚度与虚体厚度的比值。

2. 桩径允许偏差负值是指个别断面。

四、任务实施

(1)保证水泥粉煤灰碎石桩复合地基施工质量的措施见"质量控制点"相关内容。

(2)水泥粉煤灰碎石桩复合地基检验批质量验收按照"表2-20水泥粉煤灰碎石桩复合地基质量检验标准"进行。

五、拓展提高

水泥粉煤灰碎石桩复合地基施工过程中常见的质量问题如下所述。

(一)缩颈、断桩

1. 现象

成桩困难时，从工艺试桩中，发现缩颈或断桩。

2. 预防措施

(1)要严格按不同土层进行配料，搅拌时间要充分，每盘至少3 min。

(2)控制拔管速度，一般为1～1.2 m/min。用浮标观测(测每米混凝土灌量是否满足设计灌量)以找出缩颈部位，每拔管1.5～2.0 m，留振20 s左右(根据地质情况掌握留振次数与时间或者不留振)。

(3)出现缩颈或断桩，可采取扩颈方法(如复打法、翻插法或局部翻插法)，或者加桩处理。

(4)混合料的供应有两种方法。一是现场搅拌；二是商品混凝土。都应注意做好季节施工，雨期防雨，冬期保温，都要苫盖，并保证灌入温度在5 ℃以上。

(5)每个工程开工前，都要做工艺试桩，以确定合理的工艺，并保证设计参数，必要时要做荷载试验桩。

(6)混合料的配合比在工艺试桩时进行试配，以便最后确定配合比(荷载试桩最好同时参考相同工程的配合比)。

(7)在桩顶处，必须每1.0～1.5 m翻插一次，以保证设计桩径。

(8)冬期施工，在冻层与非冻层结合部(超过结合部搭接1.0 m为好)，要进行局部复打或局部翻插，克服缩颈或断桩。

(9)施工中要详细、认真地做好施工记录及施工监测。如出现问题，应立即停止施工，找有关单位研究解决后方可施工。

(10)开槽与桩顶处理要合理选择施工方案，否则应采取补救措施，桩体施工完毕待桩达到一定强度(一般7 d左右)，方可进行开槽。

(二)灌量不足

1. 现象

施工中局部实际灌量小于设计灌量。

2. 预防措施

(1)根据地质报告，预先确定出合理的施工工艺，开工前要先进行工艺试桩。

(2)同"缩颈、断桩"的预防措施。

(3)季节施工要有防水和保温措施，特别是未浇灌完的材料，在地面堆放或在混凝土罐车中时间过长，达到了初凝，应重新搅拌或罐车加速回转再用。

(4)克服桩管沉入时进入泥水，应在沉管前灌入一定量的粉煤灰碎石混合材料，起到封底作用。

(5)确定实际灌量的充盈系数。

(6)用浮标观测检查控制填充材料的灌量，否则应采取补救措施，并作好详细记录。

(7)根据地质具体情况，合理选择桩间距，一般以4倍桩径为宜，若土的挤密性好，桩距可以取得小一些。

(三)成桩偏斜达不到设计深度

1. 现象

成桩未达到设计深度，桩体偏斜过大。

2. 预防措施

(1)施工前场地要平整压实(一般要求地面承载力为$100\sim150$ kN/m²)，若雨期施工，地面较软，地面可铺垫一定厚度的砂卵石、碎石、灰土或选用路基箱。

(2)施工前要选好合格的桩管，稳桩管要双向校正(用锤球吊线或选用经纬仪成90°角校正)，规范控制垂直度$0.5\%\sim1.0\%$。

(3)放桩位点最好用钎探查找地下物(钎长$1.0\sim1.5$ m)，过深的地下物用补桩或移桩位的方法处理。

(4)桩位偏差应在规范允许范围之内($10\sim20$ mm)。

(5)遇到硬夹层造成沉桩困难或穿不过时，可选用射水沉管或用植桩法(先钻孔的孔径应小于或等于设计桩径)。

(6)沉管至干硬黏土层深度时，可采用注水浸泡24 h以上再沉管的办法。

(7)遇到软硬土层交接处，沉降不均或滑移时，应设计研究采用缩短桩长或加密桩的办法等。

(8)选择合理的打桩顺序，如连续施打，间隔跳打，视土性和桩距全面考虑。满堂红补桩不得从四周向内推进施工，而应采取从中心向外推进或从一边向另一边推进的方案。

【任务巩固】

1. 水泥粉煤灰碎石桩复合地基原材料中碎石粒径为（   ）mm。
   - A. 10～40
   - B. 20～50
   - C. 30～60
   - D. 40～70

2. 设计等级为甲级的水泥粉煤灰碎石桩复合地基桩身完整性检查时，抽检数量应不少于总桩数的（   ），且不得少于（   ）根。
   - A. 20%，20
   - B. 20%，30
   - C. 30%，20
   - D. 30%，30

3. （   ）不是水泥粉煤灰碎石桩复合地基的主控项目。
   - A. 原材料
   - B. 桩径
   - C. 桩体强度
   - D. 桩身完整性

【例题 2-3】 某建筑工程建筑面积为 180 000 m²，现浇混凝土结构，筏形基础。地下 2 层，地上 15 层，基础埋深为 10.5 m。工程所在地区地下水位于基底标高以上，从南流向北，施工单位的降水方案是在基坑南边布置单排轻型井点。基坑开挖到设计标高以后，施工单位和监理单位对基坑进行验槽，并对基坑进行了钎探，发现地基西北角约有 300 m² 的软土区，监理工程师随即指令施工单位进行换填处理，换填级配碎石。

问题：

(1)施工单位和监理单位两家共同进行工程验槽的做法是否妥当？请说明理由。

(2)发现基坑底软土区后，进行基底处理的工作程序是怎样的？

(3)上述描述中，有哪些是不符合规定的，正确的做法应该是什么？

答案：

(1)不妥。工程验槽应由建设单位、监理单位、施工单位、勘察单位和设计单位五方共同进行。地基处理意见也应该由勘察单位和设计单位提出。

(2)应按以下程序处理：

1)建设单位应要求勘察单位对软土区进行地质勘察；

2)建设单位应要求设计单位根据勘察结果对软土区地基做设计变更；

3)建设单位或授权监理单位研究设计单位所提交的设计变更方案，并就设计变更实施后的费用及工期与施工单位达成一致后，由施工单位根据设计变更进行地基处理；

4)地基处理完成后，还需勘察单位、设计单位、建设单位、监理单位和施工单位共同验收，并办理隐检记录。

(3)有以下不符合规定之处：

1)地下水位于基底标高以上，施工单位的降水方案是只在基坑南边布置单排轻型井点，并不能将水降下去，应进行设计计算后，沿基坑四周每隔一定间距布设，从而达到降低基坑四周地下水位的效果，保证了基底的干燥、无水。

2)换填的级配砂石应有压实密度的要求。

【能力训练】

训练题目：完成石灰粒径和土颗粒粒径的检查，并填写现场验收检查原始记录表。

子项目四　桩基础工程

桩基础是基础子分部工程中的分项工程，包括钢筋混凝土预制桩基础、泥浆护壁成孔灌注桩基础、干作业成孔桩基础、长螺旋钻孔压灌桩基础、沉管灌注桩基础、钢桩基础及锚杆静压桩基础。

群桩桩位的放样允许偏差为 20 mm，单排桩桩位的放样允许偏差为 10 mm。

桩基工程的桩位验收，除设计有规定外，应按下述要求进行：当桩顶设计标高与施工场地标高相同时，或桩基施工结束后，有可能对桩位进行检查时，桩基工程的验收应在施工结束后进行；当桩顶设计标高低于施工场地标高，送桩后无法对桩位进行检查时，对打入桩可在每根桩桩顶沉至场地标高时，进行中间验收，待全部桩施工结束，承台或底板开挖到设计标高后，再做最终验收。对灌注桩可对护筒位置做中间验收。

打(压)入桩(预制混凝土方桩、先张法预应力管桩、钢桩)的桩位偏差，必须符合表 2-21 的规定。斜桩倾斜度的偏差不得大于倾斜角正切值的 15%(倾斜角系桩的纵向中心线与铅垂线间夹角)。

表 2-21　预制桩(钢桩)桩位的允许偏差　　　　　　　　　　　　mm

序号	项目	允许偏差
1	盖有基础梁的桩：(1)垂直基础梁的中心线 (2)沿基础梁的中心线	$100+0.01H$ $150+0.01H$
2	桩数为 1~3 根桩基中的桩	100
3	桩数为 4~16 根桩基中的桩	1/2 桩径或边长
4	桩数大于 16 根桩基中的桩：(1)最外边的桩 (2)中间桩	1/3 桩径或边长 1/2 桩径或边长

注：H 为施工现场地面标高与桩顶设计标高的距离。

灌注桩的桩位偏差必须符合表 2-22 的规定，桩顶标高至少要比设计标高高出 0.5 m，桩底清孔质量按不同的成桩工艺有不同的要求。每浇筑 50 m³ 必须有 1 组试件，小于 50 m³ 的桩，每根桩必须有 1 组试件。

表 2-22　灌注桩的平面位置和垂直度的允许偏差

序号	成孔方法		桩径允许偏差/mm	垂直度允许偏差/%	桩位允许偏差/mm	
					1~3 根、单排桩基垂直于中心线方向和群桩基础的边桩	条形桩基沿中心线方向和群桩基础的中间桩
1	泥浆护壁钻孔桩	$D\leqslant1\ 000$ mm	±50	<1	$D/6$，且不大于 100	$D/4$，且不大于 150
		$D>1\ 000$ mm	±50		$100+0.01H$	$150+0.01H$

序号	成孔方法		桩径允许偏差/mm	垂直度允许偏差/%	桩位允许偏差/mm	
					1～3根、单排桩基垂直于中心线方向和群桩基础的边桩	条形桩基沿中心线方向和群桩基础的中间桩
2	套管成孔灌注桩	$D{\leqslant}500$ mm	−20	<1	70	150
		$D>500$ mm			100	150
3	干成孔灌注桩		−20	<1	70	150
4	人工挖孔桩	混凝土护壁	+50	<0.5	50	150
		钢套管护壁	+50	<1	100	200

注：1. 桩径允许偏差的负值是指个别断面。

2. 采用复打、反插法施工的桩，其桩径允许偏差不受本表限制。

3. H 为施工现场地面标高与桩顶设计标高的距离，D 为设计桩径。

工程桩应进行承载力检验。对于地基基础设计等级为甲级或地质条件复杂，成桩质量可靠性低的灌注桩，应采用静载荷试验的方法进行检验，检验桩数不应少于总数的 1%，且不应少于 3 根，当总桩数少于 50 根时，不应少于 2 根。

桩身质量应进行检验。对设计等级为甲级或地质条件复杂，成检质量可靠性低的灌注桩，抽检数量不应少于总数的 30%，且不应少于 20 根；其他桩基工程的抽检数量不应少于总数的 20%，且不应少于 10 根；对混凝土预制桩及地下水位以上且终孔后经过核验的灌注桩，检验数量不应少于总桩数的 10%，且不得少于 10 根。每个柱子承台下不得少于 1 根。

任务一　静力压桩质量控制与验收

一、任务描述

进行静力压桩施工时，要保证静力压桩的施工质量。静力压桩施工完毕后，完成对静力压桩检验批的质量验收。

二、任务分析

本任务共包含两方面的内容：一是要保证静力压桩的施工质量；二是要对静力压桩检验批进行质量验收。

要保证静力压桩的施工质量，就需要掌握静力压桩施工质量控制要点。

要对静力压桩检验批进行质量验收，就需要掌握静力压桩检验批的检验标准及检验方法等知识。

三、相关知识

相关知识包括静力压桩质量控制点和静力压桩检验批的检验标准及检验方法两部分知识。

(一)质量控制点

(1)原材料要求。

1)表面平整(方桩)密实、掉角的深度不应该超过 10 mm，且局部窝和掉角的总面积不得超过桩表面面积的 0.5%，并不得过分集中。

2)方桩深度不得大于 20 mm、宽度不得大于 0.2 mm，横向裂缝长度不得超过边长的 1/2(管桩不超过直径的 1/2)。预应力管桩，不得有环缝和纵向裂纹。

3)桩的混凝土强度必须大于设计强度。

4)桩的材料(含其他半成品)进场后，应按规格、品种、牌号堆放，抽样检验，检验结果与合格证相符者方可使用，未经进货检验或未检验合格的物资不得投入使用。

5)方桩的允许偏差值见表 2-23。

表 2-23　方桩的允许偏差值

序号	项目	允许偏差/mm	检查方法	备注
1	横截面边长	±5	钢尺量	
2	桩顶对角线之差	10	钢尺量	
3	保护层厚度	±5	钢尺量	预制过程检查
4	桩尖中心线	10	钢尺量	
5	桩身弯曲失高	不大于1%的桩长，且不大于20	钢尺量	
6	桩顶平面对桩中心线的倾斜	≤3	钢尺量	
7	锚筋预留孔深	0~20	钢尺量	
8	浆锚预留孔位置	5	钢尺量	
9	浆锚预留孔径	±5	钢尺量	
10	锚筋预留孔的垂直度	≤1%	钢尺量	

6)先张法预应力混凝土管桩的允许偏差值见表 2-24。

表 2-24　先张法预应力混凝土管桩的允许偏差值

序号	项目	允许偏差/mm	检查方法
1	直径	±5	钢尺量
2	管壁厚度	−5	钢尺量
3	桩尖中心线	10	钢尺量
4	抽芯圆孔平面位置对称中心线	5	钢尺量
5	上下或下节桩的法兰对中心线的倾斜	2	钢尺量
6	中节桩两个法兰对中心线的倾斜之和	3	钢尺量

（2）施工前应对成品桩（锚杆静压成品桩一般均由工厂制造，运至现场堆放）做外观及强度检验，接桩用焊条或半成品硫黄胶泥应有产品合格证书，或送有关部门检验，压桩用压力表、锚杆规格及质量也应进行检查。硫黄胶泥半成品应每 100 kg 做一组试件（3 件）。

（3）压桩过程中应检查压力、桩垂直度、接桩间歇时间、桩的连接质量及压入深度。重要工程应对电焊接桩的接头做 10% 的探伤检查。对承受反力的结构应加强观测。

（4）施工结束后，应做桩的承载力及桩体质量检验。

(二)检验批施工质量验收

静力压桩质量检验标准见表 2-25。

表 2-25　静力压桩质量检验标准

项目	序号	检查项目		允许偏差或允许值		检查方法	检查数量
				单位	数值		
主控项目	1	桩体质量检验		按基桩检测技术规范		按基桩检测技术规范	按设计要求
	2	桩位偏差		见表 2-21		用钢尺量	全数检查
	3	承载力		按基桩检测技术规范		按基桩检测技术规范	按设计要求
一般项目	1	成品桩质量：外观		表面平整、颜色均匀，掉角深度<10 mm，蜂窝面积小于总面积的 0.5%		直观	抽 20%
		外形尺寸		见表 2-28		见表 2-28	抽 20%
		强度		满足设计要求		查产品合格证书或钻芯试压	按设计要求
	2	硫黄胶泥质量（半成品）		设计要求		查产品合格证书或抽样送检	每 100 kg 做一组试件（3 件），且一台班不少于 1 组
	3	接桩	电焊接桩：焊缝质量	按规范要求		按规范要求	抽 20% 接头
			电焊结束后停歇时间	min	>1.0	秒表测定	抽 20% 接头
			硫黄胶泥接桩：胶泥浇筑时间	min	<2	秒表测定	全数检查
			浇筑后停歇时间	min	>7	秒表测定	
	4	电焊条质量		设计要求		查产品合格证书	全数检查
	5	压桩压力（设计有要求时）		%	±5	查压力表读数	一台班不少于 3 次
	6	接桩时上下节平面偏差		mm	<10	用钢尺量	抽桩总数 20%
		接桩时节点弯曲矢高			<1/1 000L	用钢尺量，L 为两节桩长	
	7	桩顶标高		mm	±50	水准仪	

预制桩钢筋骨架质量检验标准见表 2-26。

表 2-26　预制桩钢筋骨架质量检验标准　　　　　　　　　　　mm

项目	序号	检查项目	允许偏差或允许值	检查方法	检查数量
主控项目	1	主筋距桩顶距离	±5	用钢尺量	抽查 20%
	2	多节桩锚固钢筋位置	5	用钢尺量	
	3	多节桩预埋铁件	±3	用钢尺量	
	4	主筋保护层厚度	±5	用钢尺量	
一般项目	1	主筋间距	±5	用钢尺量	抽查 20%
	2	桩尖中心线	10	用钢尺量	
	3	箍筋间距	±20	用钢尺量	
	4	桩顶钢筋网片	±10	用钢尺量	
	5	多节桩锚固钢筋长度	±10	用钢尺量	

四、任务实施

(1)保证静力压桩施工质量的措施见"质量控制点"相关内容。

(2)静力压桩检验批质量验收按照"表 2-25 静力压桩质量检验标准"进行。

五、拓展提高

静力压桩施工过程中常见的质量问题如下所述。

(一)压桩达不到设计要求深度

1. 现象

桩尖深度未达到设计深度。

2. 预防措施

(1)按实际持力层深度变更实际桩长。

(2)沉桩时改变过早停压的做法。

(二)桩身倾斜

1. 现象

桩身垂直度过大或产生横向位移。

2. 预防措施

(1)加强检查、测量,遇压桩偏心及时调整。

(2)遇障碍物不深时,可挖除回填后再压。

(3)歪斜较大,可利用压桩油缸回程,将已压入的桩拔出,回填后重新压桩。

1. 静力压桩采用硫黄胶泥接桩时，胶泥浇筑时间要小于(　　)min。

A. 1　　　　　　B. 2　　　　　　C. 3　　　　　　D. 4

2. 方桩桩尖中心线允许偏差值为(　　)mm。

A. 8　　　　　　B. 10　　　　　　C. 12　　　　　　D. 15

3. (　　)不是静力压桩的主控项目。

A. 桩体质量检验　　　　　　　　　B. 桩位偏差

C. 承载力　　　　　　　　　　　　D. 成品桩外形

任务二　混凝土灌注桩质量控制与验收

一、任务描述

进行混凝土灌注桩施工时，要保证混凝土灌注桩的施工质量。混凝土灌注桩施工完毕后，完成对混凝土灌注桩检验批的质量验收。

二、任务分析

本任务共包含两方面的内容：一是要保证混凝土灌注桩的施工质量；二是要对混凝土灌注桩检验批进行质量验收。

要保证混凝土灌注桩的施工质量，就需要掌握混凝土灌注桩施工质量控制要点。

要对混凝土灌注桩检验批进行质量验收，就需要掌握混凝土灌注桩检验批的检验标准及检验方法等知识。

三、相关知识

相关知识包括混凝土灌注桩质量控制点和混凝土灌注桩检验批的检验标准及检验方法两部分知识。

(一)质量控制点

(1)施工前应对水泥、砂、石子(如现场搅拌)、钢材等原材料进行检查，对施工组织设计中制定的施工顺序、监测手段(包括仪器、方法)也应进行检查。

(2)施工中应对成孔、清渣、放置钢筋笼、灌注混凝土都进行全过程检查，人工挖孔桩尚应复验孔底持力层土(岩)性。嵌岩桩必须有桩端持力层的岩性报告。

(3)施工结束后，应检查混凝土强度，并应做桩体质量及承载力的检验。

(二)检验批施工质量验收

(1)混凝土灌注桩钢筋笼质量检验标准见表 2-27。

表 2-27 混凝土灌注桩钢筋笼质量检验标准   mm

项目	序号	检查项目	允许偏差或允许值	检查方法	检查数量
主控项目	1	主筋间距	±10	用钢尺量	全数检查
	2	长度	±100	用钢尺量	
一般项目	1	钢筋材质检验	设计要求	抽样送检	按进场的批次和产品的抽样检验方案确定
	2	箍筋间距	±20	用钢尺量	抽20%桩数
	3	直径	±10	用钢尺量	

（2）混凝土灌注桩质量检验标准见表 2-28。

表 2-28 混凝土灌注桩质量检验标准

项目	序号	检查项目	允许偏差或允许值		检查方法	检查数量
			单位	数值		
主控项目	1	桩位	见表 2-22		基坑开挖前量护筒，开挖后量桩中心	全数检查
	2	孔深	mm	+300	只深不浅，用重锤测，或测钻杆、套管长度，嵌岩桩应确保进入设计要求的嵌岩深度	
	3	桩体质量检验	按基桩检测技术规范。如钻芯取样，大直径嵌岩桩应钻至桩尖下 50 cm		按基桩检测技术规范	按设计要求
	4	混凝土强度	设计要求		试件报告或钻芯取样送检	每浇筑 50 m³ 必须有 1 组试件；小于 50 m³ 的桩，每根或每台班必须有 1 组试件
	5	承载力	按基桩检测技术规范		按基桩检测技术规范	按设计要求
一般项目	1	垂直度	见表 2-22		测套管或钻杆，或用超声波探测，干施工时吊垂球	全数检查
	2	桩径	见表 2-22		井径仪或超声波检测，干施工时用钢尺量，人工挖孔桩不包括内衬厚度	
	3	泥浆相对密度（黏土或砂性土中）	1.15～1.20		用比重计测，清孔后在距孔底 50 cm 处取样	
	4	泥浆面标高（高于地下水位）	m	0.5～1.0	目测	
	5	沉渣厚度：端承桩	mm	≤50	用沉渣仪或重锤测量	
		摩擦桩	mm	≤150		

项目	序号	检查项目	允许偏差或允许值		检查方法	检查数量
			单位	数值		
一般项目	6	混凝土坍落度：水下灌注 干施工	mm mm	160～220 70～100	坍落度仪	每50 m³ 或一根桩 或一台班不少于1次
	7	钢筋笼安装深度	mm	±100	用钢尺量	全数检查
	8	混凝土充盈系数		>1	检查每根桩的实际灌注量	
	9	桩顶标高	mm	+30 -50	水准仪，需扣除桩顶浮浆 层及劣质桩体	全数检查

四、任务实施

(1)保证混凝土灌注桩施工质量的措施见"质量控制点"相关内容。

(2)混凝土灌注桩检验批质量验收按照"表2-27 混凝土灌注桩钢筋笼质量检验标准"和"表2-28 混凝土灌注桩质量检验标准"进行。

五、拓展提高

混凝土灌注桩施工过程中常见的质量问题如下所述。

(一)孔底虚土过多

1. 现象

成孔后孔底虚土过多，超过规范所要求的不大于10 cm的规定。

2. 预防措施

(1)仔细探明工程地质条件，尽可能避开可能引起大量塌孔的地点施工，如不能避开，则应选择其他施工方法。

(2)施工前或施工过程中，对钻杆、钻头应经常进行检查，不符合要求的钻杆、钻头应及时更换。根据不同的工程地质条件，选用不同形式的钻头。

(3)钻孔钻出的土应及时清理，提钻杆前，先把孔口的积土清理干净，防止孔口土回落到孔底。

(4)成孔后，尽可能防止人或车辆在孔口盖板上行走，以免扰动孔口土。混凝土漏斗及钢筋笼应竖直地放入孔中，要小心轻放，防止把孔壁土碰塌掉到孔底。当天成孔后必须当天灌完混凝土。

(5)对不同的工程地质条件，应选用不同的施工工艺提钻杆。一般来说提钻杆的施工工艺有以下三种：

1)一次钻至设计标高后，在原位旋转片刻再停止旋转，静拔钻杆。

2)一次钻到设计标高以上1 m左右，提钻甩土，然后再钻至设计标高后停止旋转，静拔钻杆。

3)钻至设计标高后，边旋转边提钻杆。

(6)成孔后应及时浇筑混凝土。

(7)干作业成孔，地质和水文地质应详细描述，如遇有上层滞水或在雨期施工时，应预先找出解决塌孔的措施，以保证虚土厚度满足设计要求。

(8)钢筋笼的制作应在允许偏差范围内，以免变形过大，导致吊放时碰刮孔壁造成虚土超标，同时应在放笼后浇筑混凝土前，再测虚土厚度，如超标应及时处理。

(二)桩身混凝土质量差

1. 现象

桩身表面有蜂窝、空洞，桩身夹土、分段级配不均匀，浇筑混凝土后的桩顶浮浆过多。

2. 预防措施

(1)严格按照混凝土操作规程施工。为了保证混凝土的和易性，可掺入外加剂等。严禁把土及杂物和在混凝土中一起灌入孔内。

(2)浇筑混凝土前，必须先放好钢筋笼，避免在浇筑混凝土过程中吊放钢筋笼。

(3)浇筑混凝土前，先在孔口放好铁板或漏斗，以防止回落土掉入孔内。

(4)雨期施工孔口要做围堰，防止雨水灌孔影响质量。

(5)桩孔较深时，可吊放振捣棒振捣，以保证桩底部密实度。

(三)塌孔

1. 现象

成孔后，孔壁局部塌落。

2. 预防措施

(1)在砂卵石、卵石或流塑淤泥质土夹层等地基土处进行桩基施工时，应尽可能不采用干作业钻孔灌注桩方案，而应采用人工挖孔并加强护壁的施工方法或湿作业施工法。

(2)在遇有上层滞水可能造成的塌孔时，可采用以下两种办法处理：

1)在有上层滞水的区域内采用电渗井降水。

2)正式钻孔前一星期左右，在有上层滞水区域内，先钻若干个孔，深度透过隔水层到砂层，在孔内填进级配卵石，让上层滞水渗漏到下面的砂卵石层，然后再进行钻孔灌注桩施工。

(3)为核对地质资料、检验设备、施工工艺以及设计要求是否适宜，钻孔桩在正式施工前，宜进行"试成孔"，以便提前做出相应的保证正常施工的措施。

【任务巩固】

1. 施工中应对成孔、清渣、放置钢筋笼、灌注混凝土等进行全过程检查，人工挖孔桩尚应复验(　　)。

    A. 嵌岩深度　　　　　　　　　B. 孔底沉渣厚度

    C. 土(岩)层完整情况　　　　　D. 孔底持力层土(岩)性

2. 混凝土灌注桩钢筋笼中主筋间距允许偏差为(　　)mm。

    A. ±8　　　　B. ±10　　　　C. ±12　　　　D. ±15

3. 混凝土灌注桩进行混凝土强度检查时，每浇筑(　　)m³必须有1组试件。

　　A. 25　　　　　　B. 50　　　　　　C. 75　　　　　　D. 100

【例题2-4】某市一制品厂新建56 000 m²钢结构厂房，其中Ⓐ至Ⓑ轴为额外二层框架结构的办公楼，基础为桩承台基础，一层地面为C20厚150 mm的混凝土。2015年开工，2016年竣工。施工图中设计有15处预应力混凝土管桩基础，在施工后，现场检查发现如下事件：

　　事件一：有5根桩深度不够。

　　事件二：有3根桩桩身断裂。

　　另施工图B处还设计有桩承台基础，放线人员由于看图不细，承台基础超挖0.5 m；由于基坑和地面回填土不密实，致使地面沉降开裂严重。

　　问题：

　　(1)简述事件一质量问题发生的原因及预防措施。

　　(2)简述事件二质量问题发生的原因及预防措施。

　　(3)超挖部分是否需要处理？如何处理？

　　(4)回填土不密实的现象、原因及防治方法是什么？

　　答案：

　　(1)事件一质量问题发生的原因为：

　　1)勘探资料不明，致使设计考虑持力层或选择桩长有误。

　　2)勘探工作以点带面，对局部硬、软夹层及地下障碍物等了解不清。

　　3)以新近代砂层为持力层或穿越较厚的砂夹层，由于其结构的不稳定，同一层土的强度差异很大，桩沉入到该层时，进入持力层较深才能达到贯入度或容易穿越砂夹层，但群桩施工时，砂层越挤越密，最后会有桩不再下沉的现象。

　　预防措施为：

　　1)详细探明工程地质情况，必要时应进行补勘，正确选择持力层或标高。

　　2)根据工程地质条件，合理选择施工方法及压桩顺序。

　　3)桩如果打不下去，可更换能量大的桩锤打击，并加厚缓冲垫层。

　　(2)事件二质量问题发生的原因为：

　　1)桩入土后，遇到大块坚硬障碍物，把桩尖挤向一侧。

　　2)两节桩或多节桩施工时，相接的两桩不在同一轴线上，产生了曲折。

　　3)桩数较多，土饱和密实，桩间距较小，在沉桩时土被挤到极限密实度而向上隆起，相邻的桩被浮起。

　　4)在软土地基进行较密集的群桩施工时，由于沉桩引起的孔隙水压力把相邻的桩推向一侧或浮起。

　　预防措施为：

　　1)施工前应将桩下障碍物清理干净，桩身弯曲超过规定或桩尖与桩身纵轴线偏离过大超过规定的桩不宜使用。

　　2)在稳桩过程中，发现桩不垂直应及时纠正，接桩时要保证上下两节桩在同一轴线上，保证接头质量。

3）采用井点降水、砂井或盲沟等降水或排水措施。

4）沉桩期间不得开挖基坑，一般宜在沉桩结束两周左右开挖基坑，宜对称开挖。

5）软土地基中桩顶位移处理可采用纠倾（反位移）或补桩的方法，但均须征得设计单位的同意。

（3）超挖部分需要处理。应会同设计人员共同商定处理方法，通常可采用回填夹砂石、石屑、粉煤灰、3∶7或2∶8的灰土等，并夯实。

（4）回填土不密实的现象为：回填土经夯实或碾压后，其密实度达不到设计要求，在荷载作用下变形增大，强度和稳定性下降。

回填土不密实的原因为：

1）土的含水率过大或过小，因而达不到最优含水率下的密实度要求。

2）填方土料不符合要求。

3）碾压或夯实机具能量不够，达不到影响深度的要求，使土的密实度降低。

防治方法为：

1）不合要求的土料挖出换土，或掺入石灰、碎石等夯实加固。

2）因含水量过大而达不到密实度的土层，可采用翻松晾晒、风干，或均匀掺入干土等吸水材料，重新夯实。

3）因含水量小或碾压机能量过小时，可采用增加夯实遍数或使用大功率压实机碾压等措施。

【能力训练】

训练题目：完成桩位偏差的检验，并填写现场检查原始记录表。

子项目五　地下防水工程

地下防水是地基与基础分部工程的子分部工程，共包括五个分项工程：主体结构防水、细部构造防水、特殊施工法结构防水、排水及注浆。

地下防水工程是对房屋建筑、防护工程、市政隧道、地下铁道等地下工程进行防水设计、防水施工和维护管理等各项技术工作的工程实体。地下工程的防水等级分为4级，各级标准见表2-29。

表2-29　地下工程防水等级标准

防水等级	标准
1级	不允许渗水，结构表面无湿渍
2级	不允许漏水，结构表面可有少量湿渍 房屋建筑地下工程：总湿渍面积不应大于总防水面积（包括顶板、墙面、地面）的1/1 000；任意100 m² 防水面积上的湿渍不超过2处，单个湿渍的最大面积不大于0.1 m² 其他地下工程：湿渍总面积不应大于总防水面积的2‰；任意100 m² 防水面积上的湿渍不超过3处，单个湿渍的最大面积不大于0.2 m²；其中，隧道工程平均渗水量不大于0.05 L/(m²·d)，任意100 m² 防水面积上的渗水量不大于0.15 L/(m²·d)

防水等级	标准
3级	有少量漏水点，不得有线流和漏泥砂 任意 100 m² 防水面积上的漏水或湿渍点数不超过 7 处，单个漏水点的漏水量不大于 2.5 L/d，单个湿渍面积不大于 0.3 m²
4级	有漏水点，不得有线流和漏泥砂 整个工程平均漏水量不大于 2 L/(m²·d)，任意 100 m² 防水面积的平均漏水量不大于 4 L/(m²·d)

地下防水工程必须由持有资质等级证书的防水专业队伍进行施工，主要施工人员应持有省级及以上建设行政主管部门或其指定单位颁发的执业资格证书或防水专业岗位证书。地下防水工程的施工，应建立各道工序的自检、交接检和专职人员检查的制度，并有完整的检查记录。工程隐蔽前，应由施工单位通知有关单位进行验收，并形成隐蔽工程验收记录；未经监理单位或建设单位代表对上道工序的检查确认，不得进行下道工序的施工。

地下防水工程施工前，应通过图纸会审，掌握结构主体及细部构造的防水要求，施工单位应编制防水工程专项施工方案，经监理单位或建设单位审查批准后执行。

地下工程使用的防水材料及其配套材料，应符合现行行业标准《建筑防水涂料中有害物质限量》(JC 1066—2008)的规定，不得对周围环境造成污染。防水材料的进场验收应对材料的外观、品种、规格、包装、尺寸和数量等进行检查验收，并经监理单位或建设单位代表检查确认，形成相应验收记录。对材料的质量证明文件进行检查，并经监理单位或建设单位代表检查确认，纳入工程技术档案。材料进场后应按规定抽样检验，检验应执行见证取样送检制度，并出具材料进场检验报告。材料的物理性能检验项目全部指标达到标准规定时，即为合格；若有一项指标不符合标准的规定，应在受检产品中重新取样进行该项指标复验，复验结果符合标准的规定，则判定该批材料为合格。

地下防水工程施工期间，必须保持地下水位稳定在工程底部最低高程 0.5 m 以下，必要时应采取降水措施。对采用明沟排水的基坑，应保持基坑干燥。地下防水工程的防水层，严禁在雨天、雪天和五级及以上风天施工，其施工环境气温条件宜符合表 2-30 的规定。

表 2-30　防水材料施工环境气温条件

防水材料	施工环境气温条件
高聚物改性沥青防水卷材	冷粘法、自粘法不低于 5 ℃，热熔法不低于 −10 ℃
合成高分子防水卷材	冷粘法、自粘法不低于 5 ℃，焊接法不低于 −10 ℃
有机防水涂料	溶剂型 −5 ℃～35 ℃，反应型、溶乳型 5 ℃～35 ℃
无机防水涂料	5 ℃～35 ℃
防水混凝土、水泥砂浆	5 ℃～35 ℃
膨润土防水涂料	不低于 −20 ℃

任务一　防水混凝土工程质量控制与验收

一、任务描述

进行防水混凝土工程施工时，要保证防水混凝土工程的施工质量。防水混凝土工程施工完毕后，完成对防水混凝土工程检验批的质量验收。

二、任务分析

本任务共包含两方面的内容：一是要保证防水混凝土工程的施工质量；二是要对防水混凝土工程检验批进行质量验收。

要保证防水混凝土工程的施工质量，就需要掌握防水混凝土工程施工质量控制要点。

要对防水混凝土工程检验批进行质量验收，就需要掌握防水混凝土工程检验批的检验标准及检验方法等知识。

三、相关知识

相关知识包括防水混凝土工程质量控制点和防水混凝土工程检验批的检验标准及检验方法两部分知识。

(一)质量控制点

(1)原材料要求。

1)水泥宜采用普通硅酸盐水泥或硅酸盐水泥，采用其他品种水泥时应经试验确定；在受侵蚀性介质作用时，应按介质的性质选用相应的水泥品种；不得使用过期或受潮结块的水泥，并不得将不同品种或强度等级的水泥混合使用。

2)砂宜用中粗砂，含泥量不得大于 3.0%，泥块含量不得大于 1.0%。不宜使用海砂，在不具备使用河砂的条件时，应对海砂进行处理，然后再使用，且控制氯离子含量不大于 0.06%。

3)碎石或卵石的粒径宜为 5～40 mm，含泥量不得大于 1.0%，泥块含量不得大于 0.5%。对长期处于潮湿环境的重要结构混凝土用砂、石，应进行碱活性检验。

4)混凝土拌和用水应符合现行行业标准《混凝土用水标准》(JGJ 63—2006)的有关规定。

5)外加剂的品种和用量应经试验确定，所用外加剂应符合现行国家标准《混凝土外加剂应用技术规范》(GB 50119—2013)的质量规定。掺加引气剂或引气型减水剂的混凝土，其含气量宜控制在 3%～5%。考虑外加剂对硬化混凝土收缩性能的影响。严禁使用对人体产生危害、对环境产生污染的外加剂。

6)粉煤灰的级别不应低于二级，烧失量不应大于 5%。硅粉的比表面积不应小于 15 000 m^2/kg，SiO_2 的含量不应小于 85%。粒化高炉矿渣粉的品质要求应符合现行国家标准《用于水泥和混凝土中的粒化高炉矿渣粉》(GB/T 18046—2008)的有关规定。

(2)防水混凝土的配合比应符合下列规定：

1)试配要求的抗渗水压值应比设计值提高 0.2 MPa。

2)混凝土胶凝材料总量不宜小于 320 kg/m³，其中水泥用量不宜少于 260 kg/m³；粉煤灰掺量宜为胶凝材料总量的 20%～30%，硅粉的掺量宜为胶凝材料总量的 2%～5%。

3)水胶比不得大于 0.50，有侵蚀性介质时水胶比不宜大于 0.45。

4)砂率宜为 35%～40%，泵送时可增加到 45%。

5)灰砂比宜为 1：1.5～1：2.5。

6)混凝土拌合物的氯离子含量不应超过胶凝材料总量的 0.1%；混凝土中各类材料的总碱量即 Na_2O 当量不得大于 3kg/m³。

(3)防水混凝土采用预拌混凝土时，入泵坍落度宜控制在 120～140 mm，坍落度每小时损失不应大于 20 mm，坍落度总损失值不应大于 40 mm。

(4)混凝土拌制和浇筑过程控制应符合下列规定：

1)拌制混凝土所用材料的品种、规格和用量，每工作班检查不应少于两次。每盘混凝土各组成材料计量结果的偏差应符合表 2-31 的规定。

表 2-31　混凝土组成材料计量结果的允许偏差　　　　　　　　　%

混凝土组成材料	每盘计量	累计计量
水泥、掺合料	±2	±1
粗、细骨料	±3	±2
水、外加剂	±2	±1
注：累计计量仅适用于微机控制计量的搅拌站。		

2)混凝土在浇筑地点的坍落度，每工作班至少检查两次。混凝土的坍落度试验应符合现行国家标准《普通混凝土拌合物性能试验方法标准》(GB/T 50080—2011)的有关规定。混凝土实测的坍落度与要求的坍落度之间的偏差应符合表 2-32 的规定。

表 2-32　混凝土坍落度允许偏差

要求坍落度/mm	允许偏差/mm
≤40	±10
50～90	±15
≥90	±20

3)泵送混凝土拌合物在运输后出现离析，必须进行二次搅拌。当坍落度损失后不能满足施工要求时，应加入原水胶比的水泥浆或掺加同品种的减水剂进行搅拌，严禁直接加水。

(5)防水混凝土抗压强度试件，应在混凝土浇筑地点随机取样后制作，并应符合下列规定：

1)同一工程、同一配合比的混凝土，取样频率和试件留置组数应符合现行国家标准《混凝土结构工程施工质量验收规范》(GB 50204—2015)的有关规定。

2)抗压强度试验应符合现行国家标准《普通混凝土力学性能试验方法标准》(GB/T 50081—2002)的有关规定。

3)结构构件的混凝土强度评定应符合现行国家标准《混凝土强度检验评定标准》(GB/T 50107—2010)的有关规定。

(6)防水混凝土抗渗性能应采用标准条件下养护混凝土抗渗试件的试验结果评定,试件应在混凝土浇筑地点随机取样后制作,并应符合下列规定:

1)连续浇筑混凝土每 500 m³ 应留置一组 6 个抗渗试件,且每项工程不得少于两组;采用预拌混凝土的抗渗试件,留置组数应视结构的规模和要求而定。

2)抗渗性能试验应符合现行国家标准《普通混凝土长期性能和耐久性能试验方法标准》(GB/T 50082—2009)的有关规定。

(7)大体积防水混凝土的施工应采取材料选择、温度控制、保温保湿等技术措施。在设计许可的情况下,掺粉煤灰混凝土设计强度的龄期宜为 60 d 或 90 d。

(二)检验批施工质量验收

防水混凝土工程质量检验标准见表 2-33。

表 2-33　防水混凝土工程质量检验标准

项目	序号	检查项目	质量要求	检查方法	检查数量
主控项目	1	原材料、配合比及坍落度	必须符合设计要求	检查产品合格证、产品性能检测报告、计量措施和材料进场检验报告	按混凝土外露面积每 100 m² 抽查 1 处,每处 10 m²,且不得少于 3 处
	2	抗压强度和抗渗性能	必须符合设计要求	检查混凝土抗压强度、抗渗性能检验报告	全数检查
	3	细部构造	变形缝、施工缝、后浇带、穿墙管、埋设件等设置和构造必须符合设计要求	观察检查和检查隐蔽工程验收记录	
一般项目	1	表面质量	表面应坚实、平整,不得有露筋、蜂窝等缺陷;埋设件位置应准确	观察检查	按混凝土外露面积每 100 m² 抽查 1 处,每处 10 m²,且不得少于 3 处
	2	裂缝宽度	结构表面的裂缝宽度不应大于 0.2 mm,且不得贯通	用刻度放大镜检查	
	3	结构厚度、迎水面钢筋保护层厚度	结构厚度不应小于 250 mm,其允许偏差应为 + 8 mm、−5 mm;主体结构迎水面钢筋保护层厚度不应小于 50 mm,其允许偏差为±5 mm	尺量检查和检查隐蔽工程验收记录	

四、任务实施

(1)保证防水混凝土工程施工质量的措施见"质量控制点"相关内容。

(2)防水混凝土工程检验批质量验收按照"表2-33 防水混凝土工程质量检验标准"进行。

五、拓展提高

防水混凝土工程施工过程中常见的质量问题如下所述。

(一)收缩裂缝

1. 现象

混凝土收缩增大,出现裂缝。

2. 预防措施

(1)严禁在混凝土内任意加水,严格控制水胶比,减少收缩裂缝。

(2)采取正确的养护措施。

(二)施工缝渗漏

1. 现象

施工缝处理不当,形成渗漏水的通道。

2. 预防措施

(1)防水混凝土应连续浇筑,宜少留施工缝。

(2)在留设施工缝的位置混凝土浇筑时间间隔不能太久,以免接缝处新旧混凝土收缩值相差太大而产生裂缝。

(3)正确进行施工缝施工。

【任务巩固】

1. 对长期处于潮湿环境的重要结构混凝土用砂、石,应进行( )检验。

　　A. 含泥量　　　　　B. 碱活性　　　　　C. 含水量　　　　　D. 干密度

2. 防水混凝土采用预拌混凝土时,入泵坍落度宜选择( )mm。

　　A. 110　　　　　　B. 130　　　　　　C. 150　　　　　　D. 170

3. 防水混凝土结构表面的裂缝宽度不应大于( )mm,且不得贯通。

　　A. 0.1　　　　　　B. 0.2　　　　　　C. 0.01　　　　　　D. 0.02

任务二　水泥砂浆防水层质量控制与验收

一、任务描述

进行水泥砂浆防水层施工时,要保证水泥砂浆防水层的施工质量。水泥砂浆防水层施工完毕后，完成对水泥砂浆防水层检验批的质量验收。

二、任务分析

本任务共包含两方面的内容：一是要保证水泥砂浆防水层的施工质量；二是要对水泥砂浆防水层检验批进行质量验收。

要保证水泥砂浆防水层的施工质量，就需要掌握水泥砂浆防水层施工质量控制要点。

要对水泥砂浆防水层检验批进行质量验收，就需要掌握水泥砂浆防水层检验批的检验标准及检验方法等知识。

三、相关知识

相关知识包括水泥砂浆防水层质量控制点和水泥砂浆防水层检验批的检验标准及检验方法两部分知识。

(一)质量控制点

(1)水泥砂浆防水层适用于地下工程主体结构的迎水面或背水面。不适用于受持续振动或环境温度高于 80 ℃的地下工程。

(2)水泥砂浆防水层应采用聚合物水泥防水砂浆、掺外加剂或掺合料的防水砂浆。

(3)原材料要求。

1)水泥应使用普通硅酸盐水泥、硅酸盐水泥或特种水泥，不得使用过期或受潮结块的水泥。

2)砂宜采用中砂，含泥量不应大于 1％，硫化物和硫酸盐含量不得大于 1％。

3)用于拌制水泥砂浆的水应采用不含有害物质的洁净水。

4)聚合物乳液的外观为均匀液体，无杂质、无沉淀、不分层。

5)外加剂的技术性能应符合国家或行业有关标准的质量要求。

(4)水泥砂浆防水层的基层质量应符合下列规定：

1)基层表面应平整、坚实、清洁，并应充分湿润，无明水。

2)基层表面的孔洞、缝隙应采用与防水层相同的水泥砂浆填塞并抹平。

3)施工前应将埋设件、穿墙管预留凹槽内嵌填密封材料后，再进行水泥砂浆防水层施工。

(5)水泥砂浆防水层施工应符合下列规定：

1)水泥砂浆的配制，应按所掺材料的技术要求准确计量。

2)分层铺抹或喷涂，铺抹时应压实、抹平，最后一层表面应提浆压光。

3)防水层各层应紧密粘合，每层宜连续施工；必须留设施工缝时，应采用阶梯坡形槎，但与阴阳角的距离不得小于 200 mm。

4)水泥砂浆终凝后应及时进行养护，养护温度不宜低于 5 ℃，并应保持砂浆表面湿润，养护时间不得少于 14 d。聚合物水泥防水砂浆未达到硬化状态时，不得浇水养护或直接受雨水冲刷，硬化后应采用干湿交替的养护方法。潮湿环境中，可在自然条件下养护。

(二)检验批施工质量验收

水泥砂浆防水层质量检验标准见表2-34。

表 2-34　水泥砂浆防水层质量检验标准

项目	序号	检查项目	质量要求	检查方法	检查数量
主控项目	1	原材料、配合比	必须符合设计要求	检查产品合格证、产品性能检测报告、计量措施和材料进场检验报告	按施工面积每100 m² 抽查1处，每处10 m²，且不得少于3处
	2	粘结强度和抗渗性能	必须符合设计要求	检查砂浆粘结强度、抗渗性能检验报告	
	3	防水层与基层之间结合面	结合牢固，无空鼓现象	观察和用小锤轻击检查	
一般项目	1	表面质量	表面应密实、平整，不得有裂纹、起砂、麻面等缺陷	观察检查	按施工面积每100 m² 抽查1处，每处10 m²，且不得少于3处
	2	施工缝	施工缝留槎位置应正确，接槎应按层次顺序操作，层层搭接紧密	观察检查和检查隐蔽工程验收记录	
	3	厚度	平均厚度应符合设计要求，最小厚度不得小于设计值的85%	用针测法检查	
	4	表面平整度	允许偏差应为5 mm	用2 m靠尺和楔形塞尺检查	

四、任务实施

(1)保证水泥砂浆防水层施工质量的措施见"质量控制点"相关内容。

(2)水泥砂浆防水层检验批质量验收按照"表2-34 水泥砂浆防水层质量检验标准"进行。

五、拓展提高

水泥砂浆防水层施工过程中常见的质量问题如下所述。

(一)空鼓、裂缝

1. 现象

水泥砂浆防水层出现空鼓、裂缝。

2. 预防措施

(1)基层表面须去污、剁毛、刷洗清理，并保持潮湿、清洁、坚实、粗糙。

(2)加强对防水层的养护工作，保持经常湿润，养护期为两周。

(二)渗漏

1. 现象

水泥砂浆防水层表面出现缝隙，处于地下水位以下的裂缝处出现不同流量的渗漏。

2. 预防措施

(1)操作时要仔细认真，务求素浆层刮抹严密，均匀一致，并不遭破坏。

(2)加强对接槎、穿墙管等的细部处理。

【任务巩固】

1. 水泥砂浆防水层不适用于受持续振动或环境温度高于(　　)℃的地下工程。
   A. 80　　　　　　B. 100　　　　　　C. 150　　　　　　D. 180

2. 水泥砂浆防水层分项工程检验批的抽样检验数量，应按施工面积每 100 m² 抽查 1 处，每处 10 m²，且不得少于(　　)处。
   A. 2　　　　　　B. 3　　　　　　C. 5　　　　　　D. 10

3. 水泥砂浆防水层质量检验时，主控项目包括(　　)。
   A. 表面质量　　　B. 抗渗性能　　　C. 施工缝　　　D. 表面平整度

任务三　卷材防水层质量控制与验收

一、任务描述

进行卷材防水层施工时，要保证卷材防水层的施工质量。卷材防水层施工完毕后，完成对卷材防水层检验批的质量验收。

二、任务分析

本任务共包含两方面的内容：一是要保证卷材防水层的施工质量；二是要对卷材防水层检验批进行质量验收。

要保证卷材防水层的施工质量，就需要掌握卷材防水层施工质量控制要点。

要对卷材防水层检验批进行质量验收，就需要掌握卷材防水层检验批的检验标准及检验方法等知识。

三、相关知识

相关知识包括卷材防水层质量控制点和卷材防水层检验批的检验标准及检验方法两部分知识。

(一)质量控制点

(1)卷材防水层适用于受侵蚀性介质作用或受振动作用的地下工程；卷材防水层应铺设

在主体结构的迎水面。

（2）卷材防水层应采用高聚物改性沥青防水卷材和合成高分子防水卷材。所选用的基层处理剂、胶粘剂、密封材料等均应与铺贴的卷材相匹配。

（3）在进场材料检验的同时，防水卷材接缝粘结质量检验应规范执行。

（4）铺贴防水卷材前，清扫应干净、干燥，并应涂刷基层处理剂；当基面潮湿时，应涂刷湿固化型胶粘剂或潮湿界面隔离剂。

（5）基层阴阳角应做成圆弧或 45°坡角，其尺寸应根据卷材品种确定；在转角处、变形缝、施工缝、穿墙管等部位应铺贴卷材加强层，加强层宽度不应小于 500 mm。

（6）防水卷材的搭接宽度应符合表 2-35 的要求。铺贴双层卷材时，上下两层和相邻两幅卷材的接缝应错开 1/3～1/2 幅宽，且两层卷材不得相互垂直铺贴。

表 2-35　防水卷材的搭接宽度

卷材品种	搭接宽度/mm
弹性体改性沥青防水卷材	100
改性沥青聚乙烯胎防水卷材	100
自粘聚合物改性沥青防水卷材	80
三元乙丙橡胶防水卷材	100/60（胶粘剂/胶结带）
聚氯乙烯防水卷材	60/80（单面焊/双面焊）
	100（胶粘剂）
聚乙烯丙纶复合防水卷材	100（粘结料）
高分子自粘胶膜防水卷材	70/80（自粘胶/胶粘带）

（7）冷粘法铺贴卷材应符合下列规定：

1）胶粘剂涂刷应均匀，不得露底，不堆积。

2）根据胶粘剂的性能，应控制胶粘剂涂刷与卷材铺贴的间隔时间。

3）铺贴时不得用力拉伸卷材，排除卷材下面的空气，辊压粘结牢固。

4）铺贴卷材应平整、顺直，搭接尺寸准确，不得有扭曲、皱折。

5）卷材接缝部位应采用专用胶粘剂或胶结带满粘，接缝口应用密封材料封严，其宽度不应小于 10 mm。

（8）热熔法铺贴卷材应符合下列规定：

1）火焰加热器加热卷材应均匀，不得加热不足或烧穿卷材。

2）卷材表面热熔后应立即滚铺，排除卷材下面的空气，并粘结牢固。

3）铺贴卷材应平整、顺直，搭接尺寸准确，不得有扭曲、皱折。

4）卷材接缝部位应溢出热熔的改性沥青胶料，并粘结牢固，封闭严密。

（9）自粘法铺贴卷材应符合下列规定：

1）铺贴卷材时，应将有黏性的一面朝向主体结构。

2）外墙、顶板铺贴时，排除卷材下面的空气，并粘结牢固。

3）铺贴卷材应平整、顺直，搭接尺寸准确，不得有扭曲、皱折。

4）立面卷材铺贴完成后，应将卷材端头固定，并应用密封材料封严。

5)低温施工时，宜对卷材和基面采用热风适当加热，然后铺贴卷材。

(10)卷材接缝采用焊接法施工应符合下列规定：

1)焊接前卷材应铺放平整，搭接尺寸准确，焊接缝的结合面应清扫干净。

2)焊接前应先焊长边搭接缝，后焊短边搭接缝。

3)控制热风加热温度和时间，焊接处不得漏焊、跳焊或焊接不牢。

4)焊接时不得损害非焊接部位的卷材。

(11)铺贴聚乙烯丙纶复合防水卷材应符合下列规定：

1)应采用配套的聚合物水泥防水粘结材料。

2)卷材与基层粘贴应采用满粘法，粘结面积不应小于90%，刮涂粘结料应均匀，不得露底、堆积、流淌。

3)固化后的粘结料厚度不应小于1.3 mm。

4)卷材接缝部位应挤出粘结料，接缝表面处应刮1.3 mm厚50 mm宽的聚合物水泥粘结料封边。

5)聚合物水泥粘结料固化前，不得在其上行走或进行后续作业。

(12)高分子自粘胶膜防水卷材宜采用预铺反粘法施工，并应符合下列规定：

1)卷材宜单层铺设。

2)在潮湿基面铺设时，基面应平整坚固、无明水。

3)卷材长边应采用自粘边搭接，短边应采用胶结带搭接，卷材端部搭接区应相互错开。

4)立面施工时，在自粘边位置距离卷材边缘10~20 mm内，每隔400~600 mm应进行一次机械固定，并应保证固定位置被卷材完全覆盖。

5)浇筑结构混凝土时不得损伤防水层。

(13)卷材防水层完工并经验收合格后应及时做保护层。保护层应符合下列规定：

1)顶板的细石混凝土保护层与防水层之间宜设置隔离层。细石混凝土保护层厚度：机械回填时不宜小于70 mm，人工回填时不宜小于50 mm。

2)底板的细石混凝土保护层厚度不应小于50 mm。

3)侧墙宜采用软质保护材料或铺抹20 mm厚1:2.5的水泥砂浆。

(二)检验批施工质量验收

卷材防水层质量检验标准见表2-36。

表2-36 卷材防水层质量检验标准

项目	序号	检查项目	质量要求	检查方法	检查数量
主控项目	1	材料要求	所用卷材及其配套材料必须符合设计要求	检查产品合格证、产品性能检测报告和材料进场检验报告	按铺贴面积每100 m² 抽查1处，每处10 m²，且不少于3处
	2	细部做法	卷材防水层在转角处、变形缝、施工缝、穿墙管等部位做法必须符合设计要求	观察检查和检查隐蔽工程验收记录	

项目	序号	检查项目	质量要求	检查方法	检查数量
一般项目	1	搭接缝	卷材防水层的搭接缝应粘贴或焊接牢固，密封严密，不得有扭曲、皱折、翘边和起泡等缺陷	观察检查	按铺贴面积每100 m² 抽查1处，每处10 m²，且不得少于3处
	2	搭接宽度	采用外防外贴法铺贴卷材防水层时，立面卷材接槎的搭接宽度，高聚物改性沥青类卷材应为150 mm，合成高分子类卷材应为100 mm，且上层卷材应盖过下层卷材	观察和尺量检查	
	3	保护层	侧墙卷材防水层的保护层与防水层应结合紧密、保护层厚度应符合设计要求	观察和尺量检查	
	4	卷材搭接宽度的允许偏差	允许偏差应为−10 mm	观察和尺量检查	

四、任务实施

(1)保证卷材防水层施工质量的措施见"质量控制点"相关内容。

(2)卷材防水层检验批质量验收按照"表2-36 卷材防水层质量检验标准"进行。

五、拓展提高

卷材防水层施工过程中常见的质量问题如下所述。

(一)卷材防水层起泡、空鼓

1. 现象

卷材起泡、空鼓。

2. 预防措施

(1)必须使墙面基层干燥、平整，不得有酥松、起砂、起皮现象。

(2)卷材铺设层间不能窝住空气。刮大风时不宜施工，因在凉胶时易粘上沙尘而造成空鼓。

(二)卷材防水层渗漏

1. 现象

在穿墙管、转角处等薄弱环节出现渗漏。

2. 预防措施

必须对易渗漏薄弱环节(如穿墙管、螺栓处、变形缝处、卷材接槎等)精心施工，加强管理，严格按规范要求，按工艺标准施工。

【任务巩固】

1. 卷材防水层应铺设在主体结构的（　　　　）。

    A. 迎水面   B. 背水面   C. 迎水面或背水面 D. 迎水面与背水面

2. 基层阴阳角应做成圆弧或（　　　　）坡角。

    A. 30°   B. 35°   C. 45°   D. 60°

3. 按铺贴面积每 $100\ m^2$ 抽查 1 处，每处 $10\ m^2$，且不得少于（　　　　）处。

    A. 2   B. 3   C. 4   D. 5

任务四　涂料防水层质量控制与验收

一、任务描述

进行涂料防水层施工时，要保证涂料防水层的施工质量。涂料防水层施工完毕后，完成对涂料防水层检验批的质量验收。

二、任务分析

本任务共包含两方面的内容：一是要保证涂料防水层的施工质量；二是要对涂料防水层检验批进行质量验收。

要保证涂料防水层的施工质量，就需要掌握涂料防水层施工质量控制要点。

要对涂料防水层检验批进行质量验收，就需要掌握涂料防水层检验批的检验标准及检验方法等知识。

三、相关知识

相关知识包括涂料防水层质量控制点和涂料防水层检验批的检验标准及检验方法两部分知识。

(一)质量控制点

(1)涂料防水层适用于受侵蚀性介质作用或受振动作用的地下工程；有机防水涂料宜用于主体结构的迎水面，无机防水涂料宜用于主体结构的迎水面或背水面。

(2)有机防水涂料应采用反应型、水乳型、聚合物水泥等涂料；无机防水涂料应采用掺外加剂、掺合料的水泥基防水涂料或水泥基渗透结晶型防水涂料。

(3)有机防水涂料基面应干燥。当基面较潮湿时，应涂刷湿固化型胶粘剂或潮湿界面隔离剂；无机防水涂料施工前，基面应充分润湿，但不得有明水。

(4)涂料防水层的施工应符合下列规定：

1)多组分涂料应按配合比准确计量，搅拌均匀，并应根据有效时间确定每次配制的用量。

2)涂料应分层涂刷或喷涂，涂层应均匀，涂刷应待前遍涂层干燥成膜后进行；每遍涂刷时应交替改变涂层的涂刷方向，同层涂膜的先后搭压宽度宜为 30～50 mm。

3)涂料防水层的甩槎处接缝宽度不应小于 100 mm，接涂前应将其甩槎表面处理干净；

4)采用有机防水涂料时，基层阴阳角处应做成圆弧；在转角处、变形缝、施工缝、穿墙管等部位应增加胎体增强材料和增涂防水涂料，宽度不应小于 50 mm。

5)胎体增强材料的搭接宽度不应小于 100 mm，上下两层和相邻两幅胎体的接缝应错开 1/3 幅宽，且上下两层胎体不得相互垂直铺贴。

(5)涂料防水层完工并经验收合格后应及时做保护层。保护层应符合下列规定：

1)顶板的细石混凝土保护层与防水层之间宜设置隔离层。细石混凝土保护层厚度：机械回填时不宜小于 70 mm，人工回填时不宜小于 50 mm。

2)底板的细石混凝土保护层厚度不应小于 50 mm。

3)侧墙宜采用软质保护材料或铺抹 20 mm 厚 1：2.5 的水泥砂浆。

(二)检验批施工质量验收

涂料防水层质量检验标准见表 2-37。

表 2-37　涂料防水层质量检验标准

项目	序号	检查项目	质量要求	检查方法	检查数量
主控项目	1	材料、配合比	必须符合设计要求	检查产品合格证、产品性能检测报告、计量措施和材料进场检验报告	按涂层面积每 100 m² 抽查 1 处，每处 10 m²，且不得少于 3 处
	2	厚度	平均厚度应符合设计要求，最小厚度不得低于设计厚度的 90%	用针测法检查	
	3	细部做法	涂料防水层在转角、变形缝、施工缝、穿墙管等部位的做法必须符合设计要求	观察检查和检查隐蔽工程验收记录	
一般项目	1	防水层与基层粘结	涂料防水层应与基层粘结牢固、涂刷均匀，不得流淌、鼓泡、漏槎	观察检查	按涂层面积每 100 m² 抽查 1 处，每处 10 m²，且不得少于 3 处
	2	胎体增强材料	涂层间夹铺胎体增强材料时，应使防水涂料浸透胎体覆盖完全，不得有胎体外露现象	观察检查	
	3	保护层	侧墙涂料防水层的保护层与防水层应结合紧密，保护层厚度应符合设计要求	观察检查	

四、任务实施

(1)保证涂料防水层施工质量的措施见"质量控制点"相关内容。

(2)涂料防水层检验批质量验收按照"表 2-37 涂料防水层质量检验标准"进行。

五、拓展提高

涂料防水层施工过程中常见的质量问题如下所述。

(一)起鼓

1. 现象

基层有起皮、起砂、开裂、不干燥现象,使涂膜粘结不良。

2. 预防措施

基层施工应认真操作、养护,待基层干燥后,先涂底层涂料,固化后,再按防水层施工工艺逐层涂刷。

(二)涂膜翘边

1. 现象

防水层的边沿、分项刷的搭接处,出现同基层剥离翘边现象。

2. 预防措施

基层要保证洁净、干燥,操作要细致。

【任务巩固】

1. 涂料防水层的甩槎处接缝宽度不应小于( )mm,接涂前应将其甩槎表面处理干净。
   A. 50   B. 80   C. 100   D. 150
2. 涂料防水层的厚度用( )检查。
   A. 目测   B. 钢材   C. 针测法   D. 贯入度
3. 涂料防水层分项工程检验批的抽检数量,应按涂层面积每 100 m² 抽查 1 处,每处 10 m²,且不得少于( )处。
   A. 2   B. 3   C. 4   D. 5

【例题 2-5】 某办公楼工程,建筑面积为 82 000 m²,地下 3 层,地上 20 层,钢筋混凝土框架-剪力墙结构,距邻近六层住宅楼为 7 m,地基土层为粉质黏土和粉细砂,地下水为潜水。地下水位为−9.5 m,自然地面为−0.5 m,基础为筏形基础,埋深为 14.5 m,基础底板混凝土厚 1 500 mm,水泥采用普通硅酸盐水泥,采取整体连续分层浇筑方式施工,基坑支护工程委托有资质的专业单位施工,降排的地下水用于现场机具、设备清洗,主体结构选择有相应资质的 A 劳务公司作为劳务分包,并签订了劳务分包合同。

建筑防水施工中发现地下水外壁防水混凝土施工缝有多处渗漏水。

问题:

试述建筑防水施工中质量问题产生的原因和治理方法。

答案:

(1)原因分析:

1)施工缝留的位置不当;

2)在支模和绑钢筋的过程中，锯末、铁钉等杂物掉入缝内没有及时清除，浇筑上层混凝土后，在新旧混凝土之间形成夹层；

3)在浇筑上层混凝土时，没有先在施工缝处铺一层水泥浆或水泥砂浆，上、下层混凝土不能牢固粘结；

4)钢筋过密，内外模板距离狭窄，混凝土浇捣困难，施工质量不易保证；

5)下料方法不当，骨料集中于施工缝处；

6)浇筑地面混凝土时，因工序衔接等原因造成新老接槎部位产生收缩裂缝。

(2)治理方法如下：

1)根据渗漏、水压大小情况，采用促凝胶浆或氰凝灌浆堵漏；

2)不渗漏的施工缝，可沿缝剔成八字形凹槽，将松散石子剔除，刷洗干净，用水泥素浆打底，抹1∶2.5的水泥砂浆找平压实。

【能力训练】

训练题目：完成防水混凝土表面质量和裂缝宽度的检验，并填写现场验收检查原始记录表。

项目二　综合训练

某教学楼为钢筋混凝土框架-剪力墙结构，基坑开挖深度为12 m，底板厚1 000 mm，混凝土强度等级为C35，抗渗等级为S6，施工区域有地下水，采用井点法降排水。井点沿基坑布置，在7 m宽运土通道处未设置井点。

问题：

(1)本工程可采用何种深基坑的支护方式？并说明此种支护方式的适用条件。

(2)简述防水混凝土适用的范围。防水混凝土的配料必须怎样进行？其配合比应符合哪些规定？

(3)基坑降水井点布置是否妥当？为什么？

(4)在深基坑土方开挖前，有哪几项工作必须落实？

(5)土方开挖顺序、方法必须与什么一致？并遵循什么原则？

答案：

(1)本工程可采用逆作拱墙支护方式，其适用条件如下：基坑侧壁安全等级宜为三级；淤泥和淤泥质土场地不宜采用；拱墙轴线的矢跨比不宜小于1/8；基坑深度不宜大于12 m；地下水位高于基坑底面时，应采取降水或截水措施。

(2)防水混凝土适用的范围：防水混凝土配料适用于地下防水等级为1~4级的整体式防水混凝土结构。

防水混凝土配料必须按配合比准确称量。其配合比应符合下列规定：

1)试配要求的抗渗水压值应比设计值提高0.2 MPa。

2)混凝土胶凝材料总量不宜小于320 kg/m³，其中水泥用量不宜少于260 kg/m³；粉煤灰掺量宜为胶凝材料总量的 20%～30%，硅粉的掺量宜为胶凝材料总量的 2%～5%。

3)水胶比不得大于 0.50，有侵蚀性介质时水胶比不宜大于 0.45。

4)砂率宜为 35%～40%，泵送时可增加到 45%。

5)灰砂比宜为 1∶1.5～1∶2.5。

6)混凝土拌合物的氯离子含量不应超过胶凝材料总量的 0.1%；混凝土中各类材料的总碱量即 Na_2O 当量不得大于 3 kg/m^3。

(3)基坑降水井点布置不妥。为保证基坑降水效果，应在基坑运土通道出口两侧增设降水井，其外延长度不少于通道口宽度的一倍，即 7 m。

(4)在深基坑土方开挖前，要制定土方工程专项方案并通过专家论证；要对支护结构、地下水位及周围环境进行必要的监测保护。

(5)土方开挖顺序、方法必须与设计工况一致，并遵循"开槽支撑，先撑后挖，分层开挖，严禁超挖"的原则。

➤ 项目小结

本项目主要介绍了土方工程质量控制与验收、基坑工程质量控制与验收、地基工程质量控制与验收、桩基础质量控制与验收及地下防水工程质量控制与验收五大部分内容。

土方工程质量控制与验收包括土方开挖工程质量控制与验收和土方回填工程质量控制与验收。

基坑工程质量控制与验收包括排桩墙支护工程质量控制与验收、水泥土桩墙支护工程质量控制与验收、锚杆及土钉墙支护工程质量控制与验收、钢或混凝土支撑系统工程质量控制与验收、地下连续墙工程质量控制与验收及降水与排水工程质量控制与验收。

地基工程质量控制与验收包括灰土地基质量控制与验收、砂和砂石地基质量控制与验收、粉煤灰地基质量控制与验收、强夯地基质量控制与验收、注浆地基质量控制与验收、水泥土搅拌桩地基质量控制与验收及水泥粉煤灰碎石桩复合地基质量控制与验收。

桩基础质量控制与验收包括静力压桩质量控制与验收和混凝土灌注桩质量控制与验收。

地下防水工程质量控制与验收包括防水混凝土工程质量控制与验收、水泥砂浆防水层质量控制与验收、卷材防水层质量控制与验收及涂料防水层质量控制与验收。

➤ 思考题

1.为保证土方工程质量，土方回填应查验哪些方面的内容？

2.灰土、砂和砂石地基工程施工过程中，为保证工程质量应查验哪些方面的内容？

3.强夯地基工程需要做质量查验的内容有哪些？

4.打(压)预制桩工程需要做质量查验的内容有哪些？

5.混凝土灌注桩基础工程需要做质量查验的内容有哪些？

知识链接

一、单项选择题

1. 新建、扩建的民用建筑工程设计前，必须进行建筑场地中（   ）的测定，并提供相应的检测报告。

   A. CO_2 浓度 　　B. 有机杂质含量 　　C. 氡浓度 　　　　D. TVOC

2. 工程竣工验收时，沉降（   ）达到稳定标准的，沉降观测应继续进行。

   A. 没有 　　　B. 已经 　　　　C. 120% 　　　　D. 150%

3. 压实系数采用环刀抽样时，取样点应位于每层（   ）的深度处。

   A. 1/3 　　　　B. 2/3 　　　　C. 1/2 　　　　D. 3/4

4. 人工挖孔桩应逐孔进行终孔验收，终孔验收的重点是（   ）。

   A. 挖孔的深度 　　　　　　B. 孔底的形状

   C. 持力层的岩土特征 　　　D. 沉渣厚度

5. 对由地基基础设计为甲级或地质条件复杂，成桩质量可靠性低的灌注桩应采用（   ）进行承载力检测。

   A. 静载荷试验方法 　　　　B. 高应变动力测试方法

   C. 低应变动力测试方法 　　D. 自平衡测试方法

6. 当被验收的地下水工程有结露现象时，（   ）进行渗漏水检测。

   A. 禁止 　　　B. 不宜 　　　　C. 应 　　　　D. 必须

7. 混凝土后浇带应采用（   ）混凝土。

   A. 强度等于两侧混凝土强度的 　　B. 缓凝

   C. 补偿收缩 　　　　　　　　　　D. 早期强度高的

8. 混凝土预制桩采用电焊接头时，电焊结束后停歇时间应大于（   ）min。

   A. 1 　　　　B. 2 　　　　C. 3 　　　　D. 4

9. 灌注桩的主筋混凝土保护层厚度不应小于（   ）mm，水下灌注混凝土不得小于 70 mm。

   A. 20 　　　　B. 35 　　　　C. 50 　　　　D. 60

10. 地下连续墙质量验收时，垂直度和（   ）是主控项目。

    A. 导墙尺寸 　B. 沉渣厚度 　C. 墙体混凝土强度 D. 平整度

二、多项选择题

1. 砂石地基施工过程中应检查（   ）。

   A. 地基承载力 　　B. 配合比 　　　　C. 压实系数

   D. 分层厚度 　　　E. 砂石的密度

2. 水泥土搅拌桩复合地基质量验收时，（   ）抽查必须全部符合要求。

   A. 水泥及外掺挤质量 　B. 桩体强度 　　C. 水泥用量

   D. 提升速度 　　　　　E. 桩体的密度

3. 混凝土灌注桩质量检验批的主控项目为(　　)。

　　A. 桩位和孔深　　　　　B. 混凝土强度　　　　C. 桩体质量检验

　　D. 承载力　　　　　　　E. 垂直度

4. 采用硫磺胶泥接桩时,应做到(　　)。

　　A. 胶泥浇筑时间<2 min　　　　　　　　B. 胶泥浇筑时间<4 min

　　C. 浇筑后停歇时间>7 min　　　　　　　D. 浇筑后停歇时间>20 min

　　E. 胶泥要有一定的延性

5. 减小沉桩挤土效应,可采用以下措施(　　)。

　　A. 预钻孔　　　　　　　B. 设置袋装砂井　　　　C. 限制打桩速率

　　D. 开挖地面防震沟　　　E. 降低地下水位

三、案例题

案例一　某办公楼工程,建筑面积为18 500 m²,现浇钢筋混凝土框架结构,筏板基础。该工程位于市中心,场地狭小,开挖土方需运至指定地点,建设单位通过公开招标方式选定了施工总承包单位和监理单位,并按规定签订了施工总承包合同和监理委托合同。

合同履行过程中,施工总承包依据基础形式、工程规模、现场和机具设备条件以及土方机械的特点,选择了挖土机、推土机、自卸汽车等土方施工机械,编制了土方施工方案。

问题:

施工总承包单位选择土方施工机械的依据还应有哪些?

案例二　某工程地下水1层,地下建筑面积为4 000 m²,场地面积为14 000 m²。基坑采用土钉墙支护,于5月份完成了土方作业,制定了雨期施工方案。

计划雨期主要施工部位:基础SBS改性沥青卷材防水工程、基础底板钢筋混凝土工程、地下室1层至地上3层结构、地下室土方回填。

施工单位认为防水施工一次面积太大,分两块两次施工。在第一块施工完成时,一场雨淋湿了第二块垫层,SBS改性沥青卷材防水采用热熔法施工需要基层干燥。未等到第二块垫层晒干,又下雨了。施工单位采用排水措施如下,让场地内所有雨水流入基坑,在基坑内设一台1寸水泵向场外市政污水管排水。由于水量太大,使已经完工的卷材防水全部被泡,经过太阳晒后有多处大面积鼓包。由于雨水冲刷,西面邻近道路一侧土钉墙支护的土方局部发生塌方。事后,施工单位被业主解除了施工合同。

问题:

(1)本项目雨期施工方案中的防水卷材施工安排是否合理? 为什么?

(2)本项目雨期施工方案中的排水安排是否合理? 为什么?

(3)本项目比较合理的基坑度汛和雨期防水施工方案是什么?

项目三　主体结构工程

一、教学目标

(一)知识目标

(1)了解主体结构工程施工质量控制要点。

(2)熟悉主体结构工程施工常见的质量问题及预防措施。

(3)掌握主体结构工程验收标准、验收内容和验收方法。

(二)能力目标

(1)能根据《建筑工程施工质量验收统一标准》(GB 50300—2013)、《混凝土结构工程施工质量验收规范》(GB 50204—2015)、《砌体结构工程施工质量验收规范》(GB 50203—2011)及《钢结构工程施工质量验收规范》(GB 50205—2001),运用质量验收方法、验收内容等知识,对地基与基础工程进行验收和评定。

(2)能根据《混凝土结构工程施工规范》(GB 50666—2011)、《砌体结构工程施工规范》(GB 50924—2014)及施工方案文件等,对地基与基础工程常见质量问题进行预控。

(三)素质目标

(1)具备团队合作精神。

(2)具备组织、管理及协调能力。

(3)具备表达能力。

(4)具备工作责任心。

(5)具备查阅资料及自学能力。

二、教学重点与难点

(一)教学重点

(1)主体结构工程施工质量控制要点。

(2)主体结构工程验收标准、验收内容和验收方法。

(二)教学难点

主体结构工程施工常见的质量问题及预防措施。

子项目一　混凝土结构工程

混凝土结构是主体结构分部工程的子分部工程，共包括六个分项工程：模板、钢筋、混凝土、预应力、现浇结构及装配式结构。

混凝土结构施工现场质量管理应有相应的施工技术标准、健全的质量管理体系、施工质量控制和质量检验制度。混凝土结构施工项目应有施工组织设计和施工技术方案，并经审查批准。

混凝土结构子分部工程可根据结构的施工方法分为两类：现浇混凝土结构子分部工程和装配式混凝土结构子分部工程；根据结构的分类，还可分为钢筋混凝土结构子分部工程和预应力混凝土结构子分部工程等。

可根据与施工方式相一致且便于控制施工质量的原则，按工作班、楼层结构、施工缝或施工段划分为若干检验批。

对混凝土结构子分部工程的质量验收，应在钢筋、预应力、混凝土、现浇结构或装配式结构等相关分项工程验收合格的基础上，进行质量控制资料检查及观感质量验收，并应对涉及结构安全的材料、试件、施工工艺和结构的重要部位进行见证检测或实体检验。分项工程的质量验收应在所含检验批验收合格的基础上，进行质量验收记录检查。

任务一　模板工程质量控制与验收

一、任务描述

混凝土结构工程施工过程中要保证模板工程的施工质量。模板工程施工后，完成模板工程检验批的质量验收。

二、任务分析

本任务共包含两方面的内容：一是要保证模板工程的施工质量；二是要对模板工程检验批进行质量验收。

要保证模板工程的施工质量，就需要掌握模板工程施工质量控制要点。

要对模板工程检验批进行质量验收，就需要掌握模板工程检验批的检验标准及检验方法等知识。

三、相关知识

相关知识包括模板工程质量控制点和模板工程检验批的检验标准及检验方法两部分知识。

（一）质量控制点

（1）模板及其支架应根据工程结构形式、荷载大小、地基土类别、施工设备和材料供应等条件进行设计。模板及其支架应具有足够的承载能力、刚度和稳定性，能可靠地承受浇筑混凝土的重量、侧压力以及施工荷载。

（2）在浇筑混凝土之前，应对模板工程进行验收。模板安装和浇筑混凝土时，应对模板及其支架进行观察和维护。发生异常情况时，应按施工技术方案及时进行处理。

（3）模板拆除时，可采取先支的后拆、后支的先拆，先拆非承重模板、后拆承重模板的顺序，并应从上而下进行拆除。

（4）底模及支架应在混凝土强度达到设计后再拆除；当设计无具体要求时，同条件养护的混凝土立方体试件抗压强度应符合表3-1的规定。

表3-1　底模拆除时的混凝土强度要求

构件类型	构件跨度/m	达到设计要求的混凝土强度等级值的百分率/%
板	≤2	≥50
	>2，≤8	≥75
	>8	≥100
梁、拱、壳	≤8	≥75
	>8	≥100
悬臂构件		≥100

（5）当混凝土强度能保证其表面及棱角不受损伤时，方可拆除侧模。

（二）检验批施工质量验收

模板安装工程质量检验标准见表3-2。

表3-2　模板安装工程质量检验标准

项目	序号	检查项目	质量要求	检查方法	检查数量
主控项目	1	模板及支架用材料	技术指标应符合现行国家有关标准的规定。进场时应抽样检验模板和支架的外观、规格和尺寸	检查质量证明文件，观察，尺量	按现行国家相关标准的规定确定
	2	现浇混凝土结构模板及支架的安装质量	应符合现行国家有关标准的规定和施工方案的要求	按现行国家有关标准的规定执行	按现行国家相关标准的规定确定
	3	后浇带处的模板及支架	应独立设置	观察	全数检查
	4	支架竖杆和竖向模板安装在土层上	应符合下列规定： 土层应坚实、平整，其承载力或密实度应符合施工方案的要求； 应有防水、排水措施；对冻胀土，应有预防冻融措施； 支架竖杆下应有底座或垫板	观察；检查土层密实度检测报告、土层承载力验算或现场检测报告	全数检查

项目	序号	检查项目	质量要求	检查方法	检查数量
一般项目	1	模板安装质量	模板的接缝应严密；模板内不应有杂物、积水或冰雪等；模板与混凝土的接触面应平整、清洁；用作模板的地坪、胎模等应平整、清洁，不应有影响构件质量的下沉、裂缝、起砂或起鼓；对清水混凝土及装饰混凝土构件，应使用能达到设计效果的模板	观察	全数检查
	2	隔离剂	隔离剂的品种和涂刷方法应符合施工方案的要求。隔离剂不得影响结构性能及装饰施工；不得沾污钢筋、预应力筋、预埋件和混凝土接槎处；不得对环境造成污染	检查质量证明文件；观察	
	3	模板的起拱	应符合现行国家标准《混凝土结构工程施工规范》（GB 50666—2011）的规定，并应符合设计及施工方案的要求	水准仪或尺量	在同一检验批内，对梁，跨度大于 18 m 时应全数检查，跨度不大于 18 m 时应抽查构件数量的 10%，且不应少于 3 件；对板，应按有代表性的自然间抽查 10%，且不少于 3 间；对大空间结构，板可按纵、横轴线划分检查面，抽查 10%，且均不少于 3 面
	4	现浇混凝土结构多层连续支模	应符合施工方案的规定。上下层模板支架的竖杆宜对准，竖杆下垫板的设置应符合施工方案的要求	观察	全数检查
	5	预埋件、预留孔洞允许偏差	固定在模板上的预埋件、预留孔洞不得遗漏，且应安装牢固。有抗渗要求的混凝土结构中的预埋件，应按设计及施工方案的要求采取防渗措施。预埋件和预留孔洞的位置应满足设计和施工方案的要求，当设计无具体要求时，其位置偏差应符合表 3-3 的规定	观察，尺量	在同一检验批内，对梁、柱和独立基础，应抽查构件数量的 10%，且不应少于 3 件；对墙和板，应按有代表性的自然间抽查 10%，且不应少于 3 间；对大空间结构，墙可按相邻轴线间高度 5 m 左右划分检查面，板可按纵、横轴线划分检查面，抽查 10%，且均不少于 3 面
	6	现浇结构模板安装允许偏差	允许偏差应符合表 3-4 的规定	见表 3-4	

项目	序号	检查项目	质量要求	检查方法	检查数量
一般项目	7	预制构件模板安装	允许偏差应符合表3-5的规定	见表3-5	首次使用及大修后的模板应全数检查；使用中的模板应抽查10%，且不应少于5件，不足5件时应全数检查

表 3-3　预埋件和预留孔洞的允许偏差

项　目		允许偏差/mm
预埋板中心线位置		3
预埋管、预留孔中心线位置		3
插筋	中心线位置	5
	外露长度	+10，0
预埋螺栓	中心线位置	2
	外露长度	+10，0
预留洞	中心线位置	10
	尺寸	+10，0

注：检查中心线位置时，应沿纵、横两个方向量测，并取其中的较大值。

表 3-4　现浇结构模板安装的允许偏差及检验方法

项　目		允许偏差/mm	检查方法
轴线位置		5	尺量
底模上表面标高		±5	水准仪或拉线、尺量
模板内部尺寸	基础	±10	尺量
	柱、墙、梁	±5	
	楼梯相邻踏步高差	±5	
垂直度	柱、墙层高≤5 m	8	经纬仪或吊线、尺量
	柱、墙层高>5 m	10	
相邻两块模板表面高差		2	尺量
表面平整度		5	2 m靠尺和塞尺量测

注：检查轴线位置当有纵，横两个方向时，沿纵、横两个方向量测，并取其中的较大值。

表 3-5　预制构件模板安装的允许偏差及检验方法

项目		允许偏差/mm	检查方法
长度	梁、板	±4	尺量两侧边，取其中较大值
	薄腹梁、桁架	±8	
	柱	0，−10	
	墙板	0，−5	

项目		允许偏差/mm	检查方法
宽度	板、墙板	0，−5	尺量两端及中部，取其中较大值
	梁、薄腹梁、桁架	+2，−5	
高(厚)度	板	+2，−3	尺量两端及中部，取其中较大值
	墙板	0，−5	
	梁、薄腹梁、桁架、柱	+2，−5	
侧向弯曲	梁、板、柱	L/1 000 且≤15	拉线、尺量最大弯曲处
	墙板、薄腹梁、桁架	L/1 500 且≤15	
板的表面平整度		3	2 m 靠尺和塞尺量测
相邻两板表面高低差		1	尺量
对角线差	板	7	尺量两对角线
	墙板	5	
翘曲	板、墙板	L/1 500	水平尺在两端量测
设计起拱	薄腹梁、桁架、梁	±3	拉线、尺量跨中

注：L 为构件长度(mm)。

四、任务实施

(1)保证模板工程施工质量的措施见"质量控制点"相关内容。

(2)模板工程检验批质量验收按照"表 3-2 模板安装工程质量检验标准"进行。

五、拓展提高

模板工程施工过程中应注意的质量问题如下所述。

(一)轴线位移

1. 现象

混凝土浇筑后拆除模板时，发现柱、墙实际位置与建筑物轴线位置有偏移。

2. 预防措施

(1)模板轴线测放后，组织专人进行技术复核验收，确认无误后才能支模。

(2)墙、柱模板根部和顶部必须设可靠的限位措施，如采用现浇楼板混凝土上预埋短钢筋固定钢支撑，以保证底部位置准确。

(3)支模时要拉水平、竖向通线，并设竖向垂直度控制线，以保证模板水平、竖向位置准确。

(4)根据混凝土结构特点，对模板进行专门设计，以保证模板及其支架具有足够强度、刚度及稳定性。

(5)混凝土浇筑前，对模板轴线、支架、顶撑、螺栓进行认真检查、复核，发现问题及时进行处理。

(6)混凝土浇筑时，要均匀对称下料，浇筑高度应严格控制在施工规范允许的范围内。

(二)标高偏差

1. 现象

测量时，发现混凝土结构层标高及预埋件、预留孔洞的标高与施工图设计标高之间有偏差。

2. 预防措施

(1)每层楼设足够的标高控制点，竖向模板根部须做找平。

(2)模板顶部设标高标记，严格按标记施工。

(3)建筑楼层标高由首层±0.000标高控制，严禁逐层向上引测，以防止累计误差，当建筑高度超过30 m时，应另设标高控制线，每层标高引测点应不少于2个，以便复核。

(4)预埋件及预留孔洞，在安装前应与图纸对照，确认无误后准确固定在设计位置上，必要时用电焊或套框等方法将其固定。在浇筑混凝土时，应沿其周围分层均匀浇筑，严禁碰击和振动预埋件与模板。

(5)楼梯踏步模板安装时应考虑装修层厚度。

(三)接缝不严

1. 现象

由于模板间接线不严、有间隙，混凝土浇筑时产生漏浆，混凝土表面出现蜂窝，严重的出现孔洞、露筋。

2. 预防措施

(1)翻样要认真，严格按1/50～1/10的比例将各分部分项细部翻成详图，详细编注，经复核无误后认真向操作工人交底，强化工人质量意识，认真制作定型模板和拼装。

(2)严格控制木模板含水率，制作时拼缝要严密。

(3)木模板安装周期不宜过长，浇筑混凝土时，木模板要提前浇水湿润，使其胀开密缝。

(4)钢模板变形，特别是边框外变形，要及时修整平直。

(5)钢模板间嵌缝措施要控制，不能用油毡、塑料布、水泥袋等去嵌缝堵漏。

(6)梁、柱交接部位支撑要牢靠，拼缝要严密(必要时缝间加双面胶纸)，发生错位要校正好。

(四)模板未清理干净

1. 现象

模板内残留木板、浮浆残渣、碎石等建筑垃圾，拆模后发现混凝土中有缝隙，且有垃圾夹杂物。

2. 预防措施

(1)钢筋绑扎完毕，用压缩空气或压力水清除模板内垃圾。

(2)在封模前，派专人将模内垃圾清除干净。

(3)墙柱根部、梁柱接头外预留清扫孔，预留孔尺寸≥100 mm×100 mm，模内垃圾清除完毕后及时将清扫口处封严。

【任务巩固】

1. 立模时规范要求的起拱高度,(　　)包括设计要求的起拱值。
   A. 已　　　　　　　B. 不　　　　　　　C. 可　　　　　　　D. 可不

2. 对于跨度为 6 m 的现浇钢筋混凝土梁,当其模板设计无具体要求时,起拱高度可为(　　)。
   A. 12 mm　　　　B. 20 mm　　　　C. 12 cm　　　　D. 20 cm

3. 结构跨度为 4 m 的钢筋混凝土现浇板的底模及其支架,当设计无具体要求时,混凝土强度达到(　　)时方可拆模。
   A. 50%　　　　　B. 75%　　　　　C. 85%　　　　　D. 100%

任务二　钢筋工程质量控制与验收

一、任务描述

混凝土结构工程施工过程中要保证钢筋工程的施工质量。钢筋工程施工后,完成钢筋工程检验批的质量验收。

二、任务分析

本任务共包含两方面的内容:一是要保证钢筋工程的施工质量;二是要对钢筋工程检验批进行质量验收。

要保证钢筋工程的施工质量,就需要掌握钢筋工程施工质量控制要点。

要对钢筋工程检验批进行质量验收,就需要掌握钢筋工程检验批的检验标准及检验方法等知识。

三、相关知识

相关知识包括钢筋工程质量控制点和钢筋工程检验批的检验标准及检验方法两部分知识。

(一)质量控制点

(1)当钢筋的品种、级别或规格需作变更时,应办理设计变更文件。

(2)在浇筑混凝土之前,应进行钢筋隐蔽工程验收,其内容包括以下几项:

1)纵向受力钢筋的品种、规格、数量、位置等;

2)钢筋的连接方式、接头位置、接头数量、接头面积百分率等;

3)箍筋、横向钢筋的品种、规格、数量、间距等;

4)预埋件的规格、数量、位置等。

(3)钢筋、成型钢筋进场检验，当满足下列条件之一时，其检验批容量可扩大一倍：

1)获得认证的钢筋、成型钢筋；

2)同一厂家、同一牌号、同一规格的钢筋，连续三批均一次检验合格；

3)同一厂家、同一类型、同一钢筋来源的成型钢筋，连续三批均一次检验合格。

(二)检验批施工质量验收

材料质量检验标准见表3-6。

表3-6　材料质量检验标准

项目	序号	检查项目	质量要求	检查方法	检查数量
主控项目	1	钢筋力学性能和质量偏差检验	钢筋进场时，应按国家现行相关标准的规定抽取试件做屈服强度、抗拉强度、伸长率、弯曲性能和质量偏差检验，检验结果应符合相应标准的规定	检查质量证明文件和抽样检验报告	按进场的批次和产品的抽样检验方案确定
	2	成型钢筋力学性能和质量偏差检验	成型钢筋进场时，应抽取试件做屈服强度、抗拉强度、伸长率和质量偏差检验，检验结果应符合现行国家相关标准的规定。对由热轧钢筋制成的成型钢筋，当有施工单位或监理单位的代表驻厂监督生产过程，并提供原材钢筋力学性能第三方检验报告时，可仅进行质量偏差检验	检查质量证明文件和抽样检验报告	同一厂家、同一类型、同一钢筋来源的成型钢筋，不超过30 t为一批，每批中每种钢筋牌号、规格均应至少抽取1个钢筋试件，总数不应少于3个
	3	抗震用钢筋强度实测值	对一、二、三级抗震等级设计的框架和斜撑构件(含梯段)中的纵向受力钢筋应采用 HRB335E、HRB400E、HRB500E、HRBF335E、HRBF400E 或 HRBF500E 钢筋，其强度和最大力下总伸长率的实测值应符合下列规定： (1)抗拉强度实测值与屈服强度实测值的比值不应小于1.25； (2)屈服强度实测值与屈服强度标准值的比值不应大于1.3； (3)最大力下总伸长率不应小于9%	检查抽样检验报告	按进场的批次和产品的抽样检验方案确定
一般项目	1	钢筋外观质量	钢筋应平直、无损伤，表面不得有裂纹、油污、颗粒状或片状老锈	观察	全数检查
	2	成型钢筋外观质量	成型钢筋的外观质量和尺寸偏差应符合现行国家相关标准的规定	观察，尺量	同一厂家、同一类型的成型钢筋，不超过30 t为一批，每批随机抽取3个成型钢筋试件
	3	套筒、锚固板、预埋件外观质量	钢筋机械连接套筒、钢筋锚固板以及预埋件等的外观质量应符合现行国家相关标准的规定	检查产品质量证明文件；观察、尺量	按现行国家相关标准的规定确定

钢筋加工质量检验标准见表 3-7。

表 3-7　钢筋加工质量检验标准

项目	序号	检查项目	质量要求	检查方法	检查数量
主控项目	1	钢筋弯折的弯弧内直径	光圆钢筋，不应小于钢筋直径的 2.5 倍； 335 MPa 级、400 MPa 级带肋钢筋，不应小于钢筋直径的 4 倍； 500 MPa 级带肋钢筋，当直径为 28 mm 以下时不应小于钢筋直径的 6 倍，当直径为 28 mm 及以上时不应小于钢筋直径的 7 倍； 钢筋弯折处尚不应小于纵向受力钢筋的直径	尺量	按每工作班同一类型钢筋、同一加工设备抽查，不少于 3 件
	2	纵向受力钢筋弯折后平直段长度	纵向受力钢筋的弯折后平直段长度应符合设计要求，光圆钢筋末端做 180°弯钩时，弯钩的平直段长度不应小于钢筋直径的 3 倍		
	3	箍筋、拉筋的末端弯钩	箍筋、拉筋的末端应按设计要求做弯钩，并应符合下列规定： (1)对一般结构构件，箍筋弯钩的弯折角度不应小于 90°，弯折后平直段长度不应小于箍筋直径的 5 倍；对有抗震设防要求或设计有专门要求的结构构件，箍筋弯钩的弯折角度不应小于 135°，弯折后平直段长度不应小于箍筋直径的 10 倍； (2)圆形箍筋的搭接长度不应小于其受拉锚固长度，且两末端弯钩的弯折角度不应小于 135°，弯折后平直段长度对一般结构构件不应小于箍筋直径的 5 倍，对有抗震设防要求的结构构件不应小于箍筋直径的 10 倍； (3)梁、柱复合箍筋中的单肢箍筋两端弯钩的弯折角度均不小于 135°，弯折后平直段长度应符合条(1)对箍筋的有关规定		
	4	盘卷钢筋调直后力学性能和质量偏差	盘卷钢筋调查后应进行力学性能和质量偏差检验，其强度应符合现行国家有关标准的规定，其断后伸长率、重量偏差应符合表 3-8 的规定。力学性能和质量偏差检验应符合下列规定： (1)应对 3 个试件先进行质量偏差检验，再取其中 2 个试件进行力学性能检验； (2)检验重量偏差时，试件切口应平滑并与长度方向垂直，其长度不应小于 500 mm；长度和质量的量测精度分别不应低于 1 mm 和 1 g； 采用无延伸功能的机械设备调直的钢筋，可不进行本条规定的检验	检查抽样检验报告	同一加工设备、同一牌号、同一规格的调直钢筋，质量不大于 30 t 为一批，每批见证抽取 3 个试件

项目	序号	检查项目	质量要求	检查方法	检查数量
一般项目		形状、尺寸	钢筋加工的形状、尺寸应符合设计要求，其偏差应符合表3-9的规定	尺量	按每工作班同一类型钢筋、同一加工设备抽查，不少于3件

表3-8　盘卷钢筋调直后的断后伸长率、质量偏差要求

钢筋牌号	断后伸长率 A/%	质量偏差/%	
		直径 8~12 mm	直径 14~16 mm
HPB300	≥21	≥−10	—
HRB335、HRBF335	≥16	≥−8	≥−6
HRB400、HRBF400	≥15		
RRB400	≥13		
HRB500、HRBF500	≥14		

注：断后伸长率的量测标距为5倍钢筋直径。

表3-9　钢筋加工的允许偏差

项　目	允许偏差/mm
受力钢筋沿长度方向净尺寸	±10
弯起钢筋的弯折位置	±20
箍筋外廓尺寸	±5

钢筋连接质量检验标准见表3-10。

表3-10　钢筋连接质量检验标准

项目	序号	检查项目	质量要求	检查方法	检查数量
主控项目	1	连接方式	应符合设计要求	观察	全数检查
	2	机械连接接头、焊接接头	钢筋采用机械连接或焊接连接时，钢筋机械连接接头、焊接接头的力学性能、弯曲性能应符合现行国家相关标准的规定，接头试件应从工程实体中截取	检查质量证明文件和抽样检验报告	按现行行业标准《钢筋机械连接技术规程》(JGJ 107)和《钢筋焊接及验收规程》(JGJ 18)的规定确定
	3	螺纹接头	应检验拧紧扭矩值，挤压接头应量测压痕直径，检验结果应符合现行行业标准《钢筋机械连接技术规程》(JGJ 107)的相关规定	采用专用扭力扳手或专用量规检查	按现行行业标准《钢筋机械连接技术规程》(JGJ 107)的规定确定

项目	序号	检查项目	质量要求	检查方法	检查数量
一般项目	1	钢筋接头的位置	钢筋接头的位置应符合设计和施工方案的要求。有抗震设防要求的结构,梁端、柱端箍筋加密区范围内不应进行钢筋搭接。接头末端至钢筋弯起点的距离不应小于钢筋直径的10倍	观察,尺量	全数检查
	2	接头的外观	钢筋机械连接接头、焊接接头的外观质量应符合现行行业标准《钢筋机械连接技术规程》(JGJ 107)和《钢筋焊接及验收规程》(JGJ 18)的规定	观察,尺量	按现行行业标准《钢筋机械连接技术规程》(JGJ 107)和《钢筋焊接及验收规程》(JGJ 18)的规定确定
	3	纵向受力钢筋机械连接、焊接的接头面积百分率	当纵向受力钢筋采用机械连接接头或焊接接头时,同一连接区段内纵向钢筋的接头面积百分率应符合设计要求;当设计无具体要求时,应符合下列规定: (1)受拉接头,不宜大于50%;受压接头,可不受限制; (2)直接承受动力荷载的结构构件中,不宜采用焊接;当采用机械连接时,不应超过50%。 接头连接区段是指长度为35d且不小于500 mm的区段,d为相互连接两根钢筋的直径较小值。同一连接区段内纵向受力钢筋接头面积百分率为接头中点位于该连接区段内的纵向受力钢筋截面面积与全部纵向受力钢筋截面面积的比值	观察,尺量	在同一检验批内,对梁、柱和独立基础,应抽查构件数量的10%,且不少于3件;对墙和板,应按有代表性的自然间抽查10%,且不少于3间;对大空间结构,墙可按相邻轴线间高度5 m左右划分检查面,板可按纵横轴线划分检查面,抽查10%,且均不少于3面
	4	绑扎搭接接头的设置	当纵向受力钢筋采用绑扎搭接接头时,接头的位置应符合下列规定: (1)接头的横向净间距不应小于钢筋直径,且不应小于25 mm; (2)同一连接区段内,纵向受拉钢筋的接头面积百分率应符合设计要求;当设计无具体要求时,应符合下列规定:1)梁类、板类及墙类构件,不宜超过25%;基础筏板,不宜超过50%;2)柱类构件,不宜超过50%;3)当工程中确有必要增大接头面积百分率时,对梁类构件,不应大于50%。 接头连接区段是指长度为1.3倍搭接长度的区段。搭接长度取相互连接两根钢筋中较小直径计算。同一连接区段内纵向受力钢筋接头面积百分率为接头中点位于该连接区段内的纵向受力钢筋截面面积与全部纵向受力钢筋截面面积的比值		

项目	序号	检查项目	质量要求	检查方法	检查数量
一般项目	5	搭接长度范围内的箍筋	梁、柱类构件的纵向受力钢筋搭接长度范围内箍筋的设置应符合设计要求。当设计无具体要求时，应符合下列规定： （1）箍筋直径不应小于搭接钢筋较大直径的1/4； （2）受拉搭接区段的箍筋间距不应大于搭接钢筋小直径的5倍，且不应大于100 mm； （3）受压搭接区段的箍筋间距不应大于搭接钢筋较小直径的10倍，且不应大于200 mm； （4）当柱中纵向受力钢筋直径大于25 mm时，应在搭接接头两个端面外100 mm范围内各设置两个箍筋，其间距宜为50 mm	观察，尺量	在同一检验批内，应抽查构件数量的10%，且不应少于3件

钢筋安装质量检验标准见表 3-11。

表 3-11　钢筋安装质量检验标准

项目	序号	检查项目	质量要求	检查方法	检查数量
主控项目	1	受力钢筋的牌号、规格和数量	应符合设计要求	观察，尺量	全数检查
主控项目	2	受力钢筋的安装位置、锚固方式	应符合设计要求	观察，尺量	全数检查
一般项目		钢筋安装位置	安装偏差及检验方法应符合表3-12的规定。梁板类构件上部受力钢筋保护层厚度的合格点率应达到90%及以上，且不得有超过表中数值1.5倍的尺寸偏差		在同一检验批内，对梁、柱和独立基础，应抽查构件数量的10%，且不少于3件；对墙和板，应按有代表性的自然间抽查10%，且不少于3间；对大空间结构，墙可按相邻轴线间高度5 m左右划分检查面，板可按纵、横轴线划分检查面，抽查10%，且均不少于3面

表 3-12　钢筋安装位置的允许偏差和检验方法

项 目		允许偏差/mm	检验方法
绑扎钢筋网	长、宽	±10	尺量
绑扎钢筋网	网眼尺寸	±20	尺量连续三挡，取最大偏差值
绑扎钢筋骨架	长	±10	尺量
绑扎钢筋骨架	宽、高	±5	尺量
纵向受力钢筋	锚固长度	-20	尺量
纵向受力钢筋	间距	±10	尺量两端、中间各一点，取最大偏差值
纵向受力钢筋	排距	±5	尺量两端、中间各一点，取最大偏差值

项　目		允许偏差/mm	检验方法
纵向受力钢筋、箍筋的混凝土保护层厚度	基础	±10	尺量
	柱、梁	±5	
	板、墙、壳	±3	
绑扎箍筋、横向钢筋间距		±20	尺量连续三挡，取最大偏差值
钢筋弯起点位置		20	尺量，沿纵、横两个方向量测，并取其中偏差的较大值
预埋件	中心线位置	5	尺量
	水平高差	+3，0	塞尺量测

四、任务实施

(1)保证钢筋工程施工质量的措施见"质量控制点"相关内容。

(2)钢筋工程检验批质量验收按照"表 3-6 材料质量检验标准""表 3-7 钢筋加工质量检验标准""表 3-10 钢筋连接质量检验标准"和"表 3-11 钢筋安装质量检验标准"进行。

五、拓展提高

钢筋工程施工过程中应注意的质量问题如下所述。

(一)柱子外伸钢筋错位

1. 现象

下柱外伸钢筋从柱顶甩出，由于位置偏离设计要求过大，与上柱钢筋搭接不上。

2. 预防措施

(1)在外伸部分加一道临时箍筋，按图纸位置安设好，然后用样板、铁卡或木方卡好固定；浇筑混凝土前再复查一遍，如发生移位，则应矫正后再现浇筑混凝土。

(2)注意浇筑操作，尽量不碰撞钢筋；浇筋过程中由专人随时检查，及时校核改正。

(二)露筋

1. 现象

混凝土结构构件拆模时发现其表面有钢筋露出。

2. 预防措施

(1)砂浆垫块垫得适量可靠。

(2)对于竖立钢筋，可采用埋有铁丝的垫块，绑在钢筋骨架外侧；同时，为使保护层厚度准确，需用铁丝将钢筋骨架拉向模板，挤牢垫块。

(3)钢筋骨架如果是在模外绑扎，要控制好它的总外尺寸，不得超过允许偏差。

(三)箍筋间距不一致

1. 现象

按图纸上标注的箍筋间距绑扎梁的钢筋骨架时，发现最后一个间距与其他间距不一致，或实际所用箍筋数量与钢筋材料表上的数量不符。

2. 预防措施

根据构件配筋情况，预先算好箍筋实际分布间距，供绑扎钢筋骨架时作为依据。

【任务巩固】

1. 钢筋代换应办理变更手续，权限在(　　)单位。

　　A. 建设　　　　　B. 施工　　　　　C. 监理　　　　　D. 设计

2. 钢筋混凝土用钢筋的组批规则：钢筋应按批进行检查和验收，每批质量不大于(　　)t。

　　A. 20　　　　　B. 30　　　　　C. 50　　　　　D. 60

3. 当采用冷拉方法调直时，HPB300 光圆钢筋的冷拉率不宜大于(　　)。

　　A. 1%　　　　　B. 3%　　　　　C. 4%　　　　　D. 5%

任务三　预应力工程质量控制与验收

一、任务描述

混凝土结构工程施工过程中要保证预应力工程的施工质量。预应力工程施工后，完成预应力工程检验批的质量验收。

二、任务分析

本任务共包含两方面的内容：一是要保证预应力工程的施工质量；二是要对预应力工程检验批进行质量验收。

要保证预应力工程的施工质量，就需要掌握预应力工程施工质量控制要点。

要对预应力工程检验批进行质量验收，就需要掌握预应力工程检验批的检验标准及检验方法等知识。

三、相关知识

相关知识包括预应力工程质量控制点和预应力工程检验批的检验标准及检验方法两部分知识。

(一)质量控制点

(1)浇筑混凝土之前，应进行预应力筋隐蔽工程验收，其内容包括：

1)预应力筋的品种、规格、级别、数量和位置;

2)成孔管道的规格、数量、位置、形状、连接以及灌浆孔、排气兼泌水孔;

3)局部加强钢筋的牌号、规格、数量和位置;

4)预应力筋锚具和连接器及锚垫板的品种、规格、数量和位置。

(2)预应力筋、锚具、夹具、连接器、成孔管道的进场检验,当满足下列条件之一时,其检验批容量可扩大一倍:

1)获得认证的产品;

2)同一厂家、同一品种、同一规格的产品,连续三批均一次检验合格。

(3)预应力筋张拉机具及压力表应定期维护和标定。张拉设备和压力表应配套标定和使用。标定期限不应超过半年。

(4)预应力钢丝内力的检测,一般应在张拉锚固 1 h 后进行,其检测值按设计规定值;当设计无规定时,可按表 3-13 取用。

表 3-13　钢丝预应力值检测时的设计规定值

张拉方法		检测值
长线张拉		$0.94\sigma_{con}$
短线张拉	长 4 m	$0.91\sigma_{con}$
	长 6 m	$0.93\sigma_{con}$

(二)检验批施工质量验收

材料质量检验标准见表 3-14。

表 3-14　材料质量检验标准

项目	序号	检查项目	质量要求	检查方法	检查数量
主控项目	1	进场检验	预应力筋进场时,应按现行国家标准《预应力混凝土用钢绞线》(GB/T 5224)、《预应力混凝土用钢丝》(GB/T 5223)、《预应力混凝土用螺纹钢筋》(GB/T 20065)和《无粘结预应力钢绞线》(JG 161)抽取试件做抗拉强度、伸长率检验,其检验结果应符合相应标准的规定	检查质量证明文件和抽样检验报告	按进场的批次和产品的抽样检验方案确定
	2	无粘结预应力钢绞线进场检验	应进行防腐润滑脂量和护套厚度的检验,检验结果应符合现行行业标准《无粘结预应力钢绞线》(JG 161)的规定。 经观察认为涂包质量有保证时,无粘结预应力筋可不作油脂量和护套厚度的抽样检验	观察,检查质量证明文件和抽样检验报告	按现行行业标准《无粘结预应力钢绞线》(JG 161)的规定确定

项目	序号	检查项目	质量要求	检查方法	检查数量
主控项目	3	锚具、夹具和连接器的性能	预应力筋用锚具应和锚垫板、局部加强钢筋配套使用，锚具、夹具和连接器进场时，应按现行行业标准《预应力筋用锚具、夹具和连接器应用技术规程》(JGJ 85)的相关规定对其性能进行检验，检验结果应符合该标准的规定。 锚具、夹具和连接器用量不足检验批规定数量的50%，且供货方提供有效的试验报告时，可不做静载锚固性能试验	检查质量证明文件、锚固区传力性能试验报告和抽样检验报告	按现行行业标准《预应力筋用锚具、夹具和连接器应用技术规程》(JGJ 85)的规定确定
	4	防水性能	处于三a、三b类环境条件下的无粘结预应力筋用锚具系统，应按现行行业标准《无粘结预应力混凝土结构技术规程》(JGJ 92)的相关规定检验其防水性能，检验结果应符合该标准的规定。	检查质量证明文件和抽样检验报告	同一品种、同一规格的锚具系统为一批，每批抽取3套
	5	孔道灌浆用水泥和外加剂	孔道灌浆用水泥应采用硅酸盐水泥或普通硅酸盐水泥，水泥、外加剂的质量应符合相关规定；成品灌浆材料的质量应符合现行国家标准《水泥基灌浆材料应用技术规范》(GB/T 50448)的规定	检查质量证明文件和抽样检验报告	按进场的批次和产品的抽样检验方案确定
一般项目	1	预应力筋的外观质量	有粘结预应力筋的表面不应有裂纹、小刺、机械损伤、氧化铁皮和油污等，展开后应平顺、不应有弯折；无粘结预应力钢绞线护套应光滑、无裂缝、无明显褶皱；轻微破损处应外包防水塑料胶带修补，严重破损者不得使用	观察	全数检查
	2	锚具、夹具和连接器的外观	表面应无污物、锈蚀、机械损伤和裂纹		
	3	管道外观质量和性能	预应力成孔管道进场时，应进行管道外观质量检查、径向刚度和抗渗漏性能检验，其检验结果应符合下列规定： 金属管道外观应清洁，内外表面应无锈蚀、油污、附着物、孔洞；波纹管不应有不规则褶皱，咬口应无开裂、脱扣；钢管焊缝应连续； 塑料波纹管的外观应光滑、色泽均匀，内外壁不应有气泡、裂口、硬块、油污、附着物、孔洞及影响使用的划伤； 径向刚度和抗渗漏性能应符合现行行业标准《预应力混凝土桥梁用塑料波纹管》(JT/T 529)和《预应力混凝土用金属波纹管》(JG 225)的规定	观察，检查质量证明文件和抽样检验报告	外观应全数检查；径向刚度和抗渗漏性能的检查数量应按进场的批次和产品的抽样检验方案确定

制作与安装质量检验标准见表 3-15。

表 3-15 制作与安装质量检验标准

项目	序号	检查项目	质量要求	检查方法	检查数量
主控项目	1	品种、规格、级别、数量	预应力筋安装时，其品种、规格、级别、数量必须符合设计要求	观察，尺量	全数检查
	2	安装位置	预应力筋的安装位置应符合设计要求		
一般项目	1	端部锚具制作质量要求	应符合下列要求： 钢绞线挤压锚具挤压完成后，预应力筋外端露出挤压套筒的长度不应小于 1 mm； 钢绞线压花锚具的梨形头尺寸和直线锚固段长度不应小于设计值； 钢丝镦头不应出现横向裂纹，墩头的强度不得低于钢丝强度标准值的 98%	观察，尺量，检查镦头强度试验报告	对挤压锚，每工作班抽查 5%，且不应少于 5 件；对压花锚，每工作班抽查 3 件；对钢丝镦头强度，每批钢丝检查 6 个镦头试件
	2	预应力筋或成孔管道的安装质量	应符合下列规定： 成孔管道的连接应密封； 预应力筋或成孔管道应平顺，并应与定位支撑钢筋绑扎牢固； 锚垫板的承压面应与预应力筋或孔道曲线末端垂直，预应力筋或孔道曲线末端直线段长度应符合相关规定； 当后张有粘结预应力筋曲线孔道波峰和波谷的高差大于 300 mm，且采用普通灌浆工艺时，应在孔道波峰设置排气孔	观察，钢尺检查	全数检查
	3	定位控制点	预应力筋或成孔管道定位控制点的竖向位置偏差应符合表 3-16 的规定，其合格点率应达到 90% 及以上，且不得有超过表中数值 1.5 倍的尺寸偏差	尺量	在同一检验批内，应抽查各类型构件总数的 10%，且不少于 3 个构件，每个构件不应少于 5 处

表 3-16 预应力筋或成孔管道定位控制点的竖向位置允许偏差

构件截面高(厚)度/mm	$h \leqslant 300$	$300 < h \leqslant 1\ 500$	$h > 1\ 500$
允许偏差/mm	±5	±10	±15

张拉与放张质量检验标准见表 3-17。

表 3-17　张拉与放张质量检验标准

项目	序目	检查项目	质量要求	检查方法	检查数量
主控项目	1	混凝土强度	预应力筋张拉或放张前，应对构件混凝土强度进行检验。同条件养护的混凝土立方体试件抗压强度应符合设计要求；当设计无具体要求时，应符合下列规定：应符合配套锚固产品技术要求的混凝土最低强度且不应低于设计混凝土强度等级值的 75%；对采用消除应力钢丝或钢绞线作为预应力筋的先张法构件，不应低于 30 MPa	检查同条件养护试件试验报告	全数检查
	2	预应力筋断裂或滑脱	对后张法预应力结构构件，钢绞线出现断裂或滑脱的数量不应超过同一截面钢绞线总根数的 3%，且每根断裂的钢绞线断丝不得超过一丝；对多跨双向连续板，其同一截面应按每跨计算	观察，检查张拉记录	全数检查
	3	实际预应力值控制	先张法预应力筋张拉锚固后，实际建立的预应力值与工程设计规定检验值的相对允许偏差为 ±5%	检查预应力筋应力检测记录	每工作班抽查预应力筋总数的 1%，且应不少于 3 根
一般项目	1	张拉质量	预应力筋张拉质量应符合下列规定：采用应力控制方法张拉时，张拉力下预应力筋的实测伸长值与计算伸长值的相对允许偏差为 ±6%；最大张拉应力不应大于现行国家标准《混凝土结构工程施工规范》(GB 50666—2011) 的规定	检查张拉记录	全数检查
	2	位置偏差	先张法预应力构件，应检查预应力筋张拉后的位置偏差，张拉后预应力的位置与设计位置的偏差不应大于 5 mm，且不应大于构件截面短边边长的 4%	尺量	每工作班抽查预应力筋总数的 3%，且不应少于 3 束

灌浆及封锚质量检验标准见表 3-18。

表 3-18　灌浆及封锚质量检验标准

项目	序号	检查项目	质量要求	检查方法	检查数量
主控项目	1	孔道灌浆	预留孔道灌浆后，孔道内水泥浆应饱满、密实	观察，检查灌浆记录	全数检查

项目	序号	检查项目	质量要求	检查方法	检查数量
主控项目	2	水泥浆性能	现场搅拌的灌浆用水泥浆的性能应符合下列规定： 3 h 自由泌水率宜为 0，且不应大于 1%，泌水应在 24 h 内全部被水泥浆吸收； 水泥浆中氯离子的含量不应超过水泥质量的 0.06%； 当采用普通灌浆工艺时，24 h 自由膨胀率不应大于 6%；当采用真空灌浆工艺时，24 h 自由膨胀率不应大于 3%	检查水泥浆配比性能试验报告	同一配合比检查一次
	3	试件抗压强度	现场留置的孔道灌浆料试件的抗压强度不应低于 30 MPa。试件抗压强度检验应符合下列规定： 每组应留取 6 个边长为 70.7 mm 的立方体试件，并应标准养护 28 d； 试件抗压强度应取 6 个试件的平均值，当一组试件中抗压强度最大值或最小值与平均值相差超过 20% 时，应取中间 4 个试件强度的平均值	检查试件强度试验报告	每工作班留置一组
	4	锚具的封闭保护	锚具的封闭保护措施应符合设计要求。当设计无要求时，外露锚具和预应力筋的混凝土保护层厚度不应小于：一类环境时 20 mm，二 a、二 b 类环境时 50 mm，三 a、三 b 类环境时 80 mm	观察，尺量	在同一检验批内，抽查预应力筋总数的 5%，且不少于 5 处
一般项目		外露预应力筋长度	后张法预应力筋锚固后的锚具外的外露长度不应小于预应力筋直径的 1.5 倍，且不应小于 30 mm	观察，尺量	在同一检验批内，抽查预应力筋总数的 3%，且不少于 5 束

四、任务实施

（1）保证预应力工程施工质量的措施见"质量控制点"相关内容。

（2）预应力工程检验批质量验收按照"表 3-14 材料质量检验标准""表 3-15 制作与安装质量检验标准""表 3-17 张拉与放张质量检验标准"和"表 3-18 灌浆及封锚质量检验标准"进行。

五、拓展提高

预应力工程施工过程中应注意的质量问题如下所述。

(一)预应力筋张拉或放张时,混凝土强度未达到设计规定的强度

1. 现象

构件过早开裂或构件预应力损失过大,在使用荷载作用下的实际挠度超过设计规定值。

2. 预防措施

(1)预应力混凝土应留置同条件养护的混凝土试块,用以检验张拉或放张时的混凝土强度。

(2)预应力筋张拉或放张时,结构的混凝土强度应符合设计要求,当设计无具体要求时,不应低于设计强度等级值的75%。

(二)预应力钢丝放张时,钢丝与混凝土之间的粘结力遭到破坏

1. 现象

先张法构件预应力钢丝放张时发生钢丝滑移。

2. 预防措施

(1)保持钢丝表面洁净,隔离剂宜选用皂角类,采用废机油时,必须待台面上的油稍干后,撒上滑石粉才能铺放钢丝,并以木条将钢丝与台面隔开。

(2)混凝土必须振捣密实。

(3)预应力筋放张时最好先试剪1~2根预应力筋,如无滑动现象再继续进行,并尽量保持平衡、对称,以防产生裂缝和薄壁构件翘曲。

【任务巩固】

1. 无粘结预应力筋的涂包质量应符合无粘结预应力钢绞线标准的规定,其检查数量为每(   )为一批,每批抽取一组试件。

    A. 30 t   B. 45 t   C. 60 t   D. 120 t

2. 对后张法预应力结构构件,断裂或滑脱数量严禁超过同一截面预应力筋总根数的(   ),且每束钢丝不得超过一根。

    A. 1%   B. 3%   C. 5%   D. 10%

3. 后张法灌浆用水泥浆的抗压强度应不小于(   )MPa。

    A. 25   B. 30   C. 40   D. 45

任务四　混凝土工程质量控制与验收

一、任务描述

混凝土结构工程施工过程中要保证混凝土工程的施工质量。混凝土工程施工后,完成

混凝土工程检验批的质量验收。

二、任务分析

本任务共包含两方面的内容：一是要保证混凝土工程的施工质量；二是要对混凝土工程检验批进行质量验收。

要保证混凝土工程的施工质量，就需要掌握混凝土工程施工质量控制要点。

要对混凝土工程检验批进行质量验收，就需要掌握混凝土工程检验批的检验标准及检验方法等知识。

三、相关知识

相关知识包括混凝土工程质量控制点和混凝土工程检验批的检验标准及检验方法两部分知识。

(一)质量控制点

(1)结构构件的混凝土强度，应按现行国家标准《混凝土强度检验评定标准》(GB/T 50107—2010)的要求。对采用蒸汽法养护的混凝土结构构件，其混凝土试件应先随同结构构件同条件蒸汽养护，再转入标准条件养护共 28 d。当混凝土中掺用矿物掺合料时，确定混凝土强度时的龄期可按现行国家标准《粉煤灰混凝土应用技术规范》(GB/T 50146—2014)等的规定取值。

(2)检验评定混凝土强度用的混凝土试件的尺寸及强度的尺寸换算系数应按表 3-19 取用，其标准成型方法、标准养护条件及强度试验方法应符合普通混凝土力学性能试验方法标准的规定。

表 3-19　混凝土试件尺寸及强度的尺寸换算系数

骨料最大粒径/mm	试件尺寸/(mm×mm×mm)	强度的尺寸换算系数
≤31.5	100×100×100	0.95
≤40	150×150×150	1.00
≤63	200×200×200	1.05
注：对强度等级为 C60 及以上的混凝土试件，其强度的尺寸换算系数可通过试验确定。		

(3)结构构件拆模、出池、出厂、吊装、张拉、放张及施工期间临时负荷时的混凝土强度，应根据同条件养护的标准尺寸试件的混凝土强度确定。

(4)当混凝土试件强度评定为不合格时，可采用非破损或局部破损的检测方法，按现行国家有关标准的规定对结构构件中的混凝土强度进行推定，并作为处理的依据。

(5)混凝土的冬期施工应符合现行行业标准《建筑工程冬期施工规程》(JGJ/T 104—2011)和施工技术方案的规定。

(二)检验批施工质量验收

原材料的质量检验标准见表 3-20。

表 3-20　原材料质量检验标准

项目	序号	检查项目	质量要求	检查方法	检查数量
主控项目	1	水泥进场检验	水泥进场时应对其品种、代号、强度等级、包装或散装仓号、出厂日期等进行检查，并应对其强度、安定性和凝结时间进行检验，检验结果应符合现行国家标准《通用硅酸盐水泥》(GB 175)的相关规定。	检查质量证明文件和抽样检验报告	按同一厂家、同一品种、同一代号、同一强度等级、同一批号且连续进场的水泥，袋装不超过200 t为一批，散装不超过500 t为一批，每批抽样不应少于一次
	2	外加剂质量	混凝土外加剂进场时，应对其品种、性能、出厂日期等进行检查，并应对外加剂的相关性能指标进行检验，检验结果应符合现行国家标准《混凝土外加剂》(GB 8076)、《混凝土外加剂应用技术规范》(GB 50119)的规定。		按同一厂家、同一品种、同一性能、同一批号且连续进场的混凝土外加剂，不超过50 t为一批，每批抽样数量不应少于一次
	3	检验批容量	水泥、外加剂进场检验，当满足下列条件之一时，其检验批容量可扩大一倍： 获得认证的产品； 同一厂家、同一品种、同一规格的产品，连续三次进场检验均一次检验合格		
一般项目	1	矿物掺合料的质量	混凝土用矿物掺合料进场时，应对其品种、性能、出厂日期等进行检查，并应对矿物掺合料的相关性能指标进行检验，检验结果应符合国家现行有关标准的规定。	检查质量证明文件和抽样检验报告	按同一厂家、同一品种、同一批号且连续进场的矿物掺合料、粉煤灰、矿渣粉、磷渣粉、钢铁渣粉和复合矿物掺合料不超过200 t为一批，沸石粉不超过120 t为一批，硅灰不超过30 t为一批，每批抽样数量不应少于一次
	2	粗、细骨料的质量	混凝土原材料中的粗、细骨料的质量，应符合现行行业标准《普通混凝土用砂、石质量及检验方法标准》(JGJ 52)的规定，使用经过净化处理的海砂应符合现行行业标准《海砂混凝土应用技术规范》(JGJ 206)的规定，再生混凝土骨料应符合现行国家标准《混凝土用再生粗骨料》(GB/T 25177)和《混凝土和砂浆用再生细骨料》(GB/T 25176)的规定	检查抽样检验报告	按现行行业标准《普通混凝土用砂、石质量及检验方法标准》(JGJ 52)的规定确定

项目	序号	检查项目	质量要求	检查方法	检查数量
一般项目	3	水	混凝土拌制及养护用水应符合现行行业标准《混凝土用水标准》(JGJ 63)的规定。采用饮用水作为混凝土用水时，可不检验；采用中水、搅拌站清洗水、施工现场循环水等其他水源时，应对其成分进行检验	检查水质检验报告	同一水源检查不应少于一次

混凝土拌合物质量检验标准见表 3-21。

表 3-21　混凝土拌合物质量检验标准

项目	序号	检查项目	质量要求	检查方法	检查数量
主控项目	1	预拌混凝土进场	预拌混凝土进场时，其质量应符合现行国家标准《预拌混凝土》(GB/T 14902)的规定	检查质量证明文件	全数检查
	2	离析	混凝土拌合物不应离析	观察	
	3	氯离子含量和碱总含量	应符合现行国家标准《混凝土结构设计规范》(GB 50010)的规定和设计要求	检查原材料试验报告和氯离子、碱的总含量计算书	同一配合比的混凝土检查不应少于一次
	4	配合比开盘鉴定	首次使用的混凝土配合比应进行开盘鉴定，其原材料、强度、凝结时间、稠度等应满足设计配合比的要求	检查开盘鉴定资料和强度试验报告	
一般项目	1	稠度	混凝土拌合物稠度应满足施工方案的要求	检查稠度抽样检验记录	对同一配合比混凝土，取样见表 3-22
	2	耐久性	混凝土有耐久性指标要求时，应在施工现场随机抽取试件进行耐久性检验，其检验结果应符合现行国家有关标准的规定和设计要求	检查试件耐久性试验报告	同一配合比的混凝土，取样不应少于一次
	3	含气量	混凝土有抗冻要求时，应在施工现场进行混凝土含气量检验，其检验结果应符合国家现行有关标准的规定和设计要求	检查混凝土含气量检验报告	

表 3-22　混凝土拌合物稠度检查数量

拌制量	取样次数
每拌制 100 盘且不超过 100 m³	
每工作班拌制不足 100 盘	
每次连续浇筑超过 1 000 m³，每 200 m³ 取样	不得少于一次
每一楼层	

混凝土施工质量检验标准见表 3-23。

表 3-23　混凝土施工质量检验标准

项目	序号	检查项目	质量要求	检查方法	检查数量
主控项目	1	混凝土强度等级、试件的取样和留置	结构混凝土的强度等级必须符合设计要求。用于检验混凝土强度的试件，应在浇筑地点随机抽取。每次取样应至少留置一组试件	检查施工记录及混凝土强度试验报告	对同一配合比混凝土，取样见表 3-22
一般项目	1	后浇带和施工缝的位置及处理	后浇带的留设位置应符合设计要求，后浇带和施工缝的位置及处理方法应符合施工方案的要求	观察	全数检查
	2	混凝土养护	混凝土浇筑完毕后应及时进行养护，养护时间以及养护方法应符合施工方案的要求	观察，检查混凝土养护记录	

原材料每盘称量的允许偏差见表 3-24。

表 3-24　原材料每盘称量的允许偏差

材料名称	允许偏差
水泥掺合料	±2%
粗细骨料	±3%
水外加剂	±2%

四、任务实施

(1)保证混凝土工程施工质量的措施见"质量控制点"相关内容。

(2)混凝土工程检验批质量验收按照"表 3-20 原材料质量检验标准""表 3-21 混凝土拌合物质量检验标准"和"表 3-23 混凝土施工质量检验标准"进行。

五、拓展提高

混凝土工程施工过程中应注意的质量问题如下所述。

(一)麻面

1. 现象

混凝土表面出现缺浆和许多小凹坑与麻点，形成粗糙面，影响外表美观，但无钢筋外露现象。

2. 预防措施

(1)模板表面应清理干净，不得粘有干硬水泥砂浆等杂物。

(2)浇筑混凝土前，模板应浇水充分湿润并清扫干净。

(3)模板拼缝应严密，如有缝隙，应用油毡纸、塑料条、纤维板或腻子堵严。

(4)模板隔离剂应选用长效的，涂刷要均匀并防止漏刷。

(5)混凝土应分层均匀振捣密实，严防漏振，每层混凝土均应振捣至排除气泡为止。

(6)拆模不应过早。

(二)缝隙、夹层

1. 现象

混凝土内成层存在水平或垂直的松散混凝土或夹杂物，使结构整体性受到破坏。

2. 预防措施

(1)认真按施工验收规范的要求处理施工缝及后浇缝表面；接缝外的锯屑、木块、泥土、砖块等杂物必须彻底清除干净，并将接缝表面洗净。

(2)混凝土浇筑高度大于 2 m 时，应设串筒或溜槽下料。

(3)在施工缝或后浇缝处继续浇筑混凝土时，应注意以下几点：

1)浇筑柱、梁、楼板、墙、基础等，应连续进行，如间歇时间超过规定，则按施工缝处理，当混凝土抗压强度不低于 1.2 MPa 时，才允许继续浇筑；

2)大体积混凝土浇筑，如接缝时间超过规定的时间，可对混凝土进行二次振捣，以提高接缝的强度和密实度；

3)在已硬化的混凝土表面上，继续浇筑混凝土前，应清除水泥薄膜和松动石子以及软弱混凝土层，并加以充分湿润和冲洗干净，且不得积水；

4)接缝处浇筑混凝土前应铺一层水泥浆或浇 5～10cm 厚与混凝土内成分相同的水泥砂浆，或 10～15cm 厚减半石子混凝土，以利良好接合，并加强接缝处混凝土振捣使其密实；

5)在模板上沿施工缝位置通条开口，以便于清理杂物和冲洗。全部清理干净后，再将通条开口封板，并抹水泥浆或减石子混凝土砂浆，再浇筑混凝土。

【任务巩固】

1. 同一生产厂家、同一等级、同一品种、同一批号且连续进场的水泥，袋装不超过
（   ）t 为一批，每批抽样不少于一次。

    A. 100   B. 150   C. 200   D. 300

2. 为提高混凝土的抗冻性能，可掺用防冻剂，但在钢筋混凝土中，严禁使用（   ）。

    A. 减水型防冻剂 B. 早强型防冻剂   C. 氯盐型防冻剂   D. 缓凝型外加剂

3. 混凝土浇筑完毕后，在混凝土强度达到（   ）MPa 前，不得在其上踩踏。

    A. 1   B. 1.2   C. 1.5   D. 2

【例题 3-1】 某建设项目地处闹市区，场地狭小。工程总建筑面积为 30 000 m²，其中地上建筑面积为 25 000 m²，地下室建筑面积为 5 000 m²，大楼分为裙楼和主楼，其中主楼 28 层，裙楼 5 层，地下 2 层，主楼高度为 84 m，裙楼高度为 24 m，全现浇钢筋混凝土框架-剪力墙结构。基础形式为筏形基础，基坑深度为 15 m，地下水位为 −8 m，属于层间滞水。基坑东、北两面距离建筑围墙 2 m，西、南两面距离交通主干道 9 m。

事件一，施工总承包单位进场后，采购了 HRB335 级钢筋 110 t，钢筋出厂合格证明材料齐全，施工总承包单位将同一炉罐号的钢筋组批，在监理工程师见证下取样复试。复试合格后，施工总承包单位在现场采用冷拉方法调直钢筋，冷拉率为 3‰，监理工程师责令施工总承包单位停止钢筋加工工作。

事件二，钢筋工程中，直径为 12 mm 以上受力钢筋，采用剥肋滚压直螺纹连接。

事件三，对模板工程的可能造成质量问题的原因进行分析，针对原因制定了对策和措施进行预控，将模板分析工程的质量控制点设置为：模板强度及稳定、预埋件稳定、模板位置尺寸、模板内部清理及湿润情况等。

问题：

(1)指出事件一中施工总承包单位做法的不妥之处，分别写出正确做法。

(2)事件二中钢筋方案的选择是否合理？为什么？

(3)事件三中对模板分析工程的质量控制点的设置是否妥当？质量控制点的设置应主要考虑哪写内容？

答案：

(1)不妥之处一，施工总承包单位进场后，采购了 HRB335 级钢筋 110 t，钢筋出厂合格证明材料齐全，施工总承包单位将同一炉罐号的钢筋组批，在监理工程师见证下，取样复试。

正确做法：钢筋复验应不超过 60 t，且不能与不同时间、批次进场的钢筋进行混批送检，应根据相应的批量进行抽检、见证取样。

不妥之处二，施工总承包单位在现场采用冷拉方法调直钢筋，冷拉率控制为 3‰。

正确做法：HRB335 级钢筋冷拉率控制为 1‰。

(2)不合理。因为直径为 16 mm 以下受力钢筋，采用剥肋滚压直螺纹连接，剥肋套丝后钢筋直接不能满足施工工艺要求，不具有可操作性。剥肋滚压直螺纹连接适用于直径在 16 mm 以上 40 mm 以下的热轧 HRB335、HRB400 同级钢筋的连接。

(3)妥当。是否设置为质量控制点，主要考虑其对质量特性影响的大小、危害程度以及其质量保证的难度大小而定。

【能力训练】

训练题目：完成钢筋外观的检查和现浇混凝土施工缝与后浇带的检查，并填写现场验收检查原始记录表。

子项目二　砌体结构工程

砌体结构是主体结构分部工程的子分部工程，共包括五个分项工程：砖砌体、混凝土小型空心砌块砌体、石砌体、配筋砌体及填充墙砌体。

砌体结构是由块体和砂浆砌筑而成的墙、柱作为建筑物主要受力构件的结构，是砖砌体、砌块砌体和石砌体结构的统称。砌体工程施工时有下列基本要求：

(1)砌体结构工程所用的材料应有产品合格证书、产品性能形式检验报告，质量应符合现行国家有关标准的要求。块材、水泥、钢筋、外加剂尚应有材料主要性能的进场复验报告，并应符合设计要求。严禁使用国家明令淘汰的材料。

(2)砌体结构工程施工前，应编制砌体结构工程施工方案。

(3)砌体结构的标高、轴线，应引自基准控制点。

(4)砌筑基础前应校核放线尺寸，允许偏差应符合表 3-25 的规定。

表 3-25　放线尺寸的允许偏差

长度 L、宽度 B/m	允许偏差/mm	长度 L、宽度 B/m	允许偏差/mm
L(或 B)≤30	±5	60<L(或 B)≤90	±15
30<L(或 B)≤60	±10	L(或 B)>90	±20

(5)伸缩缝、沉降缝、防震缝中的模板应拆除干净，不得夹有砂浆、块体及碎渣等杂物。

(6)砌筑顺序应符合下列规定：

1)基底标高不同时，应从低处砌起，并应由高处向低处搭砌。当设计无要求时，搭接长度不应小于基础底的高差，搭接长度范围内下层基础应扩大砌筑。

2)砌体的转角处和交接处应同时砌筑。当不能同时砌筑时，应按规定留槎、接槎。

(7)砌筑墙体应设置皮数杆。

(8)在墙上留置临时施工洞口，其侧边离交接处墙面不应小于 500 mm，洞口净宽度不应超过 1 m。抗震设防烈度为 9 度的地区建筑物的临时施工洞口位置，应会同设计单位确定。临时施工洞口应做好补砌。

(9)不得在下列墙体或部位设置脚手眼：

1)120 mm 厚墙、清水墙、料石墙和附墙柱；

2)过梁上与过梁成 60°角的三角形范围及过梁净跨度 1/2 的高度范围内；

3)宽度小于 1 m 的窗间墙；

4)门窗洞口两侧石砌体 300 mm，其他砌体 200 mm 范围内；转角处石砌体 600 mm，其他砌体 450 mm 范围内；

5)梁或梁垫下及其左右 500 mm 范围内；

6)设计不允许设置脚手眼的部位；

7)轻质墙体；

8)夹心复合墙外叶墙。

(10)脚手眼补砌时，应清除脚手眼内掉落的砂浆、灰尘；脚手眼处砖及填塞用砖应湿润，并应填实砂浆。

(11)设计要求的洞口、沟槽、管道应于砌筑时正确留出或预埋，未经设计单位同意，不得打凿墙体和在墙体上开凿水平沟槽。宽度超过 300 mm 的洞口上部，应设置钢筋混凝土过梁。不应在截面长边小于 500 mm 的承重墙体、独立柱内埋设管线。

（12）尚未施工的楼面或屋面的墙或柱，其抗风允许自由高度不得超过表 3-26 的规定。如超过表中限值时，必须采用临时支撑等有效措施。

表 3-26　墙和柱的允许自由高度　　　　　　　　　　　　　　　　　　　　　m

墙(柱)厚/mm	砌体密度＞1 600 kg/m³			砌体密度 1 300～1 600 kg/m³		
	风载/(kN·m⁻²)			风载/(kN·m⁻²)		
	0.3 （约7级风）	0.4 （约8级风）	0.5 （约9级风）	0.3 （约7级风）	0.4 （约8级风）	0.5 （约9级风）
190	—	—	—	1.4	1.1	0.7
240	2.8	2.1	1.4	2.2	1.7	1.1
370	5.2	3.9	2.6	4.2	3.2	2.1
490	8.6	6.5	4.3	7.0	5.2	3.5
620	14.0	10.5	7.0	11.4	8.6	5.7

注：1. 本表适用于施工处相对标高 H 在 10 m 范围内的情况。如 10 m＜H≤15 m，15 m＜H≤20 m 时，表中的允许自由高度应分别乘以 0.9、0.8 的系数；如 H＞20 m 时，应通过抗倾覆验算确定其允许自由高度。

2. 当所砌筑的墙有横墙或其他结构与其连接，而且间距小于表中相应墙、柱的允许自由高度的 2 倍时，砌筑高度可不受本表的限制。

3. 当砌体密度小于 1 300 kg/m³ 时，墙和柱的允许自由高度应另行验算确定。

（13）砌筑完基础或每一楼层后，应校核砌体的轴线和标高。在允许偏差范围内，轴线偏差可在基础顶面或楼面上校正，标高偏差宜通过调整上部砌体灰缝厚度校正。

（14）搁置预制梁、板的砌体顶面应平整，标高一致。

（15）砌体施工质量控制等级分为三级，并应按表 3-27 划分。

表 3-27　施工质量控制等级

项　目	施工质量控制等级		
	A	B	C
现场质量管理	监督检查制度健全，并严格执行；施工方有在岗专业技术管理人员，人员齐全，并持证上岗	监督检查制度基本健全，并能执行；施工方有在岗专业技术管理人员，并持证上岗	有监督检查制度；施工方有在岗专业技术管理人员
砂浆、混凝土强度	试块按规定制作，强度满足验收规定，离散性小	试块按规定制作，强度满足验收规定，离散性较小	试块按规定制作，强度满足验收规定，离散性大
砂浆拌和	机械拌和；配合比计量控制严格	机械拌和；配合比计量控制一般	机械或人工拌和；配合比计量控制较差
砌筑工人	中级工以上，其中高级工不少于 30%	高、中级工不少于 70%	初级工以上

注：1. 砂浆、混凝土强度离散性的大小根据强度标准差确定。

2. 配筋砌体不得为 C 级施工。

(16)砌体结构中钢筋(包括夹心复合墙内外叶墙间的拉结件或钢筋)的防腐,应符合设计规定。

(17)雨天不宜在露天砌筑墙体,对下雨当日砌筑的墙体应进行遮盖。继续施工时,应复核墙体的垂直度,如果垂直度超过允许偏差,应拆除重新砌筑。

(18)砌体施工时,楼面和屋面堆载不得超过楼板的允许荷载值。当施工层进料口处施工荷载较大时,楼板下宜采取临时加撑措施。

(19)正常施工条件下,砖砌体、小砌块砌体每日砌筑高度宜控制在 1.5 m 或一步脚手架高度内;石砌体不宜超过 1.2 m。

(20)砌体结构工程检验批的划分应同时符合下列规定:

1)所用材料类型及同类型材料的强度等级相同;

2)不超过 250 m³ 砌体;

3)主体结构砌体一个楼层(基础砌体可按一个楼层计),填充墙砌体量少时可多个楼层合并。

(21)砌体工程检验批验收时,其主控项目应全部符合规范的规定;一般项目应有 80%及以上的抽检处符合规范的规定,有允许偏差的项目,最大超差值为允许偏差值的 1.5 倍。

(22)砌体结构分项工程中检验批抽检时,各抽检项目的样本最小容量除有特殊要求外,按不应小于 5 确定。

(23)在墙体砌筑过程中,当砌筑砂浆初凝后,块体被撞动或需移动时,应将砂浆清除后再铺浆砌筑。

任务一　砌筑砂浆质量控制与验收

一、任务描述

砌体结构工程施工过程中要保证砌筑砂浆的质量,并且要对砌筑砂浆检验批进行质量验收。

二、任务分析

本任务共包含两方面的内容:一是要保证砌筑砂浆的质量;二是要对砌筑砂浆检验批进行质量验收。

要保证砌筑砂浆的质量,就需要掌握砌筑砂浆质量控制要点。

要对砌筑砂浆检验批进行质量验收,就需要掌握砌筑砂浆检验批的检验方法等知识。

三、相关知识

相关知识包括砌筑砂浆质量控制点和砌筑砂浆检验批的检验方法两部分知识。

(一)质量控制点

(1)水泥。

1)水泥进场时应对其品种、等级、包装或散装仓号、出厂日期等进行检查，并应对其强度、安定性进行复验，其质量必须符合现行国家标准《通用硅酸盐水泥》(GB 175—2007)的有关规定。

2)当在使用中对水泥质量有怀疑或水泥出厂超过三个月(快硬硅酸盐水泥超过一个月)时，应复查试验，并按复验结果使用。

3)不同品种的水泥，不得混合使用。

(2)砂。

1)不应混有草根、树叶、树枝、塑料、煤块、炉渣等杂物。

2)砂中含泥量应满足下列要求：

①对水泥砂浆和强度等级不小于 M5 的水泥混合砂浆，不应超过 5%；

②对强度等级小于 M5 的水泥混合砂浆，不应超过 10%。

3)人工砂、山砂及特细砂，经试配应能满足砌筑砂浆技术条件要求。

(3)掺加料。

1)配置水泥石灰砂浆时，不得采用脱水硬化的石灰膏。建筑生石灰、建筑生石灰粉熟化为石灰膏，其熟化时间分别不得少于 7 d 和 2 d。

2)消石灰粉不得直接使用于砌筑砂浆中。

3)石灰膏的用量，应按稠度为 120 mm±5 mm 计量，现场施工中石灰膏不同稠度的换算系数，可按表 3-28 确定。

表 3-28　石灰膏不同稠度的换算系数

稠度/mm	120	110	100	90	80	70	60	50	40	30
换算系数	1.00	0.99	0.97	0.95	0.93	0.92	0.90	0.88	0.87	0.86

(4)拌制砂浆用水的水质，应符合现行行业标准《混凝土用水标准》(JGJ 63—2006)的有关规定。

(5)砌筑砂浆应进行配合比设计。当砌筑砂浆的组成材料有变更时，其配合比应重新确定。砌筑砂浆的稠度宜按表 3-29 的规定采用。

表 3-29　砌筑砂浆的稠度

砌体种类	砂浆稠度/mm
烧结普通砖砌体 蒸压粉煤灰砖砌体	70～90
混凝土实心砖、混凝土多孔砖砌体 普通混凝土小型空心砌块砌体 蒸压灰砂砖砌体	50～70
烧结多孔砖、空心砖砌体 轻集料小型空心砌块砌体 蒸压加气混凝土砌块砌体	60～80

砌体种类	砂浆稠度/mm
石砌体	30~50

注：1. 采用薄灰砌筑法砌筑蒸压加气混凝土砌块砌体时，加气混凝土粘结砂浆的加水量按照其产品说明书控制。

2. 当砌筑其他块体时，其砌筑砂浆的稠度可根据块体吸水特性及气候条件确定。

(6)施工中不应采用强度等级小于 M5 的水泥砂浆替代同强度等级的水泥混合砂浆，如需替代，应将水泥砂浆提高一个强度等级。

(7)在砂浆中掺入的砌筑砂浆增塑剂、早强剂、缓凝剂、防冻剂、防水剂等砂浆外加剂，其品种和用量应经有资质的检测单位检验和试配确定。有机塑化剂应有砌体强度的形式检验报告。

(8)配置砌筑砂浆时，各组分材料应采用质量计量，水泥及各种外加剂配料的允许偏差为±2％；砂、粉煤灰、石灰膏等配料的允许偏差为±5％。

(9)砌筑砂浆应采用机械搅拌，搅拌时间自投料完起算应符合下列规定：

1)水泥砂浆和水泥混合砂浆不得少于 2 min；

2)水泥粉煤灰砂浆和掺用外加剂的砂浆不得少于 3 min；

3)掺增塑剂的砂浆，应为 3~5 min。

(10)现场拌制的砂浆应随拌随用，拌制的砂浆应在 3 h 内使用完毕；当施工期间最高气温超过 30 ℃时，应在 2 h 内使用完毕。预拌砂浆及蒸压加气混凝土砌块专用砂浆的使用时间应按照厂方提供的说明书确定。

(11)砌体结构工程使用的湿拌砂浆，除直接使用外，其必须储存在不吸水的专用容器内，并根据气候条件采取遮阳、保温、防雨雪等措施，砂浆在储存过程中严禁随意加水。

(12)砌筑砂浆试块强度验收时其强度合格标准应符合下列规定：

1)同一验收批砂浆试块抗压强度平均值应大于或等于设计强度等级值的 1.10 倍；

2)同一验收批砂浆试块抗压强度的最小一组平均值应大于或等于设计强度等级值的 85％。

注：①砌筑砂浆的验收批，同一类型、强度等级的砂浆试块应不少于 3 组；同一验收批只有 1 组或 2 组试块时，每组试块抗压强度平均值应大于或等于设计强度等级值的 1.10 倍；对于建筑结构的安全等级为一级或设计使用年限为 50 年及以上的房屋，同一验收批砂浆试块的数量不得少于 3 组；

②砂浆强度应以标准养护 28 d 龄期的试块抗压试验结果为准；

③制作砂浆试块的砂浆稠度应与配合比设计一致。

(二)检验批施工质量验收

(1)水泥。

1)抽检数量：按同一生产厂家、同品种、同等级、同批号连续进场的水泥，袋装水泥不超过 200 t 为一批，散装水泥不超过 500 t 为一批，每批抽样不少于一次。

2)检验方法：检查产品合格证、出厂检验报告和进场复验报告。

(2)砂浆。

1)抽检数量：每一检验批且不超过 250 m³ 砌体的各类、各强度等级的普通砌筑砂浆，每台搅拌机应至少抽检一次。验收批的预拌砂浆、蒸压加气混凝土砌块专用砂浆，抽检可为 3 组。

2)检验方法：在砂浆搅拌机出料口或在湿拌砂浆的储存容器出料口随机取样制作砂浆试块(现场拌制的砂浆，同盘砂浆只应制作 1 组试块)，试块标养 28 d 后作强度试验。预拌砂浆中的湿拌砂浆稠度应在进场时取样检验。

(3)当施工中或验收时出现下列情况，可采用现场检验方法对砂浆和砌体强度进行实体检测，并判定其强度：

1)砂浆试块缺乏代表性或试块数量不足；

2)对砂浆试块的试验结果有怀疑或有争议；

3)砂浆试块的试验结果，不能满足设计要求；

4)发生工程事故，需要进一步分析事故原因。

四、任务实施

(1)保证砌筑砂浆质量的措施见"质量控制点"相关内容。

(2)砌筑砂浆检验批质量验收按照"检验批施工质量验收"相关知识内容进行。

五、拓展提高

砌筑砂浆施工过程中应注意的质量问题如下所述。

(一)砌筑砂浆的稠度、保水性不合适

预防措施：水泥、砂、水、外加剂及掺合料计量要准确；砂浆搅拌方法、搅拌时间要正确；砂浆的运输、使用时间等应符合要求。

(二)砌筑砂浆的强度等级不能满足设计要求

预防措施：砂浆试块的留置、取样方法、制作、养护、试压等应符合设计要求；水泥的品种、规格、级别等必须符合设计要求，砂浆的运输、使用时间等应符合要求。

【任务巩固】

1. 砌筑砂浆的验收批，同一类型、强度等级的砂浆试块应不少于(　　)组。

   A. 2 　　　　　　B. 3 　　　　　　C. 4 　　　　　　D. 5

2. 砌筑砂浆的水泥，使用前应对(　　)进行复验。

   A. 强度 　　　　B. 安定性 　　　　C. 细度 　　　　D. A+B

3. 每一检验批且不超过(　　)m³ 砌体的各类、各强度等级的普通砌筑砂浆，每台搅拌机应至少抽检一次。

   A. 150 　　　　B. 250 　　　　C. 300 　　　　D. 350

任务二　砖砌体工程质量控制与验收

一、任务描述

砖砌体工程施工过程中要保证施工质量，并且要对砖砌体工程检验批进行质量验收。

二、任务分析

本任务共包含两方面的内容：一是要保证砖砌体工程的施工质量；二是要对砖砌体工程检验批进行质量验收。

要保证砖砌体工程的施工质量，就需要掌握砖砌体工程质量控制要点。

要对砖砌体工程检验批进行质量验收，就需要掌握砖砌体工程检验批的检验标准及检验方法等知识。

三、相关知识

相关知识包括砖砌体工程质量控制点和砖砌体工程检验批的检验方法两部分知识。

(一)质量控制点

(1)用于清水墙、柱表面的砖，应边角整齐，色泽均匀。

(2)砌体砌筑时，混凝土多孔砖、混凝土实心砖、蒸压灰砂砖、蒸压粉煤灰砖等块体的产品龄期不应小于 28 d。

(3)有冻胀环境和条件的地区，地面以下或防潮层以下的砌体，不应采用多孔砖。

(4)不同品种的砖不得在同一楼层混砌。

(5)砌筑烧结普通砖、烧结多孔砖、蒸压灰砂砖、蒸压粉煤灰砖砌体时，砖应提前 1~2 d 适度湿润，严禁采用干砖或处于吸水饱和状态的砖砌筑，块体湿润程度宜符合下列规定：

1)烧结类块体的相对含水率为 60%~70%；

2)混凝土多孔砖及混凝土实心砖不需浇水湿润，但在气候干燥炎热的情况下，宜在砌筑前对其喷水湿润。其他非烧结类块体的相对含水率为 40%~50%。

(6)采用铺浆法砌筑砌体，铺浆长度不得超过 750 mm；当施工期间气温超过 30 ℃时，铺浆长度不得超过 500 mm。

(7)240 mm 厚承重墙的每层墙的最上一皮砖，砖砌体的阶台水平面上及挑出层的外皮砖，应整砖丁砌。

(8)弧拱式及平拱式过梁的灰缝应砌成楔形缝，拱底灰缝宽度不宜小于 5 mm，拱顶灰缝宽度不应大于 15 mm，拱体的纵向及横向灰缝应填实砂浆；平拱式过梁拱脚下面应伸入墙内不小于 20 mm；砖砌平拱过梁底应有 1%的起拱。

(9)砖过梁底部的模板及其支架拆除时，灰缝砂浆强度不应低于设计强度的 75%。

(10)多孔砖的孔洞应垂直于受压面砌筑。半盲孔多孔砖的封底面应朝上砌筑。

(11)竖向灰缝不应出现瞎缝、透明缝和假缝。

(12)砖砌体施工临时间断处补砌时,必须将接槎处表面清理干净,洒水湿润,并填实砂浆,保持灰缝平直。

(13)夹心复合墙的砌筑应符合下列规定:

1)墙体砌筑时,应采取措施防止空腔内掉落砂浆和杂物;

2)拉结件设置应符合设计要求,拉结件在叶墙上的搁置长度不应小于叶墙厚度的2/3,并不应小于60 mm;

3)保温材料品种及性能应符合设计要求。保温材料的浇筑压力不应对砌体强度、变形及外观质量产生不良影响。

(二)检验批施工质量验收

砖砌体工程质量检验标准见表3-30。

表3-30　砖砌体工程质量检验标准

项目	序号	检查项目	质量要求	检查方法	检查数量
主控项目	1	砖和砂浆的强度等级	砖和砂浆的强度等级必须符合设计要求	检查砖和砂浆试块试验报告	每一生产厂家,烧结普通砖、混凝土实心砖每15万块,烧结多孔砖、混凝土多孔砖、蒸压灰砂砖及蒸压粉煤灰砖每10万块各为一验收批,不足上述数量时按1批计,抽检数量为1组。砂浆试块的抽检数量按砌筑砂浆"检验批施工质量验收"执行
	2	灰缝的砂浆饱满度	砌体灰缝砂浆应密实饱满,砖墙水平灰缝的砂浆饱满度不得低于80%;砖柱水平灰缝和竖向灰缝的砂浆饱满度不得低于90%	用百格网检查砖底面与砂浆的粘结痕迹面积,每处检测3块砖,取其平均值	
	3	留槎要求	砖砌体的转角处和交接处应同时砌筑,严禁无可靠措施的内外墙分砌施工。在抗震设防烈度为8度及8度以上的地区,对不能同时砌筑而又必须留置的临时间断处应砌成斜槎,普通砖砌体斜槎水平投影长度不应小于高度的2/3,多孔砖砌体的斜槎长高比不应小于1/2。斜槎高度不得超过一步脚手架的高度	观察检查	每检验批抽查不应少于5处

项目	序号	检查项目	质量要求	检查方法	检查数量
主控项目	4	拉结筋的设置	非抗震设防及抗震设防烈度为6度、7度的地区的临时间断处，当不能留斜槎时，除转角处外，可留直槎，但直槎必须做成凸槎，且应加设拉结钢筋，拉结钢筋应符合下列规定： （1）每120 mm墙厚放置1φ6拉结钢筋（120 mm厚墙放置2φ6拉结钢筋）； （2）间距沿墙高不应超过500 mm，且竖向间距偏差不应超过100 mm； （3）埋入长度从留槎处算起每边均不应小于500 mm，对抗震设防烈度为6度、7度的地区，不应小于1 000 mm； （4）末端应有90°弯钩	观察和尺量检查	每检验批抽查不应少于5处
一般项目	1	组砌方法	砖砌体组砌方法应正确，内外搭砌，上、下错缝。清水墙、窗间墙无通缝；混水墙中不得有长度大于300 mm的通缝，长度为200～300 mm的通缝每间不超过3处，且不得位于同一面墙体上。砖柱不得采用包心砌法	观察检查。砌体组砌方法抽检每处应为3～5 m	每检验批抽查不应少于5处
	2	灰缝质量要求	砖砌体的灰缝应横平竖直，厚薄均匀，水平灰缝厚度及竖向灰缝宽度宜为10 mm，但不应小于8 mm，也不应大于12 mm	水平灰缝厚度用尺量10皮砖砌体高度折算；竖向灰缝宽度用尺量2 m砌体长度折算	
	3	砖砌体尺寸、位置	允许偏差见表3-31	见表3-31	见表3-31

表3-31　砖砌体尺寸、位置的允许偏差及检验

序号	项目			允许偏差/mm	检验方法	抽检数量
1	轴线位移			10	用经纬仪和尺或用其他测量仪器检查	承重墙、柱全数检查
2	基础、墙、柱顶面标高			±15	用水准仪和尺检查	不应少于5处
3	墙面垂直度	每层		5	用2 m拖线板检查	
		全高	≤10 m	10	用经纬仪、吊线和尺或用其他测量仪器检查	外墙全部阳角
			>10 m	20		

序号	项目		允许偏差/mm	检验方法	抽检数量
4	表面平整度	清水墙、柱	5	用 2 m 靠尺和楔形塞尺检查	不应少于 5 处
		混水墙、柱	8		
5	水平灰缝平直度	清水墙	7	拉 5 m 线和尺检查	
		混水墙	10		
6	门窗洞口高、宽(后塞口)		±10	用尺检查	
7	外墙上下窗口偏移		20	以底层窗口为准,用经纬仪或吊线检查	
8	清水墙游丁走缝		20	以每层第一皮砖为准,用吊线和尺检查	

四、任务实施

(1)保证砖砌体工程质量的措施见"质量控制点"相关内容。

(2)砖砌体工程检验批质量验收按照"表 3-30 砖砌体工程质量检验标准"进行。

五、拓展提高

砖砌体工程施工过程中应注意的质量问题如下所述。

(一)砂浆强度不稳定

预防措施:

(1)砂浆配合比的确定,应结合现场材质情况进行试配,试配时应采用质量比,在满足砂浆和易性的条件下,控制砂浆强度。

(2)建立施工计量器具校验、维修、保管制度,以保证计量的准确性。

(3)正确选择砂浆搅拌加料顺序。

(4)试块的制作、养护和抗压强度取值,应按《建筑砂浆基本性能试验方法标准》(JGJ/T 70—2009)的规定执行。

(二)砖缝砂浆不饱满,砂浆与砖粘结不良

预防措施:

(1)改善砂浆和易性是确保灰缝砂浆饱满度和提高粘结强度的关键。

(2)改进砌筑方法。不宜采取铺浆法或摆砖砌筑,应推广"三一砌砖法"。

(3)当采用铺浆法砌筑时,必须控制铺浆的长度,一般气温情况下不得超过 750 mm;当施工期间气温超过 30 ℃时,不得超过 500 mm。

(4)严禁用干砖砌墙。砌筑前 1~2 d 应将砖浇湿,使砌筑时烧结普通砖和多孔砖的含水率达到 10%~15%,灰砂砖和粉煤灰砖的含水率达到 8%~12%。

(5)冬期施工时，在正温度条件下也应将砖面适当湿润后再砌筑。负温下施工无法浇砖时，应适当增大砂浆的稠度。对于9度抗震设防地区，在严冬无法浇砖的情况下，不能进行砌筑。

(三)大梁处的墙体裂缝

预防措施：

(1)有大梁集中荷载作用的窗间墙，应有一定的宽度(或加垛)。

(2)梁下应设置足够面积的现浇混凝土梁垫，当大梁荷载较大时，墙体尚应考虑横向配筋。

(3)对宽度较小的窗间墙，施工中应避免留脚手眼。

【任务巩固】

1. 砌体施工时，楼面和屋面堆载不得超过楼板的(　　)值。
   A. 标准荷载　　　　　　　　　　B. 活荷载
   C. 允许荷载　　　　　　　　　　D. 自重

2. 砌体灰缝砂浆应密实、饱满，砖墙水平灰缝的砂浆饱满度不得低于(　　)。
   A. 95%　　　　　　　　　　　　B. 90%
   C. 85%　　　　　　　　　　　　D. 80%

3. 砌体工程检验批验收时，其主控项目应全部符合规范的规定：一般项目应有(　　)及以上的抽检处符合规范的规定，或偏差值在允许偏差范围以内。
   A. 70%　　　　　　　　　　　　B. 80%
   C. 90%　　　　　　　　　　　　D. 95%

任务三　混凝土小型空心砌块砌体工程质量控制与验收

一、任务描述

混凝土小型空心砌块砌体工程施工过程中要保证施工质量，并且要对混凝土小型空心砌块砌体工程检验批进行质量验收。

二、任务分析

本任务共包含两方面的内容：一是要保证混凝土小型空心砌块砌体工程的施工质量；二是要对混凝土小型空心砌块砌体工程检验批进行质量验收。

要保证混凝土小型空心砌块砌体工程的施工质量，就需要掌握混凝土小型空心砌块砌体工程质量控制要点。

要对混凝土小型空心砌块砌体工程检验批进行质量验收，就需要掌握混凝土小型空心砌块砌体工程检验批的检验标准及检验方法等知识。

三、相关知识

相关知识包括混凝土小型空心砌块砌体工程质量控制点和混凝土小型空心砌块砌体工程检验批的检验方法两部分知识。

(一)质量控制点

(1)施工前，应按房屋设计图编绘小砌块平、立面排块图，施工中应按排块图施工。

(2)施工采用的小砌块的产品龄期不应小于28 d。

(3)砌筑小砌块时，应清除表面污物，剔除外观质量不合格的小砌块。

(4)砌筑小砌块砌体，宜选用专用的小砌块砌筑砂浆。

(5)底层室内地面以下或防潮层以下的砌体，应采用强度等级不低于C20(或Cb20)的混凝土灌实小砌块的孔洞。

(6)砌筑普通混凝土小型空心砌块砌筑，不需对小砌块浇水湿润，如遇天气干燥炎热，宜在砌筑前对其喷水湿润；对轻骨料混凝土小砌块，应提前浇水湿润，块体的相对含水率宜为40%～50%。雨天及小砌块表面有浮水时，不得施工。

(7)承重墙体使用的小砌块应完整、无破损、无裂缝。

(8)小砌块墙体应孔对孔、肋对肋错缝搭砌。单排孔小砌块的搭接长度应为块体长度的1/2；多排孔小砌块的搭接长度可适当调整，但不宜小于小砌块长度的1/3，且不应小于90 mm。墙体的个别部位不能满足上述要求时，应在灰缝中设置拉结钢筋或钢筋网片，但竖向通缝仍不得超过两皮小砌块。

(9)小砌块应将生产时的底面朝上反砌于墙上。

(10)小砌块墙体宜逐块坐(铺)浆砌筑。

(11)在散热器、厨房和卫生间等设备的卡具安装处砌筑的小砌块，宜在施工前用强度等级不低于C20(或Cb20)的混凝土将其空洞灌实。

(12)每步架墙(柱)砌筑完后，应随即刮平墙体灰缝。

(13)芯柱处小砌块墙体砌筑应符合下列规定：

1)每一楼层芯柱处第一皮砌块应采用开口小砌块；

2)砌筑时应随砌随清除小砌块孔内的毛边，并将灰缝中挤出的砂浆刮净。

(14)芯柱混凝土宜选用专用小砌块灌孔混凝土。浇筑芯柱混凝土应符合下列规定：

1)每次连续浇筑的高度宜为半个楼层，但不应大于1.8 m；

2)浇筑芯柱混凝土时，砌筑砂浆强度应大于1 MPa；

3)清除孔内掉落的砂浆等杂物，并用水冲淋孔壁；

4)浇筑芯柱混凝土前，应先注入适量与芯柱混凝土成分相同的去石水泥砂浆；

5)每浇筑400～500 mm高度捣实一次，或边浇筑边捣实。

(二)检验批施工质量验收

混凝土小型空心砌块砌体工程质量检验标准见表3-32。

表 3-32　混凝土小型空心砌块砌体工程质量检验标准

项目	序号	检查项目	质量要求	检查方法	检查数量
主控项目	1	小砌块和砂浆的强度等级	必须符合设计要求	检查小砌块和砂浆试块试验报告	每一生产厂家，每1万块小砌块至少应抽检一组。用于多层以上建筑基础和底层的小砌块抽检数量不应少于2组。砂浆试块的抽检数量按砌筑砂浆"检验批施工质量验收"执行
	2	灰缝砂浆饱满度	砌体水平灰缝和竖向灰缝的砂浆饱满度，按净面积计算不得低于90%	用专用百格网检测小砌块与砂浆粘结痕迹，每处检测3块小砌块，取其平均值	
	3	留槎要求	墙体转角处和纵横交接处应同时砌筑。临时间断处应砌成斜槎，斜槎水平投影长度不应小于斜槎高度，施工洞口可预留直槎，但在洞口砌筑和补砌时，应在直槎上下搭砌的小砌块孔洞内用强度等级不低于C20（或Cb20）的混凝土灌实	观察检查	每检验批抽查不应少于5处
	4	芯柱	小砌块砌体的芯柱在楼盖处应贯通，不得削弱芯柱截面尺寸；芯柱混凝土不得漏灌		
一般项目	1	灰缝厚度与宽度	砌体的水平灰缝厚度和竖向灰缝宽度宜为10 mm，但不应小于8 mm，也不应大于12 mm	水平灰缝厚度用尺量5皮小砌块的高度折算；竖向灰缝宽度用尺量2 m砌体长度折算	
	2	墙体一般尺寸允许偏差	允许偏差见表3-31	见表3-31	见表3-31

四、任务实施

（1）保证混凝土小型空心砌块砌体工程质量的措施见"质量控制点"相关内容。

（2）混凝土小型空心砌块砌体工程检验批质量验收按照"表 3-32 混凝土小型空心砌块砌体工程质量检验标准"进行。

五、拓展提高

混凝土小型空心砌块砌体工程施工过程中应注意的质量问题如下所述。

(1)砂浆饱满度不够、厚度不足，接槎不符合要求，墙面不平整、垂直度差等。

预防措施：提高砌筑砂浆的粘结性能。宜采用较大灰膏比的混合砂浆，提高砂浆的粘结强度，增大其弹性模量，降低砂浆的收缩性，提高砌体的抗剪强度。

(2)屋面温差应力大。

预防措施：减少屋面温度变化的影响。在屋面板施工完毕后，应抓紧做好屋面保温隔热层。对现浇屋面，要加强顶层屋面圈梁，并在屋面板或圈梁与支承墙体之间采用隔离滑动层或缓冲层的做法。对预应力多孔板屋面，要注意做好屋面板与女儿墙之间的温度伸缩缝。在平屋面的适当部位，要设置分格缝。

【任务巩固】

1. 施工采用的小砌块的产品龄期不应小于( )d。

    A. 7   B. 14   C. 28   D. 56

2. 浇筑芯柱混凝土时，砌筑砂浆强度应大于( )MPa。

    A. 1   B. 1.2   C. 2   D. 3

3. 混凝土小型空心砌块砌体工程中，砌体水平灰缝和竖向灰缝的砂浆饱满度，按净面积计算不得低于( )。

    A. 70%   B. 80%   C. 90%   D. 95%

任务四　配筋砌体工程质量控制与验收

一、任务描述

配筋砌体工程施工过程中要保证施工质量，并且要对配筋砌体工程检验批进行质量验收。

二、任务分析

本任务共包含两方面的内容：一是要保证配筋砌体工程的施工质量；二是要对配筋砌体工程检验批进行质量验收。

要保证配筋砌体工程的施工质量，就需要掌握配筋砌体工程质量控制要点。

要对配筋砌体工程检验批进行质量验收，就需要掌握配筋砌体工程检验批的检验标准及检验方法等知识。

三、相关知识

相关知识包括配筋砌体工程质量控制点和配筋砌体工程检验批的检验方法两部分知识。

(一)质量控制点

(1)施工配筋小砌块砌体剪力墙,应采用专用的小砌块砌筑砂浆,专用小砌块灌孔混凝土浇筑芯柱。

(2)设置在灰缝内的钢筋应居中置于灰缝内,水平灰缝厚度应大于钢筋直径 4 mm 以上。

(二)检验批施工质量验收

配筋砌体工程质量检验标准见表 3-33。

表 3-33　配筋砌体工程质量检验标准

项目	序号	检查项目	质量要求	检查方法	检查数量
主控项目	1	钢筋的品种、规格和数量	应符合设计要求	检查钢筋的合格证书、钢筋性能复试试验报告、隐蔽工程记录	全数检查
	2	混凝土及砂浆的强度等级	构造柱、芯柱、组合砌体构件、配筋砌体剪力墙构件的混凝土或砂浆的强度等级应符合设计要求	检查混凝土和砂浆试块试验报告	每检验批砌体,试块不应少于1组,验收批砌体试块不得少于3组
	3	构造柱与墙体的连接	应符合下列规定: 墙体应砌成马牙槎,马牙槎凹凸尺寸不宜小于 60 mm,高度不应超过 300 mm,马牙槎应先退后进,对称砌筑;马牙槎尺寸偏差每一构造柱不应超过2处; 预留拉结钢筋的规格、尺寸、数量及位置应正确,拉结钢筋应沿墙高每隔 500 mm 设2Φ6,伸入墙内不宜小于 600 mm,钢筋的竖向移位不应超过 100 mm,且竖向移位每一构造柱不得超过2处; 施工中不得任意弯折拉结钢筋	观察检查和尺量检查	每检验批抽查不应少于5处
	4	受力钢筋	配筋砌体中受力钢筋的连接方式及锚固长度、搭接长度应符合设计要求	观察检查	
一般项目	1	构造柱一般尺寸允许偏差	构造柱一般尺寸允许偏差及检验方法应符合表 3-34 的规定	见表 3-34	每检验批抽查不应少于5处
	2	钢筋防腐	设置在砌体灰缝中钢筋的防腐保护应符合规定,且钢筋防护层完好,不应有肉眼可见的裂纹、剥落和擦痕等缺陷	观察检查	

项目	序号	检查项目	质量要求	检查方法	检查数量
一般项目	3	钢筋网	网状配筋砖砌体中，钢筋网规格及放置间距应符合设计规定。每一构件钢筋网沿砌体高度位置超过设计规定一皮砖厚不得多于一处	通过钢筋网成品检查钢筋规格，钢筋网放置间距采用局部剔缝观察，或用探针刺入灰缝内检查，或用钢筋位置测定仪测定	每检验批抽查不应少于5处
	4	钢筋安装位置的允许偏差	钢筋安装位置的允许偏差及检验方法应符合表3-35的规定	见表3-35	

表3-34　构造柱一般尺寸允许偏差及检验方法

序号	项目			允许偏差/mm	检验方法
1	中心线位置			10	用经纬仪和尺检查或用其他测量仪器检查
2	层间错位			8	
3	垂直度	每层		10	用2 m托线板检查
		全高	≤10 m	15	用经纬仪、吊线和尺检查或用其他测量仪器检查
			>10 m	20	

表3-35　钢筋安装位置的允许偏差和检验方法

项目		允许偏差/mm	检验方法
受力钢筋保护层厚度	网状配筋砌体	±10	检查钢筋网成品，钢筋网放置位置局部剔缝观察，或用探针刺入灰缝内检查，或用钢筋位置测定仪测定
	组合砖砌体	±5	支模前观察与尺量检查
	配筋小砌块砌体	±10	浇筑灌孔混凝土前观察与尺量检查
配筋小砌块砌体墙凹槽中水平钢筋间距		±10	钢尺量连续三挡，取最大值

四、任务实施

(1)保证配筋砌体工程质量的措施见"质量控制点"相关内容。

(2)配筋砌体工程检验批质量验收按照"表3-33 配筋砌体工程质量检验标准"进行。

五、拓展提高

配筋砌体工程施工过程中应注意的质量问题如下所述。

(一)构造柱浇筑混凝土前处理不当

预防措施：构造柱浇灌混凝土前，必须将砌体留槎部位和模板浇水湿润，将模板内的落地灰、砖渣和其他杂物清理干净，并在接合面处注入适量与构造柱混凝土相同的去石水泥砂浆。振捣时，应避免触碰墙体，严禁通过墙体传震。

(二)砌筑砂浆选用不当

预防措施：配筋砌块砌体剪力墙，应采用专用的小砌块砌筑砂浆和专用的小砌块灌孔混凝土。

【任务巩固】

1. 配筋砌体工程中，设置在灰缝内的钢筋应居中置于灰缝内，水平灰缝厚度应大于钢筋直径（ ）mm 以上。

   A. 2　　　　　　　　B. 3　　　　　　　　C. 4　　　　　　　　D. 5

2. 配筋小砌块砌体墙凹槽中水平钢筋间距允许偏差为（ ）mm。

   A. ±5　　　　　　　B. ±8　　　　　　　C. ±10　　　　　　D. ±15

3. 构造柱内拉结钢筋应沿墙高每隔（ ）mm 设 2φ6，伸入墙内不宜小于（ ）mm。

   A. 500，500　　　B. 500，600　　　C. 600，500　　　D. 600，600

任务五　填充墙砌体工程质量控制与验收

一、任务描述

填充墙砌体工程施工过程中要保证施工质量，并且要对填充墙砌体工程检验批进行质量验收。

二、任务分析

本任务共包含两方面的内容：一是要保证填充墙砌体工程的施工质量；二是要对填充墙砌体工程检验批进行质量验收。

要保证填充墙砌体工程的施工质量，就需要掌握填充墙砌体工程质量控制要点。

要对填充墙砌体工程检验批进行质量验收，就需要掌握填充墙砌体工程检验批的检验标准及检验方法等知识。

三、相关知识

相关知识包括填充墙砌体工程质量控制点和填充墙砌体工程检验批的检验方法两部分知识。

(一)质量控制点

(1)砌筑填充墙时，轻骨料混凝土小型空心砌块和蒸压加气混凝土砌块的产品龄期不应小于 28 d，蒸压加气混凝土砌块的含水率宜小于 30%。

（2）烧结空心砖、蒸压加气混凝土砌块、轻骨料混凝土小型空心砌块等的运输、装卸过程中，严禁抛掷和倾倒；进场后应按品种、规格分别堆放整齐，堆置高度不宜超过 2 m。蒸压加气混凝土砌块在运输及堆放中应防止雨淋。

（3）吸水率较小的轻骨料混凝土小型空心砌块及采用薄灰砌筑法施工的蒸压加气混凝土砌块，砌筑前不应对其浇（喷）水湿润；在气候干燥炎热的情况下，对吸水率较小的轻骨料混凝土小型空心砌块宜在砌筑前喷水湿润。

（4）采用普通砌筑砂浆砌筑填充墙时，烧结空心砖、吸水率较大的轻骨料混凝土小型空心砌块应提前 1～2d 浇（喷）水湿润。蒸压加气混凝土砌块采用蒸压加气混凝土砌块砌筑砂浆或普通砌筑砂浆砌筑时，应在砌筑当天对砌块砌筑面喷水湿润。块体湿润程度宜符合下列规定：

1）烧结空心砖的相对含水率为 60%～70%；

2）吸水率较大的轻骨料混凝土小型空心砌块、蒸压加气混凝土砌块的相对含水率为 40%～50%。

（5）在厨房、卫生间、浴室等处采用轻骨料混凝土小型空心砌块、蒸压加气混凝土砌块砌筑墙体时，墙底部宜现浇混凝土坎台，其高度宜为 150 mm。

（6）填充墙拉结筋处的下皮小砌块宜采用半盲孔小砌块或用混凝土灌实孔洞的小砌块；薄灰砌筑法施工的蒸压加气混凝土砌块砌体，拉结筋应放置在砌块上表面设置的沟槽内。

（7）蒸压加气混凝土砌块、轻骨料混凝土小型空心砌块不应与其他块体混砌，不同强度等级的同类块体也不得混砌。

窗台处和因安装门窗需要，在门窗洞口处两侧填充墙上、中、下部可采用其他块体局部嵌砌；对与框架柱、梁不脱开的填充墙，填塞填充墙顶部与梁之间缝隙可采用其他块体。

（8）填充墙其他砌筑，应待承重主体结构检验批验收合格后进行。填充墙与承重主体结构间的空（缝）隙部位施工，应在填充墙砌筑 14 d 后进行。

（二）检验批施工质量验收

填充墙砌体工程质量检验标准见表 3-36。

表 3-36　填充墙砌体工程质量检验标准

项目	序号	检查项目	质量要求	检查方法	检查数量
主控项目	1	烧结空心砖、小砌块和砌筑砂浆的强度等级	应符合设计要求	检查砖、小砌块进场复验报告和砂浆试块试验报告	烧结空心砖每 10 万块为一验收批，小砌块每 1 万块为一验收批，不足上述数量时按一批计，抽检数量为 1 组。砂浆试块的抽检数量按砌筑砂浆"检验批施工质量验收"执行

项目	序号	检查项目	质量要求	检查方法	检查数量
主控项目	2	连接构造	填充墙砌体应与主体结构可靠连接，其连接构造应符合设计要求，未经设计同意，不得随意改变连接构造方法。每一填充墙与柱的拉结筋的位置超过一皮块体高度的数量不得多于一处	观察检查	每检验批抽查不应少于5处
	3	连接钢筋	填充墙与承重墙、柱、梁的连接钢筋，当采用化学植筋的连接方式时，应进行实体检测。锚固钢筋拉拔试验的轴向受拉非破坏承载力检验值应为 6.0 kN。抽检钢筋在检验值作用下应基材无裂缝、钢筋无滑移宏观裂损现象；持荷 2 min 期间荷载值降低不大于 5%	原位试验检查	按表 3-37 确定
一般项目	1	填充墙砌体尺寸、位置的允许偏差	填充墙砌体尺寸、位置的允许偏差及检验方法应符合表 3-38 的规定	见表 3-38	
	2	砂浆饱满度	填充墙砌体的砂浆饱满度及检验方法应符合表 3-39 的规定	见表 3-39	
	3	拉结钢筋或网片位置	填充墙留置的拉结钢筋或网片的位置应与块体皮数相符合。拉结钢筋或网片应置于灰缝中，埋置长度应符合设计要求，竖向位置偏差不应超过一皮高度	观察和用尺量检查	每检验批抽查不应少于5处
	4	错缝搭砌	砌筑填充墙时应错缝搭砌，蒸压加气混凝土砌块搭砌长度不应小于砌块长度的 1/3；轻骨料混凝土小型空心砌块搭砌长度不应小于 90 mm；竖向通缝不应大于 2 皮	观察检查	
	5	灰缝厚度与宽度	填充墙的水平灰缝厚度和竖向灰缝宽度应正确，烧结空心砖、轻骨料混凝土小型空心砌块砌体的灰缝应为 8~12 mm；蒸压加气混凝土砌块砌体当采用水泥砂浆、水泥混合砂浆或蒸压加气混凝土砌块砌筑砂浆时，水平灰缝厚度和竖向灰缝宽度不应超过 15 mm；当蒸压加气混凝土砌块砌体采用蒸压加气混凝土砌块粘结砂浆时，水平灰缝厚度和竖向灰缝宽度宜为 3~4 mm	水平灰缝厚度用尺量 5 皮小砌块的高度折算；竖向灰缝宽度用尺量 2 m 砌体长度折算	

表 3-37 检验批抽检锚固钢筋样本最小容量

检验批的容量	样本最小容量	检验批的容量	样本最小容量
≤90	5	281~500	20
91~150	8	501~1 200	32
151~280	13	1 201~3 200	50

表 3-38 填充墙砌体尺寸、位置的允许偏差及检验方法

序号	项目		允许偏差/mm	检验方法
1	轴线位移		10	用尺检查
2	垂直度(每层)	≤3 m	5	用 2 m 托线板或吊线、尺检查
		>3 m	10	
3	表面平整度		8	用 2 m 靠尺和楔形尺检查
4	门窗洞口高、宽(后塞口)		±10	用尺检查
5	外墙上、下窗口偏移		20	用经纬仪或吊线检查

表 3-39 填充墙砌体的砂浆饱满度及检验方法

砌体分类	灰缝	饱满度及要求	检验方法
空心砖砌体	水平	≥80%	采用百格网检查块体底面或侧面砂浆的粘结痕迹面积
	垂直	填满砂浆,不得有透明缝、瞎缝、假缝	
蒸压加气混凝土砌块、轻骨料混凝土小型空心砌块砌体	水平	≥80%	
	垂直		

四、任务实施

(1)保证填充墙砌体工程质量的措施见"质量控制点"相关内容。

(2)填充墙砌体工程检验批质量验收按照"表 3-36 填充墙砌体工程质量检验标准"进行。

五、拓展提高

填充墙砌体工程施工过程中应注意的质量问题主要是砌块基本要求控制不当。

预防措施:

(1)蒸压加气混凝土砌块、轻骨料混凝土小型空心砌块砌筑时,其产品龄期应超过 28 d。

(2)空心砖、蒸压加气混凝土砌块、轻骨料混凝土小型空心砌块等的运输、装箱过程中,严禁抛掷和倾倒。进场后应按品种、规格分别堆放整齐,堆置高度不宜超过 2 m。加气混凝土砌块应防止雨淋。

(3)填充墙砌体砌筑前块材应提前 2 d 浇水湿润。蒸压加气混凝土砌块砌筑时,应向砌筑面适量浇水。

(4)用轻骨料混凝土小型空心砌块或蒸压加气混凝土砌块砌筑墙体时,墙底部应砌烧结普通砖或多孔砖,或普通混凝土小型空心砌块,或现浇混凝土坎台等,其高度不宜小于 150 mm。

【任务巩固】

1. 砌筑填充墙时应错缝搭砌,蒸压加气混凝土砌块搭砌长度不应小于砌块长度的( )。

    A. 1/2　　　　　B. 1/3　　　　　C. 1/4　　　　　D. 1/5

2. 填充墙与承重主体结构间的空(缝)隙部位施工，应在填充墙砌筑(　　)d后进行。

   A. 7   B. 14   C. 28   D. 56

3. 填充墙的水平灰缝厚度用尺量(　　)皮小砌块的高度折算。

   A. 2   B. 5   C. 7   D. 10

【例题3-2】 某办公楼工程，建筑面积为 23 723 m^2，框架-剪力墙结构，地下1层，地上12层，首层高为 4.8 m，标准层高为 3.6 m。顶层房间为轻钢龙骨纸面石膏板吊顶，工程结构施工采用外双排落地脚手架。工程于 2014 年 6 月 15 日开工，计划竣工日期为 2016 年 5 月 1 日。

事件一：2015 年 5 月 20 日 7 时 30 分左右，因通道和楼层自然采光不足，瓦工陈某不慎从 9 层未设门槛的管道井坠落至地下一层混凝土底板上，当场死亡。

事件二：在检查第5、6层填充墙砌体时，发现梁底位置都出现水平裂缝。

问题：

(1)本工程结构施工脚手架是否需要编制专项施工方案？说明理由。

(2)脚手架专项施工方案的内容应有哪些？

(3)事件一中，分析导致这起事故发生的主要原因是什么？

(4)对落地的竖向洞口应采用哪些方式加以防护？

(5)分析事件二中，第5、6层填充墙砌体出现梁底水平裂缝的原因，并提出预防措施。

答案：

(1)本工程结构脚手架需要制定专项方案。理由：根据《危险性较大的分部分项工程安全整理办法》的规定，脚手架高度为 24 m 及以上落地式钢管脚手架工程，需要单独编制专项施工方案。本工程中，脚手架高度为 3.6×11＋4.8=44.4(m)＞24 m，必须编制专项方案。

(2)方案内容主要包括：材料要求；基础要求；荷载计算、计算简图、计算结果、安全系数；立杆横距、立杆纵距、杆件连接、步距、允许搭设高度、连墙杆做法、门洞处理、剪刀撑要求、脚手板、挡脚板、扫地杆等构造要求；脚手架搭设、拆除；安全技术措施及安全管理、维护、保养；平面图、剖面图、立面图、节点图要求反映杆件连接、拉结基础等情况。

(3)导致这起事故发生的主要原因有：

1)楼层管道井竖向洞口无防护；

2)楼层内自然采光不足的情况下没有设置照明灯具；

3)现场安全检查不到位，对事故隐患未能及时发现并整改；

4)工人的安全教育不到位，安全意识淡薄。

(4)采取的防护措施有：墙面等处的竖向洞口，凡落地的洞口应加些开关式、固定式或工具式防护门、门栅网格的间距大于 15 cm，也可采用防护栏杆，下设挡脚板。

(5)原因分析：砖墙砌筑时一次到顶；砌筑砂浆饱满度不够；砂浆质量不符合要求；砌筑方法不当。

预防措施：

1)墙体砌至接近梁底时应留一定空隙，待全部砌完后至少隔7天后，再补砌挤紧。

2)提高砌筑砂浆的饱满度。

3)确保砂浆质量符合要求。

4)砌筑方法正确。

5)轻微裂缝可挂钢丝网或采用膨胀剂填塞。

6)严重裂缝，拆除重砌。

【能力训练】

训练题目：完成砖砌体工程和填充墙砌体工程灰缝的砂浆饱满度的检查，并填写现场验收检查原始记录表。

子项目三 钢结构工程

钢结构是主体结构分部工程的子分部工程，共包括十一个分项工程：钢结构焊接、紧固件连接、钢零部件加工、钢构件组装及预拼装、单层钢结构安装、多层及高层钢结构安装、钢管结构安装、预应力钢索和膜结构、压型金属板、防腐涂料涂装及防火涂料涂装。

钢结构工程施工单位应具备相应的钢结构工程施工资质，施工现场质量管理应有相应的施工技术标准、质量管理体系、质量控制及检验制度，施工现场应有经项目技术负责人审批的施工组织设计、施工方案等技术文件。

钢结构工程施工质量的验收，必须采用经计量检定、校准合格的计量器具。

钢结构工程应按下列规定进行施工质量控制：采用的原材料及成品应进行进场验收。凡涉及安全、功能的原材料及成品应按规范规定进行复验，并应经监理工程师（建设单位技术负责人）见证取样、送样；各工序应按施工技术标准进行质量控制，每道工序完成后，应进行检查；相关各专业工种之间，应进行交接检验，并经监理工程师（建设单位技术负责人）检查认可。

任务一 原材料及成品进场质量控制与验收

一、任务描述

原材料及成品的质量是影响钢结构工程质量的主要因素之一，因此，要保证钢结构工程质量，就必须对原材料及成品进行进场验收。

二、任务分析

本任务包含的内容：对原材料及成品进行进场验收。

要对原材料及成品进行进场验收，就需要掌握原材料及成品检验批的检验标准及检验方法等知识。

三、相关知识

相关知识包括原材料及成品检验批的检验标准及检验方法等知识。原材料及成品质量检验标准见表 3-40。

表 3-40　原材料及成品质量检验标准

项目	序号	检查项目	质量要求	检查方法	检查数量
主控项目	1	钢材	钢材、钢铸件的品种、规格、性能等应符合现行国家产品标准和设计要求。进口钢材产品的质量应符合设计和合同规定标准的要求	检查质量合格证明文件、中文标志及检验报告等	全数检查
			对属于下列情况之一的钢材，应进行抽样复验，其复验结果应符合现行国家产品标准和设计要求。 (1)国外进口钢材； (2)钢材混批； (3)板厚等于或大于 40 mm，且设计有 Z 向性能要求的厚板； (4)建筑结构安全等级为一级，大跨度钢结构中主要受力构件所采用的钢材； (5)设计有复验要求的钢材； (6)对质量有疑义的钢材	检查复验报告	
	2	焊接材料	焊接材料的品种、规格、性能等应符合现行国家产品标准和设计要求	检查焊接材料的质量合格证明文件、中文标志及检验报告等	
			重要钢结构采用的焊接材料应进行抽样复验，复验结果应符合现行国家产品标准和设计要求	检查复验报告	
	3	连接用紧固标准件	钢结构连接用高强度大六角头螺栓连接副、扭剪型高强度螺栓连接副、钢网架用高强度螺栓、普通螺栓、铆钉、自攻钉、拉铆钉、射钉、锚栓(机械型和化学试剂型)、地脚锚栓等紧固标准件及螺母、垫圈等标准配件，其品种、规格、性能等应符合现行国家产品标准和设计要求。高强度大六角头螺栓连接副和扭剪型高强度螺栓连接副出厂时应分别随箱带有扭矩系数和紧固轴力的检验报告	检查产品的质量合格证明文件、中文标志及检验报告等	
			高强度大六角头螺栓连接副应检验其扭矩系数	检查复验报告	每批应抽取 8 套
			扭剪型高强度螺栓连接副应检验预拉力		

项目	序号	检查项目	质量要求	检查方法	检查数量
主控项目	4	焊接球	焊接球及制造焊接球所采用的原材料，其品种、规格、性能等应符合现行国家产品标准和设计要求	检查产品的质量合格证明文件、中文标志及检验报告等	全数检查
			焊接球焊缝应进行无损检验，其质量应符合设计要求，当设计无要求时应符合二级质量标准	超声波探伤或检查检验报告	每一规格按数量抽查5%，且不应少于3个
	5	螺栓球	螺栓球及制造螺栓球节点所采用的原材料，其品种、规格、性能等应符合现行国家产品标准和设计要求	检查产品的质量合格证明文件、中文标志及检验报告等	全数检查
			螺栓球不得有过烧、裂纹及褶皱	用10倍放大镜观察和表面探伤	每种规格抽查5%，且不应少于5只
	6	封板、锥头和套筒	封板、锥头和套筒及制造封板、锥头和套筒所采用的原材料，其品种、规格、性能等应符合现行国家产品标准和设计要求	检查产品的质量合格证明文件、中文标志及检验报告等	全数检查
			封板、锥头、套筒外观不得有裂纹、过烧及氧化皮	用放大镜观察检查和表面探伤	每种抽查5%，且不应少于10只
	7	金属压型板	金属压型板及制造金属压型板所采用的原材料，其品种、规格、性能等应符合现行国家产品标准和设计要求	检查产品的质量合格证明文件、中文标志及检验报告等	全数检查
			压型金属泛水板、包角板和零配件的品种、规格以及防水密封材料的性能应符合现行国家产品标准和设计要求		
	8	涂装材料	钢结构防腐涂料、稀释剂和固化剂等材料的品种、规格、性能等应符合现行国家产品标准和设计要求		
			钢结构防火涂料的品种和技术性能应符合设计要求，并应经过具有资质的检测机构检测符合国家现行有关标准的规定		
	9	其他	钢结构用橡胶垫的品种、规格、性能等应符合现行国家产品标准和设计要求		
			钢结构工程所涉及的其他特殊材料，其品种、规格、性能等应符合现行国家产品标准和设计要求		

项目	序号	检查项目	质量要求	检查方法	检查数量
一般项目	1	钢材	钢板厚度及允许偏差应符合其产品标准的要求	用游标卡尺量测	每一品种、规格的钢板抽查5处
			型钢的规格尺寸及允许偏差符合其产品标准的要求	用钢尺和游标卡尺量测	
			钢材的表面外观质量除应符合现行国家有关标准的规定外，尚应符合下列规定： (1)当钢材的表面有锈蚀、麻点或划痕等缺陷时，其深度不得大于该钢材厚度负允许偏差值的1/2； (2)钢材表面的锈蚀等级应符合相关要求； (3)钢材端边或断口处不应有分层、夹渣等缺陷	观察检查	全数检查
	2	焊接材料	焊钉及焊接瓷环的规格、尺寸及偏差应符合相关规定	用钢尺和游标卡尺量测	按量抽查1%，且不应少于10套(包)
			焊条外观不应有药皮脱落、焊芯生锈等缺陷；焊剂不应受潮结块	观察检查	
	3	连接用紧固标准件	高强度螺栓连接副，应按包装箱配套供货，包装箱上应标明批号、规格、数量及生产日期。螺栓、螺母、垫圈外观表面应涂油保护，不应出现生锈和沾染脏物，螺纹不应损伤	观察检查	按包装箱数抽查5%，且不应少于3箱
			对建筑结构安全等级为一级，跨度为40m及以上的螺栓球节点钢网架结构，其连接高强度螺栓应进行表面硬度试验，对8.8级的高强度螺栓其硬度应为HRC21~29；10.9级高强度螺栓其硬度应为HRC32~36，且不得有裂纹或损伤	用硬度计、10倍放大镜或磁粉探伤	按规格抽查8只
	4	焊接球	焊接球直径、圆度、壁厚减薄量等尺寸及允许偏差应符合规范的规定	用卡尺和测厚仪检查	每一规格按数量抽查5%，且不应少于3个
			焊接球表面应无明显波纹及局部凹凸不平不大于1.5mm	用弧形套模、卡尺检测及观察检查	
	5	螺栓球	螺栓球的直径、圆度、相邻两螺栓孔中心线夹角等尺寸及允许偏差应符合规范规定	用卡尺和分度头仪检查	每种规格抽查5%，且不应少于5只
			螺栓球螺纹尺寸应符合规定，螺纹公差必须符合标准中6H级精度的规定	用标准螺纹规检查	
	6	金属压型板	压型金属板的规格尺寸及允许偏差、表面质量、涂层质量等应符合设计要求和规范规定	观察和用10倍放大镜检查及尺量	每种规格抽查5%，且不应少于3件
	7	涂装材料	防腐涂料和防火涂料的型号、名称、颜色及有效期应与其质量证明文件相符。开启后，不应存在结皮、结块、凝胶等现象	观察检查	按桶数抽查5%，且不应少于3桶

四、任务实施

原材料及成品检验批进场验收按照"表 3-40 原材料及成品质量检验标准"进行。

五、拓展提高

原材料及成品的质量进场验收过程中应注意的质量问题主要是对进场的钢材不进行检验。其预防措施如下：

(1)对进场的钢材应核对质量证明书上的化学元素含量(硫、磷、碳)、力学性能(抗拉强度、屈服点、断后伸长率、冷弯、冲击值)，检查其是否在国家标准范围内。

(2)核对质量证明书上的炉号、批号、材质、规格是否与钢材上的标注一致。

【任务巩固】

1. 焊接球焊缝进行无损检验时，每一规格按数量抽查 5%，且不应少于(　　)个。

   A. 2　　　　　　　B. 3　　　　　　　C. 5　　　　　　　D. 10

2. 对建筑结构安全等级为一级，跨度为(　　)m 及以上的螺栓球节点钢网架结构，其连接高强度螺栓应进行表面硬度试验。

   A. 10　　　　　　B. 20　　　　　　C. 30　　　　　　D. 40

3. 焊接球表面应无明显波纹且局部凹凸不平不大于(　　)mm。

   A. 1　　　　　　　B. 1.5　　　　　　C. 2　　　　　　　D. 2.5

任务二　钢结构焊接工程质量控制与验收

一、任务描述

钢结构焊接工程施工过程中要保证施工质量，并且要对钢结构焊接工程检验批进行质量验收。

二、任务分析

本任务共包含两方面的内容：一是要保证钢结构焊接工程的施工质量；二是要对钢结构焊接工程检验批进行质量验收。

要保证钢结构焊接工程的施工质量，就需要掌握钢结构焊接工程质量控制要点。

要对钢结构焊接工程检验批进行质量验收，就需要掌握钢结构焊接工程检验批的检验标准及检验方法等知识。

三、相关知识

相关知识包括钢结构焊接工程质量控制点和钢结构焊接工程检验批的检验方法两部分知识。

(一)质量控制点

(1)钢结构焊接工程可按相应的钢结构制作或安装工程检验批的划分原则划分为一个或若干个检验批。

(2)碳素结构钢应在焊缝冷却到环境温度、低合金结构钢应在完成焊接 24 h 以后,进行焊缝探伤检验。

(3)焊缝施焊后应在工艺规定的焊缝及部位打上焊工钢印。

(二)检验批施工质量验收

钢结构焊接工程质量检验标准见表 3-41。

表 3-41 钢结构焊接工程质量检验标准

项目	序号	检查项目	质量要求	检查方法	检查数量
主控项目	1	钢构件焊接工程	焊条、焊丝、焊剂、电渣焊熔嘴等焊接材料与母材的匹配应符合设计要求的规定。焊条、焊剂、药芯焊丝、熔嘴等在使用前,应按其产品说明书及焊接工艺文件的规定进行烘焙和存放	检查质量证明书和烘焙记录	全数检查
			焊工必须经考试合格并取得合格证书。持证焊工必须在其考试合格项目及其认可范围内施焊	检查焊工合格证及其认可范围、有效期	
			施工单位对其首次采用的钢材、焊接材料、焊接方法、焊后热处理等,应进行焊接工艺评定,并应根据评定报告确定焊接工艺	检查焊接工艺评定报告	
			设计要求全焊透的一、二级焊缝应采用超声波探伤进行内部缺陷的检验,超声波探伤不能对缺陷作出判断时,应采用射线探伤,其内部缺陷分级及探伤方法应符合现行国家标准的规定。焊接球节点网架焊缝、螺栓球节点网架焊缝及圆管 T、K、Y 形节点相关线焊缝,其内部缺陷分级及探伤方法应符合现行国家标准规定。一级、二级焊缝的质量等级及缺陷分级应符合表 3-42 的规定	检查超声波或射线探伤记录	
			T 形接头、十字接头、角接接头等要求熔透的对接和角对接组合焊缝,其焊脚尺寸不应小于 $t/4$;设计有疲劳验算要求的吊车梁或类似构件的腹板与上翼缘连接焊缝的焊脚尺寸为 $t/2$,且不应大于 10 mm。焊脚尺寸的允许偏差为 0~4 mm	观察检查,用焊缝量规抽查测量	资料全数检查;同类焊缝抽查 10%,且不应少于 3 条

项目	序号	检查项目	质量要求	检查方法	检查数量
主控项目	1	钢构件焊接工程	焊缝表面不得有裂纹、焊瘤等缺陷。一、二级焊缝不得有表面气孔、夹渣、弧坑裂纹、电弧擦伤等缺陷。且一级焊缝不得有咬边、未焊满、根部收缩等缺陷	观察检查或使用放大镜、焊缝量规和钢尺检查，当存在疑义时，采用渗透或磁粉探伤检查	每批同类构件抽查10%，且不应少于3件；被抽查构件中，每一类型焊缝按条数抽查5%，且不应少于1条；每条检查1处，总抽查数不应少于10处
	2	焊钉（栓钉）焊接工程	施工单位对其采用的焊钉和钢材焊接应进行焊接工艺评定，其结果应符合设计要求和现行国家有关标准的规定。瓷环应按其产品说明书进行烘焙	检查焊接工艺评定报告和烘焙记录	全数检查
			焊钉焊接后应进行弯曲试验检查，其焊缝和热影响区不应有肉眼可见的裂纹	焊钉弯曲30°后用角尺检查和观察检查	每批同类构件抽查10%，且不应少于10件；被抽查构件中，每件检查焊钉数量的1%，但不应少于1个
一般项目	1	钢构件焊接工程	对于需要进行焊前预热或焊后热处理的焊缝，其预热温度或后热温度应符合现行国家有关标准的规定或通过工艺试验确定。预热区在焊道两侧，每侧宽度均应大于焊件厚度的1.5倍以上，且不应小于100mm；后热处理应在焊后立即进行，保温时间应根据板厚按每25mm板厚1h确定	检查预、后热施工记录和工艺试验报告	全数检查
			二、三级焊缝外观质量标准应符合规范的规定。三级对接焊缝应按二级焊缝标准进行外观质量检验	观察检查或使用放大镜、焊缝量规和钢尺检查	每批同类构件抽查10%，且不应少于3件；被抽查构件中，每一类型焊缝按条数抽查5%，且不应少于1条；每条检查1处，总抽查数不应少于10处
			焊缝尺寸允许偏差应符合规范的规定	用焊缝量规检查	
			焊成凹形的角焊缝，焊缝金属与母材间应平缓过渡；加工成凹形的角焊缝，不得在其表面留下切痕		每批同类构件抽查10%，且不应少于3件
	2	焊钉（栓钉）焊接工程	焊缝感观应达到：外形均匀、成型较好，焊道与焊道、焊道与基本金属间过渡较平滑，焊渣和飞溅物基本清除干净	观察检查	每批同类构件抽查10%，且不应少于3件；被抽查构件中，每种焊缝按数量各抽查5%，总抽查处不应少于5处
			焊钉根部焊脚应均匀，焊脚立面的局部未熔合或不足360°的焊脚应进行修补	观察检查	按总焊钉数量抽查1%，且不应少于10个

一、二级焊缝质量等级及缺陷分级见表 3-42。

表 3-42　一、二级焊缝质量等级及缺陷分级

焊缝质量等级		一级	二级
内部缺陷超声波探伤	评定等级	Ⅱ	Ⅲ
	检验等级	B 级	B 级
	探伤比例	100%	20%
内部缺陷射线探伤	评定等级	Ⅱ	Ⅲ
	检验等级	AB 级	AB 级
	探伤比例	100%	20%

注：探伤比例的计数方法应按以下原则确定：
(1)对工厂制作焊缝，应按每条焊缝计算百分比，且探伤长度应不小于 200 mm，当焊缝长度不足 200 mm 时，应对整条焊缝进行探伤；
(2)对现场安装焊缝，应按同一类型、同一施焊条件的焊缝条数计算百分比，探伤长度应不小于 200 mm，并应不少于 1 条焊缝。

四、任务实施

(1)保证钢结构焊接工程质量的措施见"质量控制点"相关内容。
(2)钢结构焊接工程检验批质量验收按照"表 3-41 钢结构焊接工程质量检验标准"进行。

五、拓展提高

钢结构焊接工程施工过程中应注意的质量问题如下所述。

(一)尺寸超出允许偏差

预防措施：对焊缝长度、宽度、厚度不足，中心线偏移，弯折等偏差，应严格控制焊接部位的相对位置尺寸，合格后方准焊接，焊接时精心操作。

(二)焊缝裂纹

预防措施：为防止裂纹产生，应选择适合的焊接工艺参数和施焊程序，避免大电流，不要突然熄火，焊缝接头应搭 10~15 mm，焊接过程中不允许搬倒、敲击焊件。

(三)表面气孔

预防措施：焊条按规定的温度和时间进行烘焙，焊接区域必须清理干净，焊接过程中选择适当的焊接电流，降低焊接速度，使熔池中的气体完全逸出。

(四)焊缝夹渣

预防措施：多层施焊应层层将焊渣清除干净，操作中应运条正确，弧长适当。注意熔渣的流动方向，采用碱性焊条时，必须使熔渣留在熔道后面。

【任务巩固】

1. 碳素结构钢应在焊缝冷却到环境温度、低合金结构钢应在完成焊接(　　　)h 以后，进行焊缝探伤检验。

    A. 8   B. 12   C. 24   D. 48

2. 焊钉焊接后进行弯曲试验检查时，每批同类构件抽查10%，且不应少于(   )件。

    A. 3   B. 5   C. 8   D. 10

3. 持证焊工(   )在其考试合格项目及其认可范围内施焊。

    A. 可   B. 可不   C. 宜   D. 必须

任务三　紧固件连接工程质量控制与验收

一、任务描述

紧固件连接工程施工过程中要保证施工质量，并且要对紧固件连接工程检验批进行质量验收。

二、任务分析

本任务共包含两方面的内容：一是要保证紧固件连接工程的施工质量；二是要对紧固件连接工程检验批进行质量验收。

要保证紧固件连接工程的施工质量，就需要掌握紧固件连接工程质量控制要点。

要对紧固件连接工程检验批进行质量验收，就需要掌握紧固件连接工程检验批的检验标准及检验方法等知识。

三、相关知识

相关知识包括紧固件连接工程质量控制点和紧固件连接工程检验批的检验方法两部分知识。

(一)质量控制点

(1)普通螺栓、铆钉、自攻钉、拉铆钉、射钉、锚栓(机械型和化学试剂型)、地脚螺栓等紧固标准件及螺母、垫圈等标准配件，其品种、规格、性能等应符合现行国家产品标准和设计要求。

(2)紧固连接件应有质量合格证明文件。

(3)紧固连接件入库应按规格分类存放，并防雨、防潮。遇有螺栓、螺母不配套，螺纹损伤时，不得使用。螺栓等不得被泥土、油污沾染，保持洁净、干燥状态。

(4)紧固件连接工程可按相应的钢结构制作或安装工程检验批的划分原则划分为一个或若干个检验批。

(二)检验批施工质量验收

紧固件连接工程质量检验标准见表3-43。

表 3-43　紧固件连接工程质量检验标准

项目	序号	检查项目	质量要求	检查方法	检查数量
主控项目	1	普通紧固件连接	普通螺栓作为永久性连接螺栓时，当设计有要求或对其质量有疑义时，应进行螺栓实物最小拉力载荷复验	检查螺栓实物复验报告	每一规格螺栓抽查 8 个
			连接薄钢板采用的自攻钉、拉铆钉、射钉等其规格尺寸应与被连接钢板相匹配，其间距、边距等应符合设计要求	观察和尺量检查	按连接节点数抽查 1%，且不应少于 3 个
	2	高强度螺栓连接	钢结构制作和安装单位应按规范的规定分别进行高强度螺栓连接摩擦面的抗滑移系数试验和复验，现场处理的构件摩擦面应单独进行摩擦面抗滑移系数试验，其结果应符合设计要求	检查摩擦面抗滑移系数试验报告和复验报告	全数检查
			高强度大六角头螺栓连接副终拧完成 1 h 后、48 h 内应进行终拧扭矩检查，检查结果应符合规范的规定	扭矩法检验、转角法检验	按节点数抽查 10%，且不应少于 10 个；每个被抽查节点按螺栓数抽查 10%，且不应少于 2 个
			扭剪型高强度螺栓连接副终拧后，除因构造原因无法使用专用扳手终拧掉梅花头者外，未在终拧中拧掉梅花头的螺栓数不应大于该节点螺栓数的 5%。对所有梅花头未拧掉的扭剪型高强度螺栓连接副应采用扭矩法或转角法进行终拧并做标记，且按上条的规定进行终拧扭矩检查	观察检查	按节点数抽查 10%，但不应少于 10 个节点，被抽查节点中梅花头未拧掉的扭剪型高强度螺栓连接副全数进行终拧扭矩检查
一般项目	1	普通紧固件连接	永久性普通螺栓紧固应牢固、可靠，外露丝扣不应少于 2 扣	观察和用小锤敲击检查	按连接节点数抽查 10%，且不应少于 3 个
			自攻螺钉、钢拉铆钉、射钉等与连接钢板应紧固密贴，外观排列整齐		
	2	高强度螺栓连接	高强度螺栓连接副的施拧顺序和初拧、复拧扭矩应符合设计要求和国家现行行业标准的规定	检查扭矩扳手标定记录和螺栓施工记录	全数检查
			高强度螺栓连接副终拧后，螺栓丝扣外露应为 2～3 扣，其中允许有 10% 的螺栓丝扣外露 1 扣或 4 扣	观察检查	按节点数抽查 5%，且不应少于 10 个
			高强度螺栓连接摩擦面应保持干燥、整洁，不应有飞边、毛刺、焊接飞溅物、焊疤、氧化铁皮、污垢等，除设计要求外摩擦面不应涂漆		全数检查

项目	序号	检查项目	质量要求	检查方法	检查数量
一般项目	2	高强度螺栓连接	高强度螺栓应自由穿入螺栓孔。高强度螺栓孔不应采用气割扩孔，扩孔数量应征得设计人员同意，扩孔后的孔径不应超过 $1.2d$（d 为螺栓直径）	观察检查及用卡尺检查	被扩螺栓孔全数检查
			螺栓球节点网架总拼完成后，高强度螺栓与球节点应紧固连接，高强度螺栓拧入螺栓球内的螺纹长度不应小于 $1.0d$（d 为螺栓直径），连接处不应出现有间隙、松动等未拧紧情况	普通扳手及尺量检查	按节点数抽查5%，且不应少于10个

四、任务实施

(1)保证紧固件连接工程质量的措施见"质量控制点"相关内容。

(2)紧固件连接工程检验批质量验收按照"表 3-43 紧固件连接工程质量检验标准"进行。

五、拓展提高

紧固件连接工程施工过程中应注意的质量问题主要是构件摩擦接触面处理不符合规定。其预防措施如下：

(1)用高强螺栓连接的钢结构工程，应按设计要求或现行施工规范规定，对连接构件接触表面的油污、锈蚀等杂物，进行加工处理。处理后的表面摩擦系数，应符合设计要求的额定值，一般为 0.45～0.55。

(2)为了使接触摩擦面处理后达到规定摩擦因数要求，应采用合理的施工工艺处理摩擦面。

(3)处理完的构件摩擦面，应有保护措施，不得涂油漆或污损其表面。

【任务巩固】

1. 高强度大六角头螺栓连接副终拧完成(   )h 后、(   )h 内应进行终拧扭矩检查。

    A. 1，24   B. 2，24

    C. 1，48   D. 2，48

2. 永久性普通螺栓紧固应牢固、可靠，外露丝扣不应少于(   )扣。

    A. 2   B. 3

    C. 5   D. 10

3. 高强度螺栓孔不应采用气割扩孔，扩孔数量应征得(   )同意。

    A. 建设方   B. 施工方

    C. 监理工程师   D. 设计人员

任务四 钢零件及钢部件加工工程质量控制与验收

一、任务描述

钢零件及钢部件加工工程施工过程中要保证施工质量，并且要对钢零件及钢部件加工工程检验批进行质量验收。

二、任务分析

本任务共包含两方面的内容：一是要保证钢零件及钢部件加工工程的施工质量；二是要对钢零件及钢部件加工工程检验批进行质量验收。

要保证钢零件及钢部件加工工程的施工质量，就需要掌握钢零件及钢部件加工工程质量控制要点。

要对钢零件及钢部件加工工程检验批进行质量验收，就需要掌握钢零件及钢部件加工工程检验批的检验标准及检验方法等知识。

三、相关知识

相关知识包括钢零件及钢部件加工工程质量控制点和钢零件及钢部件加工工程检验批的检验方法两部分知识。

(一)质量控制点

(1)钢材、钢铸件的品种、规格、性能等应符合现行国家产品标准和设计要求。进口钢材产品的质量应符合设计和合同规定标准的要求，全数检查质量合格证明文件、中文标志及检验报告等。

(2)钢材的表面外观质量除应符合现行国家有关标准的规定外，尚应符合下列规定：

1)当钢材的表面有锈蚀、麻点或划痕等缺陷时，其深度不得大于该钢材厚度负允许偏差值的1/2；

2)钢材表面的锈蚀等级应符合现行国家标准《涂覆涂料前钢材表面处理 表面清洁度的目视评定》(GB/T 8923)规定的 C 级及 C 级以上；

3)钢材端边或断口处不应有分层、夹渣等缺陷。

(3)钢零件及钢部件加工工程，可按相应的钢结构制作工程或钢结构安装工程检验批的划分原则划分为一个或若干个检验批。

(二)检验批施工质量验收

钢零件及钢部件加工工程质量检验标准见表3-44。

表 3-44　钢零件及钢部件加工工程质量检验标准

项目	序号	检查项目	质量要求	检查方法	检查数量
主控项目	1	切割	钢材切割面或剪切面应无裂纹、夹渣、分层和大于 1 mm 的缺棱	观察或用放大镜及百分尺检查，有疑义时做渗透、磁粉或超声波探伤检查	全数检查
	2	矫正和成型	碳素结构钢在环境温度低于－16 ℃、低合金结构钢在环境温度低于－12 ℃时，不应进行冷矫正和冷弯曲。碳素结构钢和低合金结构钢在加热矫正时，加热温度不应超过 900 ℃。低合金结构钢在加热矫正后应自然冷却	检查制作工艺报告和施工记录	
			当零件采用热加工成型时，加热温度应控制在 900 ℃～1 000 ℃；碳素结构钢和低合金结构钢在温度分别下降到 700 ℃和 800 ℃之前，应结束加工；低合金结构钢应自然冷却		
	3	边缘加工	气割或机械剪切的零件，需要进行边缘加工时，其刨削量不应小于 2.0 mm	检查工艺报告和施工记录	
	4	管、球加工	螺栓球成型后，不应有裂纹、褶皱、过烧	用 10 倍放大镜观察检查或表面探伤	每种规格抽查 10%，且不应少于 5 个
			钢板压成半圆球后，表面不应有裂纹、褶皱；焊接球其对接坡口应采用机械加工，对接焊缝表面应打磨平整		
	5	制孔	A、B 级螺栓孔（Ⅰ类）应具有 H12 的精度，孔壁表面粗糙度 Ra 不应大于 12.5 μm。其孔径的允许偏差应符合表 3-45 的规定。C 级螺栓孔（Ⅱ类孔），孔壁表面粗糙度 Ra 不应大于 25 μm，其允许偏差应符合表 3-46 的规定	用游标卡尺或孔径量规检查	按钢构件数量抽查 10%，且不应少于 3 件
一般项目	1	切割	气割的允许偏差应符合表 3-47 的规定	观察检查或用钢尺、塞尺检查	按切割面数抽查 10%，且不应少于 3 个
			机械剪切的允许偏差应符合表 3-48 的规定		
	2	矫正和成型	矫正后的钢材表面，不应有明显的凹面或损伤，划痕深度不得大于 0.5 mm，且不应大于该钢材厚度负允许偏差的 1/2	观察检查和实测检查	全数检查
			冷矫正和冷弯曲的最小曲率半径和最大弯曲矢高应符合相关规定		
			钢材矫正后的允许偏差应符合相关规定		按矫正件数抽查 10%，且不应少于 3 件
	3	边缘加工	边缘加工允许偏差应符合相关规定		按加工面数抽查 10%，且不应少于 3 件

项目	序号	检查项目	质量要求	检查方法	检查数量
一般项目	4	管、球加工	螺栓球加工的允许偏差应符合表 3-49 的规定	见表 3-49	每种规格抽查 10%，且不应少于 5 个(根)
			焊接球加工的允许偏差应符合表 3-50 的规定	见表 3-50	
			钢网架(桁架)用钢管杆件加工的允许偏差应符合表 3-51 的规定	见表 3-51	
	5	制孔	螺栓孔孔距的允许偏差应符合表 3-52 的规定	用钢尺检查	按钢构件数量抽查 10%，且不应少于 3 件
			螺栓孔孔距的允许偏差超过表 3-52 规定的允许偏差时，应采用与母材材质相匹配的焊条补焊后重新制孔	观察检查	全数检查

表 3-45　A、B 级螺栓孔径的允许偏差　　　mm

序号	螺栓公称直径、螺栓孔直径	螺栓公称直径允许偏差	螺栓孔直径允许偏差
1	10～18	0.00 −0.21	+0.18 0.00
2	18～30	0.00 −0.21	+0.21 0.00
3	30～50	0.00 −0.25	+0.25 0.00

表 3-46　C 级螺栓孔径的允许偏差　　　mm

项　目	允许偏差
直径	+1.0 0.0
圆度	2.0
垂直度	0.03t，且不应大于 2.0

表 3-47　气割的允许偏差　　　mm

项　目	允许偏差
零件宽度、长度	±3.0
切割面平面度	0.05t，且不应大于 2.0
割纹深度	0.3
局部缺口深度	1.0

注：t 为切割面厚度。

表 3-48　机械剪切的允许偏差　　　mm

项　目	允许偏差
零件宽度、长度	±3.0
边缘缺棱	1.0
型钢端部垂直度	2.0

表 3-49　螺栓球加工的允许偏差　　　　　　　　　　mm

项　　目		允许偏差	检验方法
圆度	$d \leqslant 120$	1.5	用卡尺和游标卡尺检查
	$d > 120$	2.5	
同一轴线上两铣平面平行度	$d \leqslant 120$	0.2	用百分表和 V 形块检查
	$d > 120$	0.3	
铣平面距球中心距离		± 0.2	用游标卡尺检查
相邻两螺栓孔中心线夹角		$\pm 30'$	用分度头检查
两铣平面与螺栓孔轴线垂直度		$0.005r$	用百分表检查
球毛坯直径	$d \leqslant 120$	$+2.0$ -1.0	用卡尺和游标卡尺检查
	$d > 120$	$+3.0$ -1.5	

表 3-50　焊接球加工的允许偏差　　　　　　　　　　mm

项　　目	允许偏差	检验方法
直径	$\pm 0.005d$ ± 2.5	用卡尺和游标卡尺检查
圆度	2.5	
壁厚减薄量	$0.13t$，且不应大于 1.5	用卡尺和测厚仪检查
两半球对口错边	1.0	用套模和游标卡尺检查

表 3-51　钢网架(桁架)用钢管杆件加工的允许偏差　　　　　　　mm

项　　目	允许偏差	检验方法
长度	± 1.0	用钢尺和百分表检查
端面对管轴的垂直度	$0.005r$	用百分表和 V 形块检查
管口曲线	1.0	用套模和游标卡尺检查

表 3-52　螺栓孔孔距允许偏差　　　　　　　　　　mm

螺栓孔孔距范围	$\leqslant 500$	$501 \sim 1\,200$	$1\,201 \sim 3\,000$	$> 3\,000$
同一组内任意两孔间距离	± 1.0	± 1.5	—	—
相邻两组的端孔间距离	± 1.5	± 2.0	± 2.5	± 3.0

注：1. 在节点中连接板与一根杆件相连的所有螺栓孔为一组。

　　2. 对接接头在拼接板一侧的螺栓孔为一组。

　　3. 在两相邻节点或接头间的螺栓孔为一组，但不包括上述两款所规定的螺栓孔。

　　4. 受弯构件翼缘上的连接螺栓孔，每米长度范围内的螺栓孔为一组。

四、任务实施

(1)保证钢零件及钢部件加工工程质量的措施见"质量控制点"相关内容。

（2）钢零件及钢部件加工工程检验批质量验收按照"表3-44 钢零件及钢部件加工工程质量检验标准"进行。

五、拓展提高

钢零件及钢部件加工工程施工过程中应注意的质量问题如下所述。

（1）钢材进行剪切、冲孔和矫正、弯曲时，不注意温度控制。

预防措施：

1）钢筋进行冷矫正和冷弯曲时，其环境温度，碳素钢结构不应低于－20 ℃，低合金结构钢不应低于－12 ℃；当进行热加工成形时，加热温度宜控制在900 ℃～1 000 ℃，碳素结构钢在温度下降到700 ℃前，低合金结构钢在温度下降到800 ℃前，应停止加工。

2）低合金结构钢应缓慢冷却。

（2）矫正后的钢材表面出现明显的凹面或损伤、划痕。

预防措施：

1）矫正时要注意矫正设备和吊运夹具对表面产生影响，采取垫橡胶或多次矫正的方法，防止摔、碰损伤。

2）控制热成形造成表面出现凹凸及较深划痕。

【任务巩固】

1. 当钢材的表面有锈蚀、麻点或划痕等缺陷时，其深度不得（　　　）该钢材厚度负允许偏差值的1/2。

  A. 小于   B. 小于或等于   C. 大于   D. 大于或等于

2. 气割或机械剪切的零件，需要进行边缘加工时，其刨削量不应小于（　　　）mm。

  A. 2   B. 3   C. 5   D. 10

3. 当零件采用热加工成型时，加热温度应控制在（　　　）℃。

  A. 600～700 B. 700～800   C. 800～900   D. 900～1 000

任务五 钢构件组装工程质量控制与验收

一、任务描述

钢构件组装工程施工过程中要保证施工质量，并且要对钢构件组装工程检验批进行质量验收。

二、任务分析

本任务共包含两方面的内容：一是要保证钢构件组装工程的施工质量；二是要对钢构件组装工程检验批进行质量验收。

要保证钢构件组装工程的施工质量，就需要掌握钢构件组装工程质量控制要点。

要对钢构件组装工程检验批进行质量验收，就需要掌握钢构件组装工程检验批的检验标准及检验方法等知识。

三、相关知识

相关知识包括钢构件组装工程质量控制点和钢构件组装工程检验批的检验方法两部分知识。

(一)质量控制点

(1)使用合格零部件。

(2)钢构件组装工程可按钢结构制作工程检验批的划分原则划分为一个或若干个检验批，保证检验批的施工质量。

(二)检验批施工质量验收

钢构件组装工程质量检验标准见表 3-53。

表 3-53　钢构件组装工程质量检验标准

项目	序号	检查项目	质量要求	检查方法	检查数量
主控项目	1	组装	吊车梁和吊车桁架不应下挠	构件直立，在两端支承后，用水准仪和钢尺检查	全数检查
	2	端部铣平及安装焊缝坡口	端部铣平的允许偏差应符合表 3-54 的规定	用钢尺、角尺、塞尺等检查	按铣平面数量抽查 10%，且不应少于 3 个
	3	钢构件外形尺寸	钢构件外形尺寸主控项目的允许偏差应符合表 3-55 的规定	用钢尺检查	全数检查
一般项目	1	焊接 H 型钢	焊接 H 型钢的翼缘板拼接缝和腹板拼接缝的间距不应小于 200 mm。翼缘板拼接长度不应小于 2 倍板宽；腹板拼接宽度不应小于 300 mm，长度不应小于 600 mm	观察和用钢尺检查	全数检查
			焊接 H 型钢的允许偏差应符合规范的规定	用钢尺、角尺、塞尺等检查	按钢构件数抽查 10%，且不应少于 3 件
			焊接连接组装的允许偏差应符合规范的规定	用钢尺检查	
	2	组装	顶紧接触面应有 75% 以上的面积紧贴	用 0.3 mm 塞尺检查，其塞入面积应小于 25%，边缘间隙不应大于 0.8 mm	按接触面的数量抽查 10%，且不应少于 10 个
			桁架结构杆件轴线交点错位的允许偏差不得大于 3.0 mm	尺量检查	按构件数抽查 10%，且不应少于 3 个，每个抽查构件按节点数抽查 10%，且不应少于 3 个节点

项目	序号	检查项目	质量要求	检查方法	检查数量
一般项目	3	端部铣平及安装焊缝坡口	安装焊缝坡口的允许偏差应符合表3-56的规定	用焊缝量规检查	按坡口数量抽查10%，且不应少于3条
			外露铣平面应防锈保护	观察检查	全数检查
	4	钢构件外形尺寸	钢构件外形尺寸一般项目的允许偏差应符合规范的规定		按构件数量抽查10%，且不应少于3件

表 3-54 端部铣平的允许偏差   mm

项　目	允许偏差
两端铣平时构件长度	±2.0
两端铣平时零件长度	±0.5
铣平面的平面度	0.3
铣平面对轴线的垂直度	$L/1\,500$

表 3-55 钢构件外形尺寸主控项目的允许偏差   mm

项　目	允许偏差
单层柱、梁、桁架受力支托(支承面)表面至第一个安装孔距离	±1.0
多节柱铣平面至第一个安装孔距离	±1.0
实腹梁两端最外侧安装孔距离	±3.0
构件连接处的截面几何尺寸	±3.0
柱、梁连接处的腹板中心线偏移	2.0
受压构件(杆件)弯曲矢高	$L/1\,000$，且不应大于10.0

表 3-56 安装焊缝坡口的允许偏差

项　目	允许偏差
坡口角度	±5°
钝边	±1.0 mm

四、任务实施

(1)保证钢构件组装工程质量的措施见"质量控制点"相关内容。

(2)钢构件组装工程检验批质量验收按照"表3-53 钢构件组装工程质量检验标准"进行。

五、拓展提高

钢构件组装工程施工过程中应注意的质量问题如下所述。

(一)钢构件组装拼接口超过允许偏差

预防措施：

(1)仔细检查组装零部件的外观、材质、规格、尺寸和数量，应符合图样和规范要求，并控制在允许偏差范围内。

(2)构件组装拼接口错位（错边）应控制在允许偏差范围内，接口应平整，连接间隙必须按有关焊接规范规定，做到大小均匀一致。

(3)组装大样定形后应进行自检、监理检查，首件组装完成后也应进行自检、监理检查。

(二)构件跨度不准确

预防措施：

(1)由于构件制作偏差，起拱与跨度值发生矛盾时，应先满足起拱数值。为保证起拱和跨度数值准确，必须严格按照规范检查构件制作尺寸的精确度。

(2)构件在制作、拼装、吊装中所用的钢直尺应统一，小拼构件偏差必须在中拼时消除。

【任务巩固】

1. 钢构件组装时，吊车梁和吊车桁架(　　)下挠。

   A. 可　　　　　　B. 宜　　　　　　C. 应　　　　　　D. 不应

2. 桁架结构杆件轴线交点错位的允许偏差不得大于(　　)mm。

   A. 2　　　　　　B. 3　　　　　　C. 5　　　　　　D. 10

3. 焊接连接组装的允许偏差用(　　)检查。

   A. 钢尺　　　　B. 水准仪　　　　C. 经纬仪　　　　D. 水平尺

任务六　单层钢结构安装工程质量控制与验收

一、任务描述

单层钢结构安装工程施工过程中要保证施工质量，并且要对单层钢结构安装工程检验批进行质量验收。

二、任务分析

本任务共包含两方面的内容：一是要保证单层钢结构安装工程的施工质量；二是要对单层钢结构安装工程检验批进行质量验收。

要保证单层钢结构安装工程的施工质量，就需要掌握单层钢结构安装工程质量控制要点。

要对单层钢结构安装工程检验批进行质量验收，就需要掌握单层钢结构安装工程检验批的检验标准及检验方法等知识。

三、相关知识

相关知识包括单层钢结构安装工程质量控制点和单层钢结构安装工程检验批的检验方法两部分知识。

(一)质量控制点

(1)单层钢结构安装工程可按变形缝或空间刚度单元等划分成一个或若干个检验批。地下钢结构可按不同地下层划分检验批。

(2)钢结构安装检验批应在进场验收和焊接连接、紧固件连接、制作等分项工程验收合格的基础上进行验收。

(3)安装的测量校正、高强度螺栓安装、负温度下施工及焊接工艺等,应在安装前进行工艺试验或评定,并应在此基础上制定相应的施工工艺或方案。

(4)安装偏差的检测,应在结构形成空间刚度单元并连接固定后进行。

(5)安装时,必须控制屋面、楼面、平台等的施工荷载,施工荷载和冰雪荷载等严禁超过梁、桁架、楼面板、屋面板、平台铺板等的承载能力。

(6)在形成空间刚度单元后,应及时对柱底板和基础顶面的空隙进行细石混凝土、灌浆料等二次浇灌。

(7)吊车梁或直接承受动力荷载的梁其受拉翼缘、吊车桁架或直接承受动力荷载的桁架其受拉弦杆上不得焊接悬挂物和卡具等。

(二)检验批施工质量验收

单层钢结构安装工程质量检验标准见表 3-57。

表 3-57　单层钢结构安装工程质量检验标准

项目	序号	检查项目	质量要求	检查方法	检查数量
主控项目	1	基础和支承面	建筑物定位轴线、基础轴线和标高、地脚螺栓的规格及其紧固应符合设计要求	用经纬仪、水准仪、全站仪和钢尺现场实测	按柱基数抽查 10%,且不应少于 3 个
			基础顶面直接作为柱的支承面和基础顶面预埋钢板或支座作为柱的支承面时,其支承面、地脚螺栓(锚栓)位置的允许偏差应符合表 3-58 的规定	用经纬仪、水准仪、全站仪、水平尺和钢尺实测	
			采用坐浆垫板时,坐浆垫板的允许偏差应符合表 3-59 的规定	用水准仪、全站仪、水平尺和钢尺现场实测	资料全数检查。按柱基数抽查 10%,且不应少于 3 个
			采用杯口基础时,杯口尺寸的允许偏差应符合表 3-60 的规定	观察及尺量检查	按基础数抽查 10%,且不应少于 4 处

项目	序号	检查项目	质量要求	检查方法	检查数量
主控项目	2	安装和校正	钢构件应符合设计要求和规范的规定。运输、堆放和吊装等造成的钢构件变形及涂层脱落，应进行矫正和修补	用拉线、钢尺现场实测或观察	按构件数抽查10%，且不应少于3个
			设计要求顶紧的节点，接触面不应少于70%紧贴，且边缘最大间隙不应大于0.8 mm	用钢尺及0.3 mm和0.8 mm厚的塞尺现场实测	按节点数抽查10%，且不应少于3个
			钢屋(托)架、桁架、梁及受压杆件的垂直度和侧向弯曲矢高的允许偏差应符合相关规定	用吊线、拉线、经纬仪和钢尺现场实测	按同类构件数抽查10%，且不应少于3个
			单层钢结构主体结构的整体垂直度和整体平面弯曲的允许偏差应符合相关规定	采用经纬仪、全站仪等测量	对主要立面全部检查。对每个所检查的立面，除两列角柱外，尚应至少选取一列中间柱
一般项目	1	基础和支承面	地脚螺栓(锚栓)尺寸的偏差应符合表3-61的规定。地脚螺栓(锚栓)的螺纹应受到保护	用钢尺现场实测	按柱基数抽查10%，且不应少于3个
	2	安装和校正	钢柱等主要构件的中心线及标高基准点等标记应齐全	观察检查	按同类构件数抽查10%，且不应少于3件(榀)
			当钢桁架(或梁)安装在混凝土柱上时，其支座中心对定位轴线的偏差不应大于10 mm；当采用大型混凝土屋面板时，钢桁架(或梁)间距的偏差不应大于10 mm	用拉线和钢尺现场实测	
			钢柱安装的允许偏差应符合规范的规定		按钢柱数抽查10%，且不应少于3件
			钢吊车梁或直接承受动力荷载的类似构件，安装的允许偏差应符合规范的规定		按钢吊车梁数抽查10%，且不应少于3榀
			檩条、墙架等次要构件安装的允许偏差应符合规范的规定		按同类构件数抽查10%，且不应少于3件
			钢平台、钢梯、栏杆安装及允许偏差应符合现行国家标准的规定		按钢平台总数抽查10%，栏杆、钢梯按总长度各抽查10%，但钢平台不应少于1个，栏杆不应少于5 m，钢梯不应少于1跑
			现场焊缝组对间隙的允许偏差应符合表3-62的规定	尺量检查	按同类节点数抽查10%，且不应少于3个
			钢结构表面应干净，结构主要表面不应有疤痕、泥沙等污垢	观察检查	按同类构件数抽查10%，且不应少于3件

表 3-58　支承面、地脚螺栓(锚栓)位置的允许偏差 mm

项　目		允许偏差
支承面	标高	±3.0
	水平度	L/1 000
地脚螺栓(锚栓)	螺栓中心偏移	5.0
预留孔中心偏移		10.0

表 3-59　坐浆垫板的允许偏差 mm

项　目	允许偏差
顶面标高	0.0 −3.0
水平度	L/1 000
位置	20.0

表 3-60　杯口尺寸的允许偏差 mm

项　目	允许偏差
底面标高	0.0 −5.0
杯口深度 H	±5.0
杯口垂直度	$H/100$，且不应大于 10.0
位置	10.0

表 3-61　地脚螺栓(锚栓)尺寸的允许偏差 mm

项　目	允许偏差
螺栓(锚栓)露出长度	+30.0 0.0
螺纹长度	+30.0 0.0

表 3-62　现场焊缝组对间隙的允许偏差 mm

项　目	允许偏差
无垫板间隙	+3.0 0.0
有垫板间隙	+3.0 −2.0

四、任务实施

(1)保证单层钢结构安装工程质量的措施见"质量控制点"相关内容。

(2)单层钢结构安装工程检验批质量验收按照"表 3-57 单层钢结构安装工程质量检验标准"进行。

五、拓展提高

单层钢结构安装工程施工过程中应注意的质量问题如下所述。

(一)柱地脚螺栓移位

预防措施：

(1)在浇筑混凝土前，预埋螺栓位置应用定型卡盘卡住，以免浇筑混凝土时发生错位。

(2)钢柱底部预留孔应放大样，确定孔位后再做预留孔。

(二)钢柱底座坐浆垫板设置不符合要求

预防措施：

(1)为使垫板组平稳地传力给基础，应使垫板与基础面坐浆紧密结合。对不平的基础上表面，需凿平、找平。

(2)垫板设置的位置及分布应正确。

(3)垫板在坐浆前，应将其表面的铁锈、油污和加工的毛刺等清理干净。

【任务巩固】

1. 钢结构安装检验批应在进场验收和焊接连接、紧固件连接、制作等分项工程验收（　　）进行验收。
   A. 前　　　　　　　　　　　　B. 中
   C. 不合格的基础上　　　　　　D. 合格的基础上

2. 设计要求顶紧的节点，接触面不应少于 70% 紧贴，且边缘最大间隙不应大于（　　）mm。
   A. 0.2　　　B. 0.5　　　C. 0.8　　　D. 1.0

3. 坐浆垫板位置的允许偏差为（　　）mm。
   A. 5　　　B. 10　　　C. 15　　　D. 20

【例题 3-3】 沿海地区某住宅工程，地下水对钢筋混凝土结构有侵蚀作用。该工程包括 4 栋地上 12 层、地下 1 层的单体，其中地下室为整体地下室，4 个单体及单体间空地均有地下部分。地上部分柱为钢管混凝土，其他构件均为 H 型钢构件，钢构件的连接方式主要为高强度螺栓连接。

施工单位上报的施工组织设计中，所有混凝土均采用预拌商品混凝土，水泥采用普通硅酸盐水泥；零星砌筑及抹灰用砂浆现场拌制；屋面设计为不上人屋面，炉渣保温后细石混凝土封面找坡，最上层敷设 SBS 卷材防水层一道。

钢构件加工过程中，驻加工厂监理发现个别构件焊接时出现咬边，经过施工单位的科技攻关，得以解决。

工程如期竣工，在工程竣工验收通过半年后，施工单位按时将工程档案送交当地城建档案管理机构。

问题：

(1)该工程地下室结构混凝土采用普通硅酸盐水泥是否合适？简述理由。对于六大常用水泥，哪些适宜用在本案例中的地下结构混凝土？哪些不适宜？

(2)试分析钢构件加工过程中可能出现咬边的主要原因？并简述处理方法。

(3)请简述高强度螺栓连接时应检查哪些一般项目，其各自的检查数量和检验方法分别是什么？

(4)关于 H 型钢构件焊接施工质量，应用什么方法检验多少数量的哪些项目？

答案：

(1)采用普通硅酸盐水泥不合适。因为地下水对钢筋混凝土结构有侵蚀，而普通硅酸盐水泥的耐腐蚀性较差，所以用在本案例中的地下结构混凝土不合适。

对于六大常用水泥，其中，硅酸盐水泥、普通硅酸盐水泥均不适用于本案例中的地下结构混凝土；而矿渣水泥、火山灰水泥、粉煤灰水泥、复合水泥均适用于本案例中的地下结构混凝土。

(2)产生咬边的主要原因是焊接工艺参数选择不当，如电流过大、电弧过长等；操作技术不正确，如焊枪角度不对、运条不当等；焊条药皮端部的电弧偏吹；焊接零件的位置安放不当等。

咬边的处理方法：轻微的、浅的咬边可用机械方法修锉，使其平滑过渡；严重的、深的咬边应进行焊补。

(3)高强度螺栓连接时检查的一般项目，及其各自的检查数量和检验方法见表3-43。

(4)应检查的项目有：焊接 H 型钢的翼缘板拼接缝和腹板拼接缝的间距不应小于 200 mm。翼缘板拼接长度不应小于 2 倍板宽，膜板拼接宽度不应小于 300 mm，长度不应小于 600 mm。

检查数量：全数检查。

检验方法：观察和用钢尺检查。

【能力训练】

训练题目：完成钢构件焊接工程中，全焊透的一、二级焊缝内部缺陷的检查和焊缝表面质量的检查，并填写现场验收检查原始记录表。

项目三 综合训练

某建筑工程，建筑面积为 25 000 m²，地上 10 层，地下 2 层(地下水位−2.0 m)。主体结构为非预应力现浇混凝土框架-剪力墙结构(柱网 9 m×9 m，局部柱距为 6 m)，梁模板起拱高度分别为 20 mm、12 mm，抗震设防烈度为 7 度。梁、柱受力钢筋为 HRB335，接头采用挤压连接。结构主体地下室外墙采用 P8 防水混凝土浇筑，墙厚为 250 mm，钢筋净距为 60 mm，混凝土为商品混凝土。一、二层柱混凝土强度等级为 C40，以上各层柱为 C30。施工过程中发生了如下事件。

事件一：钢筋混凝土施工时，发现梁、柱钢筋的挤压接头有位于梁、柱箍筋加密区的情况，在现场留取接头事件样本时，是以同一层每600个为一检验批，并按规定抽取试件样本进行合格性检验。

事件二：结构主体地下室外墙防水混凝土浇筑工程中，现场对粗骨料的最大粒径进行了检测，检测结果为40 mm。

事件三：该工程混凝土结构子分部工程完工后，项目经理部提前按验收合格的标准进行了自查。

问题：

(1)该工程梁模板的起拱高度是否正确？说明理由。模板拆除时，混凝土强度应满足什么要求？

(2)事件一中，梁、柱端箍筋加密区出现挤压接头是否妥当？如果不可避免，应如何处理？本工程挤压接头的现场检验验收批的确定是否正确，请说明理由。

(3)事件二中，商品混凝土粗骨料最大粒径控制是否正确，请说明理由。

(4)事件三中，混凝土结构子分部工程施工质量合格的标准是什么？

答案：

(1)对跨度不小于4 m的现浇混凝土梁、板，其模板应按设计要求起拱；当设计无具体要求时，起拱高度宜为跨度的1/1 000～3/1 000。对于跨度为9 m的梁模板的起拱高度应为9～27 mm；对于跨度为6 m的梁模板的起拱高度应为6～18 mm。

模板拆除时，混凝土强度应符合设计要求；当设计无具体要求时，混凝土强度应符合表3-63的要求。

表 3-63　底模及支架拆除时的混凝土强度要求

构件类型	构件宽度/m	达到设计的混凝土立方体抗压强度标准值的百分率/%
板	≤2	≥50
	2～8	≥75
	>8	≥100
梁	≤8	≥75
	>8	≥100
悬臂构件	—	≥100

故本例工程模板拆除时，混凝土强度应达到设计的混凝土立方体抗压强度标准值的百分率为100%。

(2)事件一中，梁、柱端箍筋加密区出现挤压接头不妥，接头位置应放在受力较小处。如果不可避免，宜采用机械连接，且钢筋接头面积百分率不应超过50%。

本工程挤压接头的现场检验验收批的确定是不正确的。理由：同一施工条件下采用同一批材料的同等级、同形式、同规格接头，以500个为一个验收批检验验收，不足500个也作为一个验收批。

(3)事件二中，商品混凝土粗骨料最大粒径控制不准确。在钢筋混凝土结构工程中，粗骨料的最大粒径不得超过结构截面最小尺寸的 1/4，同时不得大于钢筋间最小净距的 3/4。对于混凝土实心板，可允许采用最大粒径达 1/3 板厚的骨料，但最大粒径不得超过 40 mm。本工程从地下结构外墙尺寸、钢筋净距和防水混凝土的设计原则三方面分析本工程的防水混凝土粗骨料的最大粒径为 0.5～2 cm。

（4）事件三中，混凝土结构子分部工程施工质量合格的标准有：有关分项工程施工质量验收合格；应有完整的质量控制资料；观感质量验收合格；结构实体检验结果满足混凝土结构工程质量验收规范的要求。

项目小结

本项目主要介绍了混凝土结构工程控制与验收、砌体结构工程质量控制与验收及钢结构工程质量控制与验收三大部分内容。

混凝土结构工程质量控制与验收包括模板工程质量控制与验收、钢筋工程质量控制与验收、预应力工程质量控制与验收及混凝土工程质量控制与验收。

砌体结构工程质量控制与验收包括砌筑砂浆质量控制与验收、砖砌体工程质量控制与验收、混凝土小型空心砌块砌体工程质量控制与验收、配筋砌体工程质量控制与验收及填充墙砌体工程质量控制与验收。

钢结构工程质量控制与验收包括原材料及成品进场质量控制与验收、钢结构焊接工程质量控制与验收、紧固件连接工程质量控制与验收、钢零件及钢部件加工工程质量控制与验收、钢构件组装工程质量控制与验收及单层钢结构安装工程质量控制与验收。

思考题

1. 模板工程需要做质量查验的内容有哪些？
2. 钢筋工程需要做质量查验的内容有哪些？
3. 混凝土工程需要做质量查验的内容有哪些？
4. 预应力钢筋混凝土工程需要做质量查验的内容有哪些？
5. 填充墙砌体工程需要做质量查验的内容有哪些？

知识链接

一、单项选择题

1. 钢筋调直后应进行力学性能和（　　　）的检验，其强度应符合有关标准的规定。

    A. 质量偏差　　　　B. 直径　　　　　　C. 圆度　　　　　　D. 外观

2. 型式检验是(　　)的检验。
    A. 生产者控制质量　　　　　　　　　　B. 厂家产品出厂
    C. 现场抽检　　　　　　　　　　　　　D. 现场复验

3. 结构混凝土中氯离子含量是指其占(　　)的百分比。
    A. 水泥用量　　　B. 粗骨料用量　　　C. 细骨料用量　　　D. 混凝土质量

4. 结构实体混凝土强度通常(　　)标准养护条件下的混凝土强度。
    A. 高于　　　　　B. 等于　　　　　　C. 低于　　　　　　D. 大于等于

5. 当混凝土强度等级为C30，纵向受力钢筋采用HRB335级，且绑扎接头面积百分率不大于25%，其最小搭接长度应为(　　)。
    A. 45d　　　　　B. 35d　　　　　C. 30d　　　　　D. 25d

6. "通缝"是指砌体中上下两砖搭接长度小于(　　)mm的部位。
    A. 20　　　　　　B. 25　　　　　　　C. 30　　　　　　　D. 50

7. 砌体工程中宽度超过(　　)mm的洞口上部，应设置过梁。
    A. 300　　　　　B. 400　　　　　　C. 500　　　　　　D. 800

8. 水泥砂浆应用机械搅拌，严格控制水胶比，搅拌时间不应少于(　　)min，随拌随用。
    A. 1　　　　　　B. 1.5　　　　　　C. 2　　　　　　　D. 2

9. 抗滑移系数试验用的试件(　　)加工。
    A. 由制造厂　　　B. 现场　　　　　C. 供应商　　　　　D. 检测单位

10. 高强度螺栓的初拧、复拧、终拧应在(　　)完成。
    A. 4小时　　　　B. 同一天　　　　C. 两天内　　　　　D. 三天内

二、多项选择题

1. 钢筋混凝土用热轧带肋钢筋，钢筋的力学性能包括(　　)。
    A. 屈服强度　　　　　　B. 伸长率　　　　　　　C. 极限强度
    D. 弯曲性能　　　　　　E. 冷弯

2. 模板及其支架应具有足够的(　　)。
    A. 弹性　　　　　　　　B. 刚度　　　　　　　　C. 稳定性
    D. 强度　　　　　　　　E. 承载能力

3. 预应力筋进场时，应对(　　)进行检查。
    A. 生产许可证　　　　　B. 产品合格证　　　　　C. 出厂检验报告
    D. 进货证明　　　　　　E. 进场复验报告

4. 砌筑砂浆(　　)必须同时符合要求。
    A. 稠度　　　　　　　　B. 分层度　　　　　　　C. 试配抗压强度
    D. 泌水　　　　　　　　E. 抗压强度

5. 高强度螺栓连接副是指(　　)的总称。
    A. 高强度螺栓　　　　　B. 螺母　　　　　　　　C. 垫圈
    D. 锚件　　　　　　　　E. 连接件

三、案例题

案例一 某三层砖混结构教学楼的2楼悬挑阳台突然断裂,阳台悬挂在墙面上。幸好是在夜间发生,没有人员伤亡。经事故调查和原因分析发现,造成该质量事故的主要原因是事故队伍素质差,在施工时将本应放在上部的受拉钢筋放在了阳台板的下部,使得悬臂结构受拉区无钢筋而产生脆性破坏。

问题:

(1)如果该工程施工过程中实施了工程监理,监理单位对该起质量事故是否应承担责任?为什么?

(2)钢筋工程隐蔽验收的要点有哪些?

(3)项目质量因素的"4M1E"是指哪些因素?

案例二 某公司(甲方)办公楼工程,地下1层,地上9层,总建筑面积为 33 000 m²,箱型基础,框架-剪力墙结构。该工程位于某居民区,现场场地狭小。施工单位(乙方)为了能在冬季前竣工,采用了夜间施工的赶工方式,居民对此意见很大。施工中为缩短运输时间和运输费用,土方队 24 h 作业,其出入现场的车辆没有毡盖,在回填时把现场一些废弃物直接用作土方回填。工程竣工后,乙方向甲方提交了竣工报告,甲方为尽早使用,还没有组织验收便提前进住。使用中,公司发现教学楼存在质量问题,要求承包方修理。承包方则认为工程未经验收,发包方提前使用出现质量问题,承包商不应承担责任。

问题:

(1)依据有关法律法规,该质量问题的责任由谁承担?

(2)文明施工在对现场周围环境和居民服务方面有何要求?

(3)试述单位工程质量验收的内容。

(4)防治混凝土蜂窝、麻面的主要措施有哪些?

项目四　屋面工程

一、教学目标

(一)知识目标

(1)了解屋面工程施工质量控制要点。

(2)熟悉屋面工程施工常见的质量问题及预防措施。

(3)掌握屋面工程验收标准、验收内容和验收方法。

(二)能力目标

(1)能根据《建筑工程施工质量验收统一标准》(GB 50300—2013)和《屋面工程质量验收规范》(GB 50207—2012)的质量，运用质量验收方法、验收内容等知识，对地基与基础工程进行验收和评定。

(2)能根据《屋面工程技术规范》(GB 50345—2012)和施工方案文件等，对地基与基础工程常见的质量问题进行预控。

(三)素质目标

(1)具备团队合作精神。

(2)具备组织、管理及协调能力。

(3)具备表达能力。

(4)具备工作责任心。

(5)具备查阅资料及自学能力。

二、教学重点与难点

(一)教学重点

(1)屋面工程施工质量控制要点。

(2)屋面工程验收标准、验收内容和验收方法。

(二)教学难点

屋面工程施工常见质量问题及预防措施。

子项目一　基层与保护工程

基层与保护是屋面分部工程的子分部工程，共包括五个分项工程：找坡层、找平层、隔汽层、隔离层及保护层。

上人屋面或其他使用功能屋面，其保护及铺面的施工除应符合《屋面工程质量验收规范》(GB 50207—2012)外，尚应符合《建筑地面工程施工质量验收规范》(GB 50209—2010)等有关规范。

屋面找坡应满足设计排水坡度要求，结构找坡不应小于 3%，材料找坡宜为 2%；檐沟、天沟纵向找坡不应小于 1%，沟底水落差不得超过 200 mm。

任务一　基层工程质量控制与验收

一、任务描述

屋面工程施工过程中，要保证找坡层和找平层工程的施工质量。找坡层和找平层工程施工完毕后，完成找坡层和找平层工程检验批的质量验收。

二、任务分析

本任务共包含两方面的内容：一是要保证找坡层和找平层工程的施工质量；二是要对找坡层和找平层工程检验批进行质量验收。

要保证找坡层和找平层工程的施工质量，就需要掌握找坡层和找平层工程施工质量控制要点。

要对找坡层和找平层工程检验批进行质量验收，就需要掌握找坡层和找平层工程检验批的检验标准及检验方法等知识。

三、相关知识

相关知识包括找坡层和找平层工程质量控制点和找坡层和找平层工程检验批的检验标准及检验方法两部分知识。

(一)质量控制点

(1)装配式钢筋混凝土板的板缝嵌填施工，应符合下列要求：

1)嵌填混凝土时板缝内应清理干净，并应保持湿润；

2)当板缝宽度大于 40 mm 或上窄下宽时，板缝内应按设计要求配置钢筋；

3)嵌填细石混凝土的强度等级不应低于 C20，嵌填深度宜低于板面 10～20 mm，且应振捣密实和浇水养护；

4)板端缝应按设计要求增加防裂的构造措施。

(2)找坡层宜采用轻骨料混凝土；找坡材料应分层铺设和适当压实，表面应平整。

(3)找平层宜采用水泥砂浆或细石混凝土；找平层的抹平工序应在初凝前完成，压光工序应在终凝前完成，终凝后应进行养护。

(4)找平层分格缝纵横间距不宜大于 6 m，分格缝的宽度宜为 5～20 mm。

(二)检验批施工质量验收

找坡层和找平层工程质量检验标准见表 4-1。

表 4-1　找坡层和找平层工程质量检验标准　　　　　　　　　　mm

项目	序号	项目	检验标准及要求	检验方法	检查数量
主控项目	1	配合比要求	找坡层和找平层所用材料的质量及配合比，应符合设计要求	检查出厂合格证、质量检验报告和计量措施	按屋面面积每 500～1 000 m² 划分为一个检验批，不足 500 m² 应按一个检验批；每个检验批的抽检数量，应按屋面面积每 100 m² 抽查一处，每处应为 10 m²，且不得少于 3 处
	2	排水坡度	找坡层和找平层的排水坡度，应符合设计要求	坡度尺检查	
一般项目	1	表面质量	找平层应抹平、压光，不得有酥松、起砂、起皮现象	观察检查	
	2	交接处与转角处	卷材防水层的基层与突出屋面结构的交接处，以及基层的转角处，找平层应做成圆弧形，且应整齐平顺		
	3	分格缝	找平层分格缝的宽度和间距，均应符合设计要求	观察和尺量检查	
	4	表面平整度	找坡层表面平整度的允许偏差为 7 mm，找平层表面平整度的允许偏差为 5 mm	2 m 靠尺和塞尺检查	

四、任务实施

(1)保证找坡层和找平层工程施工质量的措施见"质量控制点"相关内容。

(2)找坡层和找平层工程检验批质量验收按照"表 4-1 找坡层和找平层工程质量检验标准"进行。

五、拓展提高

找坡层和找平层工程施工过程中应注意的质量问题如下所述。

(一)找平层起砂、起皮

预防措施：水泥架空和遮盖储存，注意配合和计量，控制加水量，掌握好抹压时机，防止过早上人，适时和充分养护。

(二)找平层空鼓、开裂

预防措施：重视基础的錾毛、清理及清洗，基层充分湿润又清除干净表面余水，采用加胶的结合水泥浆，注意用含泥量少、级配好的砂料，水泥用量不应过高且注意正确计量，砂浆应搅拌均匀，控制好保温层的平整度，保证找平层的厚度均匀，加强成品养护。

(三)滞水和局部凹凸不平

预防措施：施工准备时做好标高和坡度标识，施工中认真拉线控制，标准灰饼数量要与刮平尺杠长度配合，操作中要注意多向压刮，搓压木楔不能过短。

【任务巩固】

1. 找平层分格缝纵横间距不宜大于(　　)m，分格缝的宽度宜为 5～20 mm。

    A. 3   B. 4   C. 5   D. 6

2. 找坡层表面平整度的允许偏差为(　　)mm。

    A. 3   B. 5   C. 7   D. 10

3. 每个检验批的抽检数量，应按屋面面积每 100 m² 抽查一处，每处应为 10 m²，且不得少于(　　)处。

    A. 2   B. 3   C. 4   D. 5

任务二　保护工程质量控制与验收

一、任务描述

屋面工程施工过程中，要保证保护工程的施工质量。保护工程施工完毕后，完成保护工程检验批的质量验收。

二、任务分析

本任务共包含两方面的内容：一是要保证保护工程的施工质量；二是要对保护工程检验批进行质量验收。

要保证保护工程的施工质量，就需要掌握保护工程施工质量控制要点。

要对保护工程检验批进行质量验收，就需要掌握保护工程检验批的检验标准及检验方法等知识。

三、相关知识

相关知识包括保护工程质量控制点和保护工程检验批的检验标准及检验方法两部分知识。

(一)质量控制点

1. 隔汽层

(1)隔汽层的基层应平整、干净、干燥。

(2)隔汽层应设置在结构层与保温层之间；隔汽层应选用气密性、水密性好的材料。

（3）在屋面与墙的连接处，隔汽层应沿墙面向上连续铺设，高出保温层上表面不得小于150 mm。

（4）隔汽层采用卷材时宜空铺，卷材搭接缝应满粘，其搭接宽度不应小于80 mm；隔汽层采用涂料时，应涂刷均匀。

（5）穿过隔汽层的管线周围应封严，转角处应无折损；隔汽层凡有缺陷或破损的部位，均应进行返修。

2. 隔离层

（1）块体材料、水泥砂浆或细石混凝土保护层与卷材、涂膜防水层之间，应设置隔离层。

（2）隔离层可采用干铺塑料膜、土工布、卷材或铺抹低强度等级砂浆。

3. 保护层

（1）防水层上的保护层施工，应待卷材铺贴完成或涂料固化成膜，并经检验合格后进行。

（2）用块体材料做保护层时，宜设置分格缝，分格缝纵横间距不应大于10 m，分格缝宽度宜为20 mm。

（3）用水泥砂浆做保护层时，表面应抹平压光，并应设表面分格缝，分格面积宜为1 m²。

（4）用细石混凝土做保护层时，混凝土应振捣密实，表面应抹平压光，分格缝纵横间距不应大于6 m。分格缝的宽度宜为10~20 mm。

（5）块体材料、水泥砂浆或细石混凝土保护层与女儿墙和山墙之间，应预留宽度为30 mm的缝隙，缝内宜填塞聚苯乙烯泡沫塑料，并应用密封材料嵌填密实。

（二）检验批施工质量验收

保护工程质量检验标准见表4-2。

表4-2　保护工程质量检验标准　　　　　　　　　　　　　　　mm

项目	序号	项目	检验标准及要求	检验方法	检查数量
主控项目	1	隔汽层	隔汽层所用材料的质量，应符合设计要求	检查出厂合格证、质量检验报告和进场检验报告	按屋面面积每500~1 000 m² 划分为一个检验批，不足500 m² 应按一个检验批；每个检验批的抽检数量，应按屋面面积每100 m² 抽查一处，每处应为10 m²，且不得少于3处
			隔汽层不得有破损现象	观察检查	
	2	隔离层	隔离层所用材料的质量及配合比，应符合设计要求	检查出厂合格证和计量措施	
			隔汽层不得有破损和漏铺现象	观察检查	
	3	保护层	保护层所用材料的质量及配合比，应符合设计要求	检查出厂合格证、质量检验报告和计量措施	
			块体材料、水泥砂浆或细石混凝土保护层的强度等级，应符合设计要求	检查块体材料、水泥砂浆或混凝土抗压强度试验报告	
			保护层的排水坡度应符合设计要求	坡度尺检查	

项目	序号	项目	检验标准及要求	检验方法	检查数量
一般项目	1	隔汽层	卷材隔汽层应铺设平整，卷材搭接缝应粘结牢固，密封应严密，不得有扭曲、皱折和起泡等缺陷	观察检查	按屋面面积每500～1 000 m² 划分为一个检验批，不足500 m² 应按一个检验批；每个检验批的抽检数量，应按屋面面积每100 m² 抽查一处，每处应为10 m²，且不得少于3处
			涂膜隔汽层应粘结牢固，表面平整，涂布均匀，不得有堆积、起泡和露底等缺陷		
	2	隔离层	塑料膜、土工布、卷材应铺设平整，其搭接宽度不应小于50 mm，不得有皱折	观察和尺量检查	
			低强度等级砂浆表面应压实、平整，不得有起壳、起砂现象	观察检查	
	3	保护层	块体材料保护层表面应干净，接缝应平整，周边应顺直，镶嵌应正确，应无空鼓现象	小锤轻击和观察检查	
			水泥砂浆、细石混凝土保护层不得有裂纹、脱皮、麻面和起砂等现象	观察检查	
			浅色涂料应与防水层粘结牢固，厚薄应均匀，不得漏涂		
			保护层的允许偏差和检验方法应符合表4-3的规定	见表4-3	

表4-3　保护层的允许偏差和检验方法

项目	允许偏差/mm			检验方法
	块体材料	水泥砂浆	细石混凝土	
表面平整度	4.0	4.0	5.0	2 m靠尺和塞尺检查
缝格平直	3.0	3.0	3.0	拉线和尺量检查
接缝高低差	1.5	—	—	直尺和塞尺检查
板块间隙宽度	2.0	—	—	尺量检查
保护层厚度	设计厚度的10%，且不得大于5 mm			钢针插入和尺量检查

四、任务实施

(1)保证保护工程施工质量的措施见"质量控制点"相关内容。

(2)保护工程检验批质量验收按照"表4-2 保护工程质量检验标准"进行。

五、拓展提高

保护工程施工过程中需注意的质量问题主要是进场材料的储运和保管不规范。其预防措施如下：

(1)不同品种、强度等级和规格的产品应分别堆放。

(2)沥青、冷玛琋脂、涂料、保护层涂料等材料应贮存于阴凉通风的室内，避免雨淋、日晒和受潮，严禁接近火源和热源。

(3)涂料、汽油、柴油、溶剂等应分别用密封桶包装，并有明显的区别标记。

(4)水泥应架空、避雨堆放，经过抽样复验合格，在有效期内、未受潮损。

【任务巩固】

1. 隔汽层采用卷材时宜空铺，卷材搭接缝应(　　)，其搭接宽度不应小于 80 mm。

    A. 满粘　　　　　B. 点粘　　　　　C. 条粘　　　　　D. 空铺

2. 用块体材料做保护层时，宜设置分格缝，分格缝纵横间距不应大于(　　)m，分格缝宽度宜为(　　)mm。

    A. 6，10　　　　B. 8，15　　　　C. 9，20　　　　D. 10，20

3. 保护层所用材料的(　　)及配合比，应符合设计要求。

    A. 体积　　　　　B. 密度　　　　　C. 含水量　　　　D. 质量

【例题 4-1】 某公共建筑工程，建筑面积为 22 000 m^2，地下 2 层，地上 5 层，层高为 3.2 m，钢筋混凝土框架结构，大堂一至三层中空，大堂顶板为钢筋混凝土井字梁结构，屋面为女儿墙，屋面防水材料采用 SBS 卷材，某施工总承包单位承担施工任务。

找平层采用石灰砂浆，初凝后进行抹平施工，终凝后进行压光施工，压光后开始养护。找平层分格缝纵横向间距均为 8 m，宽度为 25 mm。施工后发现找平层出现空鼓、开裂现象。

问题：

(1)找平层施工是否正确，说明理由。

(2)找平层分格缝设置是否正确，为什么？

(3)阐述找平层出现空鼓、开裂的原因及预防措施。

答案：

(1)找平层施工是否正确分析如下：

1)找平层采用石灰砂浆不正确。

正确做法：找平层宜采用水泥砂浆或细石混凝土。

2)初凝后进行抹平施工不正确。

正确做法：找平层的抹平工序应在初凝前完成。

3)终凝后进行压光施工，压光后开始养护不正确。

正确做法：压光工序应在终凝前完成，终凝后应进行养护。

(2)分格缝设置不正确，理由：找平层分格缝纵横间距不宜大于 6 m，分格缝的宽度宜为 5～20 mm。

(3)找平层空鼓、开裂的原因：基层表面清理不干净、过光滑的表面未经处理、油污沾染未经清洗、湿润欠缺、未刷结合水泥浆、抹压不当、过早受撞击等都可能产生空鼓。砂子过细、含泥量过大、加水过多、找平层厚薄不均、养护不够，尤其是早期失水等原因都能造成找平层开裂。

防治措施：重视基础的凿毛、清理及清洗，基层充分湿润又清除干净表面余水，采用加胶的结合水泥浆，注意用含泥量少、级配好的砂料，水泥用量不应过高且注意正确计量、砂浆应搅拌均匀，控制好保温层的平整度，保证找平层的厚度均匀，加强成品养护。

【能力训练】

训练题目：完成找坡层和找平层的排水坡度和表面平整度的检查，并填写现场验收检查原始记录表。

子项目二　保温与隔热工程

保温与隔热是屋面分部工程的子分部工程，共包括七个分项工程：板状材料保温层、纤维材料保温层、喷涂硬泡聚氨酯保温层、现浇泡沫混凝土保温层、种植隔热层、架空隔热层及蓄水隔热层。

铺设保温层的基层应平整、干燥和干净。保温材料在施工过程中应采取防潮、防水和防火等措施。保温与隔热工程的构造及选用材料应符合设计要求。保温与隔热工程质量验收除应符合《屋面工程质量验收规范》(GB 50207—2012)外，还应符合现行国家标准《建筑节能工程施工质量验收规范》(GB 50411—2007)的有关规定。

保温材料使用时的含水率，应相当于该材料在当地自然风干状态下的平衡含水率。保温材料的导热系数、表观密度或干密度、抗压强度或压缩强度、燃烧性能，必须符合设计要求。种植、架空、蓄水隔热层施工前，防水层均应验收合格。

任务一　保温工程质量控制与验收

一、任务描述

屋面工程施工过程中，要保证保温工程的施工质量。保温工程施工完毕后，完成保温工程检验批的质量验收。

二、任务分析

本任务共包含两方面的内容：一是要保证保温工程的施工质量；二是要对保温工程检验批进行质量验收。

要保证保温工程的施工质量，就需要掌握保温工程施工质量控制要点。

要对保温工程检验批进行质量验收，就需要掌握保温工程检验批的检验标准及检验方法等知识。

三、相关知识

相关知识包括保温工程质量控制点和保温工程检验批的检验标准及检验方法两部分知识。

(一)质量控制点

1. 板状材料保温层

(1)采用干铺法施工时，板状保温材料应紧靠在基层表面上，应铺平垫稳；分层铺设的板块上下层接缝应相互错开，板间缝隙应采用同类材料的碎屑嵌填密实。

(2)采用粘贴法施工时，胶粘剂应与保温材料的材性相容，并应贴严、粘牢；板状材料保温层的平面接缝应挤紧拼严，不得在板块侧面涂抹胶粘剂，超过 2 mm 的缝隙应采用相同材料板条或片填塞严实。

(3)采用机械固定法施工时，应选择专用螺钉和垫片；固定件与结构层之间应连接牢固。

2. 纤维材料保温层

(1)纤维材料保温层施工应符合下列规定：

1)纤维保温材料应紧靠在基层表面上，平面接缝应挤紧拼严，上下层接缝应相互错开；

2)屋面坡度较大时，宜采用金属或塑料专用固定件将纤维保温材料与基层固定；

3)纤维材料填充后，不得上人踩踏。

(2)装配式骨架纤维保温材料施工时，应先在基层上铺设保温龙骨或金属龙骨，龙骨之间应填充纤维保温材料，再在龙骨上铺钉水泥纤维板。金属龙骨和固定件应经防锈处理，金属龙骨与基层之间应采取隔热断桥措施。

3. 喷涂硬泡聚氨酯保温层

(1)保温层施工前应对喷涂设备进行调试，并应制备试样进行硬泡聚氨酯的性能检测。

(2)喷涂硬泡聚氨酯的配比应准确计算，发泡厚度应均匀一致。

(3)喷涂时喷嘴与施工基面的间距应由试验确定。

(4)一个作业面应分遍喷涂完成，每遍厚度不宜大于 15 mm；当日的作业面应当日连续地喷涂施工完毕。

(5)硬泡聚氨酯喷涂后 20 min 内严禁上人；喷涂硬泡聚氨酯保温层完成后，应及时做保护层。

4. 现浇泡沫混凝土保温层

(1)在浇筑泡沫混凝土前，应将基层上的杂物和油污清理干净；基层应浇水湿润，但不得有积水。

(2)保温层施工前应对设备进行调试，并应制备试样进行泡沫混凝土的性能检测。

(3)泡沫混凝土的配合比应准确计量，制备好的泡沫加入水泥料浆中应搅拌均匀。

(4)浇筑过程中，应随时检查泡沫混凝土的湿密度。

(二)检验批施工质量验收

保温工程质量检验标准见表 4-4。

表 4-4　保温工程质量检验标准

项目	序号	检查项目	检验标准及要求	检查方法	检查数量
主控项目	1	板状材料保温层	材料的质量应符合设计要求	检查出厂合格证、质量检验报告和进场检验报告	按屋面面积每500～1 000 m² 划分为一个检验批，不足 500 m² 应按一个检验批；每个检验批的抽检数量，应按屋面面积每100 m² 抽查一处，每处应为 10 m²，且不得少于 3 处
			厚度应符合设计要求，其正偏差应不限，负偏差应为 5%，且不得大于 4 mm	钢针插入和尺量检查	
			屋面热桥部位处理应符合设计要求	观察检查	
	2	纤维材料保温层	材料的质量应符合设计要求	检查出厂合格证、质量检验报告和进场检验报告	
			厚度应符合设计要求，其正偏差应不限，毡不得有负偏差，板负偏差应为 4%，且不得大于 3 mm	钢针插入和尺量检查	
			屋面热桥部位处理应符合设计要求	观察检查	
	3	喷涂硬泡聚氨酯保温层	原材料的质量及配合比应符合设计要求	检查原材料出厂合格证、质量检验报告和计量措施	
			厚度应符合设计要求，其正偏差应不限，不得有负偏差	钢针插入和尺量检查	
			屋面热桥部位处理应符合设计要求	观察检查	
	4	现浇泡沫混凝土保温层	原材料的质量及配合比应符合设计要求	检查原材料出厂合格证、质量检验报告和计量措施	
			厚度应符合设计要求，其正负偏差应为 5%，且不得大于 5 mm	钢针插入和尺量检查	
			屋面热桥部位处理应符合设计要求	观察检查	
一般项目	1	板状材料保温层	铺设应紧贴基层，应铺平垫稳，拼缝应严密，粘贴应牢固	观察检查	按屋面面积每500～1 000 m² 划分为一个检验批，不足 500 m² 应按一个检验批；每个检验批的抽检数量，应按屋面面积每100 m² 抽查一处，每处应为 10 m²，且不得少于 3 处
			固定件的规格、数量和位置均应符合设计要求；垫片应与保温层表面齐平		
			表面平整度的允许偏差为 5 mm	2 m 靠尺和塞尺检查	
			接缝高低差的允许偏差为 2 mm	直尺和塞尺检查	
	2	纤维材料保温层	铺设应紧贴基层，拼缝应严密，表面应平整	观察检查	
			固定件的规格、数量和位置均应符合设计要求；垫片应与保温层表面齐平		
			装配式骨架和水泥纤维板应铺钉牢固，表面应平整；龙骨间距和板材厚度应符合设计要求	观察和尺量检查	
			具有抗水蒸气渗透外覆面的玻璃棉制品，其外覆面应朝向室内，拼缝应用防水密封胶带封严	观察检查	

项目	序号	检查项目	检验标准及要求	检查方法	检查数量
一般项目	3	喷涂硬泡聚氨酯保温层	应分遍喷涂，粘结应牢固，表面应平整，找坡应正确	观察检查	按屋面面积每500～1 000 m² 划分为一个检验批，不足 500 m² 应按一个检验批；每个检验批的抽检数量，应按屋面面积每 100 m² 抽查一处，每处应为 10 m²，且不得少于 3 处
			表面平整度的允许偏差为 5 mm	2 m 靠尺和塞尺检查	
	4	现浇泡沫混凝土保温层	应分层施工，粘结应牢固，表面应平整，找坡应正确	观察检查	
			不得有贯通性裂缝，以及疏松、起砂、起皮现象		
			表面平整度的允许偏差为 5 mm	2 m 靠尺和塞尺检查	

四、任务实施

(1)保证保温工程施工质量的措施见"质量控制点"相关内容。

(2)保温工程检验批质量验收按照"表 4-4 保温工程质量检验标准"进行。

五、拓展提高

保温工程施工过程中需注意的质量问题如下所述。

(一)屋面保温层表面铺设不平整

预防措施：

(1)保温层施工前要求基层平整，屋面坡度符合设计要求。

(2)松散保温材料应分层铺设，并适当压实，每层虚铺厚度不宜大于 150 mm；压实程度与厚度应经过试验确定。

(3)干铺的板状保温材料，应紧靠在需保温的基层表面上，并应铺平垫稳；分层铺设的板块上下层接缝应相互错开，板间缝隙应采用同类材料嵌填密实。

(4)沥青膨胀蛭石、沥青膨胀珍珠岩宜用机械搅拌至色泽均匀一致，无沥青团；压实程度根据试验确定，其厚度应符合设计要求，表面应平整。

(5)现喷硬质发泡聚氨酯应按配合比准确计量，发泡厚度均匀一致，表面平整。

(二)保温层乃至找平层出现起鼓、开裂

预防措施：

(1)控制原材料含水率。封闭式保温层的含水率应相当于该材料在当地自然风干状态下的平衡含水率。

(2)倒置式屋面采用吸水率小于 6%、长期浸水不腐烂的保温材料；此时，保温层上应用混凝土等块材、水泥砂浆或卵石做保护层，卵石保护层与保温层之间，应干铺一层无纺聚酯纤维布做隔离层。

(3)保温层施工完成后，应及时进行找平层和防水层的施工；在雨期施工时保温层应采

取遮盖措施。

(4)从材料堆放、运输到施工以及成品保护等环节都应采取措施，防止受潮和雨淋。

(5)屋面保温层干燥有困难时，应采用排汽措施；排汽道应纵横贯通，并应和与大气连通的排汽孔相通，排汽孔宜每25 m设置1个，并做好防水处理。

【任务巩固】

1. 板状材料保温层采用（ ）施工时，应选择专用螺钉和垫片。

  A. 干铺法   B. 粘贴法   C. 机械固定法   D. 任何方法

2. 硬泡聚氨酯喷涂后（ ）min内严禁上人，喷涂硬泡聚氨酯保温层完成后，应及时做保护层。

  A. 5   B. 8   C. 15   D. 20

3. 现浇泡沫混凝土保温层表面平整度的允许偏差为（ ）mm。

  A. 3   B. 5   C. 10   D. 20

任务二 隔热工程质量控制与验收

一、任务描述

屋面工程施工过程中，要保证隔热工程的施工质量。隔热工程施工完毕后，完成隔热工程检验批的质量验收。

二、任务分析

本任务共包含两方面的内容：一是要保证隔热工程的施工质量；二是要对隔热工程检验批进行质量验收。

要保证隔热工程的施工质量，就需要掌握隔热工程施工质量控制要点。

要对隔热工程检验批进行质量验收，就需要掌握隔热工程检验批的检验标准及检验方法等知识。

三、相关知识

相关知识包括隔热工程质量控制点和隔热工程检验批的检验标准及检验方法两部分知识。

(一)质量控制点

1. 种植隔热层

(1)种植隔热层与防水层之间宜设细石混凝土保护层。

(2)种植隔热层的屋面坡度大于20%时，其排水层、种植土层应采取防滑措施。

(3)排水层施工应符合下列要求：

1)陶粒的粒径不应小于 25 mm，大粒径应在下，小粒径应在上；

2)凹凸形排水板宜采用搭接法施工，网状交织排水板宜采用对接法施工；

3)排水层上应铺设过滤层土工布；

4)挡墙或挡板的下部应设泄水孔，孔周围应放置疏水粗细骨料。

(4)过滤层土工布应沿种植土周边向上铺设至种植土高度，并应与挡墙或挡板粘牢；土工布的搭接宽度不应小于 100 mm，接缝宜采用粘合或缝合。

(5)种植土的厚度及自重应符合设计要求。种植土表面应低于挡墙高度 100 mm。

2. 架空隔热层

(1)架空隔热层的高度应按屋面宽度或坡度大小确定。设计无要求时，架空隔热层的高度宜为 180～300 mm。

(2)当屋面宽度大于 10 m 时，应在屋面中部设置通风屋脊，通风口处应设置通风箅子。

(3)架空隔热制品支座底面的卷材、涂膜防水层，应采取加强措施。

(4)架空隔热制品的质量应符合下列要求：

1)非上人屋面的砌块强度等级不应低于 MU7.5，上人屋面的砌块强度等级不应低于 MU10；

2)混凝土板的强度等级不应低于 C20，板厚及配筋应符合设计要求。

3. 蓄水隔热层

(1)蓄水隔热层与屋面防水层之间应设隔离层。

(2)蓄水池的所有孔洞应预留，不得后凿；所设置的给水管、排水管和溢水管等，均应在蓄水池混凝土施工前安装完毕。

(3)每个蓄水区的防水混凝土应一次浇筑完毕，不得留设施工缝。

(4)防水混凝土应用机械振捣密实，表面应抹平和压光，初凝后应覆盖养护，终凝后浇水养护不得少于 14 d；蓄水后不得断水。

(二)检验批施工质量验收

隔热工程质量检验标准见表 4-5。

表 4-5　隔热工程质量检验标准

项目	序号	检查项目	检验标准及要求	检查方法	检查数量
主控项目	1	种植隔热层	材料的质量应符合设计要求	检查出厂合格证、质量检验报告	按屋面面积每 500～1 000 m² 划分为一个检验批，不足 500 m² 应按一个检验批；每个检验批的抽检数量，应按屋面面积每 100 m² 抽查一处，每处应为 10 m²，且不得少于 3 处
			排水层应与排水系统连通	观察检查	
			挡墙或挡板泄水孔的留设应符合设计要求，并不得堵塞	观察和尺量检查	
	2	架空隔热层	架空隔热制品的质量，应符合设计要求	检查材料或构件合格证和质量检验报告	
			架空隔热制品的铺设应平整、稳固，缝隙勾填应密实	观察检查	

项目	序号	检查项目	检验标准及要求	检查方法	检查数量
主控项目	3	蓄水隔热层	防水混凝土所用材料的质量及配合比，应符合设计要求	检查出厂合格证、质量检验报告、进场检验报告和计量措施	按屋面面积每500～1 000 m² 划分为一个检验批，不足500 m² 应按一个检验批；每个检验批的抽检数量，应按屋面面积每100 m² 抽查一处，每处应为10 m²，且不得少于3处
			防水混凝土的抗压强度和抗渗性能，应符合设计要求	检查混凝土抗压和抗渗试验报告	
			蓄水池不得有渗漏现象	蓄水至规定高度观察检查	
一般项目	1	种植隔热层	陶粒应铺设平整、均匀，厚度应符合设计要求	观察和尺量检查	按屋面面积每500～1 000 m² 划分为一个检验批，不足500 m² 应按一个检验批；每个检验批的抽检数量，应按屋面面积每100 m² 抽查一处，每处应为10 m²，且不得少于3处
			排水板应铺设平整，接缝方法应符合国家现行有关标准的规定		
			过滤层土工布应铺设平整、接缝严密，其搭接宽度的允许偏差为－10 mm		
			种植土应铺设平整、均匀，其厚度的允许偏差为±5%，且不得大于30 mm	尺量检查	
	2	架空隔热层	架空隔热制品距山墙或女儿墙不得小于250 mm	观察和尺量检查	
			架空隔热层的高度及通风屋脊、变形缝做法，应符合设计要求		
			架空隔热制品接缝高低差的允许偏差为3 mm	直尺和塞尺检查	
	3	蓄水隔热层	防水混凝土表面应密实、平整，不得有蜂窝、麻面、露筋等缺陷	观察检查	
			防水混凝土表面的裂缝宽度不应大于0.2 mm，并不得贯通	刻度放大镜检查	
			蓄水池上所留设的溢水口、过水孔、排水管、溢水管等，其位置、标高和尺寸均应符合设计要求	观察和尺量检查	
			蓄水池结构的允许偏差应符合表4-6的规定	见表4-6	

表 4-6　蓄水池结构的允许偏差和检验方法

项目	允许偏差/mm	检验方法
长度、宽度	+15，−10	尺量检查
厚度	±5	
表面平整度	5	2 m靠尺和塞尺检查
排水坡度	符合设计要求	坡度尺检查

四、任务实施

(1)保证隔热工程施工质量的措施见"质量控制点"相关内容。

(2)隔热工程检验批质量验收按照"表 4-5 隔热工程质量检验标准"进行。

五、拓展提高

隔热工程施工过程中需注意的质量问题主要是架空隔热层风道不通畅。

其预防措施如下：

(1)砖支腿砌完后，在盖隔热板时应先将风道内的杂物清扫干净。

(2)如风道砌好后长期不进行铺盖隔热板，则应将风道临时覆盖，避免杂物落入风道内。

【任务巩固】

1. 种植隔热层的屋面坡度大于(　　)％时，其排水层、种植土层应采取防滑措施。

　　A. 5　　　　　　B. 15　　　　　　C. 20　　　　　　D. 30

2. 蓄水隔热层的防水混凝土表面的裂缝宽度不应大于(　　)mm，并不得贯通。

　　A. 0.2　　　　　B. 2　　　　　　C. 0.3　　　　　D. 3

3. 每个蓄水区的防水混凝土应一次浇筑完毕，(　　)留施工缝。

　　A. 宜　　　　　B. 应　　　　　　C. 必须　　　　　D. 不得

【例题 4-2】 某公共建筑工程，建筑面积为 22 000 m²，地下 2 层，地上 5 层，层高为 3.2 m，钢筋混凝土框架结构，大堂一至三层中空，大堂顶板为钢筋混凝土井字梁结构，屋面为女儿墙，屋面防水材料采用 SBS 卷材，某施工总承包单位承担施工任务。

架空隔热层的高度为 150 mm；架空隔热层混凝土板的强度等级为 C15。

屋面架空隔热层施工完后，发现隔热效果不佳。

问题：

(1)架空隔热层的高度和混凝土板的强度等级是否正确？说明理由。

(2)阐述屋面架空隔热层隔热效果不佳的原因及预防措施。

答案：

(1)架空隔热层的高度为 150 mm 不正确。

理由：架空隔热层的高度应按屋面宽度或坡度大小确定。设计无要求时，架空隔热层的高度宜为180～300 mm。

架空隔热层混凝土板的强度等级为C15不正确。

理由：架空隔热制品中混凝土板的强度等级不应低于C20，板厚及配筋应符合设计要求。

(2)架空隔热层隔热效果不佳的原因：风道内有砂浆、混凝土块或砖块等杂物，阻碍了风道内空气顺利流动。

预防措施：

(1)砌砖支腿时，操作人员应随手将砖墙上挤出的舌头灰刮尽，并用扫帚将砖面清扫干净；

(2)砖支腿砌完后，在盖隔热板时应先将风道内的杂物清扫干净；

(3)如风道砌好后长期不进行铺盖隔热板，则应将风道临时覆盖，避免杂物落入风道内。

【能力训练】

训练题目：完成保温层厚度和表面平整度的检查，并填写现场验收检查原始记录表。

子项目三　防水与密封工程

防水与密封是屋面分部工程的子分部工程，共包括四个分项工程：卷材防水层、涂膜防水层、复合防水层及接缝密封防水。

防水层施工前，基层应坚实、平整、干燥和干净。基层处理剂应配比准确，并应搅拌均匀；喷涂或涂刷基层处理剂应均匀一致，待其干燥后应及时进行卷材、涂膜防水层和接缝密封防水施工。防水层完工并经验收合格后，应及时做好成品保护。

任务一　防水工程质量控制与验收

一、任务描述

屋面工程施工过程中，要保证屋面防水工程的施工质量。屋面防水工程施工完毕后，完成屋面防水工程检验批的质量验收。

二、任务分析

本任务共包含两方面的内容：一是要保证屋面防水工程的施工质量；二是要对屋面防水工程检验批进行质量验收。

要保证屋面防水工程的施工质量，就需要掌握屋面防水工程施工质量控制要点。

要对屋面防水工程检验批进行质量验收，就需要掌握屋面防水工程检验批的检验标准及检验方法等知识。

三、相关知识

相关知识包括屋面防水工程质量控制点和屋面防水工程检验批的检验标准及检验方法两部分知识。

(一)质量控制点

1. 卷材防水层

(1)屋面坡度大于 25％时，卷材应采取满粘和钉压固定措施。

(2)卷材铺贴方向应符合下列规定：

1)卷材宜平行屋脊铺贴；

2)上下层卷材不得相互垂直铺贴。

(3)卷材搭接缝应符合下列规定：

1)平行屋脊的卷材搭接缝应顺流水方向，卷材搭接宽度应符合表 4-7 的规定；

2)相邻两幅卷材短边搭接缝应错开，且不得小于 500 mm；

3)上下层卷材长边搭接缝应错开，且不得小于幅宽的 1/3。

表 4-7　卷材搭接宽度　　　　　　　　　　　　　　　　　　　　　　mm

卷材类别		搭接宽度
合成高分子防水卷材	胶粘剂	80
	胶粘带	50
	单缝焊	60，有效焊接宽度不小于 25
	双缝焊	80，有效焊接宽度为 10×2＋空腔宽
高聚物改性沥青防水卷材	胶粘剂	100
	自粘	80

(4)冷粘法铺贴卷材应符合下列规定：

1)胶粘剂涂刷应均匀，不应露底，不应堆积；

2)应控制胶粘剂涂刷与卷材铺贴的间隔时间；

3)卷材下面的空气应排尽，并应辊压粘牢固；

4)卷材铺贴应平整顺直，搭接尺寸应准确，不得扭曲、皱折；

5)接缝口应用密封材料封严，宽度不应小于 10 mm。

(5)热粘法铺贴卷材应符合下列规定：

1)熔化热熔型改性沥青胶结料时，宜采用专有导热油炉加热，加热温度不应高于 200 ℃，使用温度不宜低于 180 ℃；

2)粘贴卷材的热熔型改性沥青胶结料厚度宜为 1.0～1.5 mm；

3)采用热熔型改性沥青胶结料粘贴卷材时，应随刮随铺，并应展平压实。

(6)热熔法铺贴卷材应符合下列规定：

1)火焰加热器加热卷材应均匀，不得加热不足或烧穿卷材；

2)卷材表面热熔后应立即滚铺，卷材下面的空气应排尽，并应辊压粘贴牢固；

3)卷材接缝部位应溢出热熔的改性沥青胶，溢出的改性沥青胶宽度宜为 8 mm；

4)铺贴的卷材应平整顺直，搭接尺寸应准确，不得扭曲、皱折；

5)厚度小于 3 mm 的高聚物改性沥青防水卷材，严禁采用热熔法施工。

(7)自粘法铺贴卷材应符合下列规定：

1)铺贴卷材时，应将自粘胶底面的隔离纸全部撕净；

2)卷材下面的空气应排尽，并应辊压粘贴牢固；

3)铺贴的卷材应平整顺直，搭接尺寸应准确，不得扭曲、皱折；

4)接缝口应用密封材料封严，宽度不应小于 10 mm；

5)低温施工时，接缝部位宜采用热风加热，并应随即粘贴牢固。

(8)焊接法铺贴卷材应符合下列规定：

1)焊接前卷材应铺设平整、顺直，搭接尺寸应准确，不得扭曲、皱折；

2)卷材焊接缝的结合面应干净、干燥，不得有水滴、油污及附着物；

3)焊接时应先焊长边搭接缝，后焊短边搭接缝；

4)控制加热温度和时间，焊接缝不得有漏焊、跳焊、焊焦或焊接不牢现象；

5)焊接时不得损害非焊接部位的卷材。

(9)机械固定法铺贴卷材应符合下列规定：

1)卷材应采用专用固定件进行机械固定；

2)固定件应设置在卷材搭接缝内，外露固定件应用卷材封严；

3)固定件应垂直钉入结构层有效固定，固定件数量和位置应符合设计要求；

4)卷材搭接缝应粘结或焊接牢固，密封应严密；

5)卷材周边 800 mm 范围内应满粘。

2. 涂膜防水层

(1)防水涂料应多遍涂布，并应待前一遍涂布的涂料干燥成膜后，再涂布后一遍涂料，且前后两遍涂料的涂布方向应相互垂直。

(2)铺设胎体增强材料应符合下列规定：

1)胎体增强材料宜采用聚酯无纺布或化纤无纺布；

2)胎体增强材料长边搭接宽度不应小于 50 mm，短边搭接宽度不应小于 70 mm；

3)上下层胎体增强材料的长边搭接缝应错开，且不得小于幅宽的 1/3；

4)上下层胎体增强材料不得相互垂直铺设。

(3)多组分防水涂料应按配合比准确计量，搅拌应均匀，并应根据有效时间确定每次配制的数量。

3. 复合防水层

(1)卷材与涂料复合使用时，涂膜防水层宜设置在卷材防水层的下面。

(2)卷材与涂料复合使用时，防水卷材的粘结质量应符合表 4-8 的规定。

表 4-8　防水卷材的粘结质量

项目	单位	自粘聚合物改性沥青防水卷材和带自粘层防水卷材	高聚物改性沥青防水卷材胶粘剂	合成高分子防水卷材胶粘剂
粘结剥离强度	N/10 mm	≥10 或卷材断裂	≥8 或卷材断裂	≥15 或卷材断裂
剪切状态下的粘合强度	N/10 mm	≥20 或卷材断裂	≥20 或卷材断裂	≥20 或卷材断裂
浸水 168 h 后粘结剥离强度保持率	%	—	—	≥70
注：防水涂料作为防水卷材粘结材料复合使用时，应符合相应的防水卷材胶粘剂规定。				

(3)复合防水层施工质量应符合卷材防水层和涂膜防水层的相关规定。

(二)检验批施工质量验收

防水工程质量检验标准见表 4-9。

表 4-9　防水工程质量检验标准

项目	序号	检查项目	检验标准及要求	检查方法	检查数量
主控项目	1	卷材防水层	防水卷材及其配套材料的质量应符合设计要求	检查出厂合格证、质量检验报告和进场检验报告	按屋面面积每 500～1 000 m² 划分为一个检验批，不足 500 m² 应按一个检验批；每个检验批的抽检数量，应按屋面面积每 100 m² 抽查一处，每处应为 10 m²，且不得少于 3 处
			不得有渗漏和积水现象	雨后观察或淋水、蓄水试验	
			卷材防水层在檐口、檐沟、天沟、水落口、泛水、变形缝和伸出屋面管道的防水构造，应符合设计要求	观察检查	
	2	涂膜防水层	防水涂料和胎体增强材料的质量应符合设计要求	检查出厂合格证、质量检验报告和进场检验报告	
			涂膜防水层不得有渗漏和积水现象	雨后观察或淋水、蓄水试验	
			涂膜防水层在檐口、檐沟、天沟、水落口、泛水、变形缝和伸出屋面管道的防水构造，应符合设计要求	观察检查	
			涂膜防水层的平均厚度应符合设计要求，且最小厚度不得小于设计厚度的 80%	针测法或取样量测	
	3	复合防水层	复合防水层所用防水材料及其配套材料的质量，应符合设计要求	检查出厂合格证、质量检验报告和进场检验报告	
			复合防水层不得有渗漏和积水现象	雨后观察或淋水、蓄水试验	
			复合防水层在天沟、檐沟、檐口、水落口、泛水、变形缝和伸出屋面管道的防水构造，应符合设计要求	观察检查	

项目	序号	检查项目	检验标准及要求	检查方法	检查数量
一般项目	1	卷材防水层	卷材搭接缝应粘结或焊接牢固，密封应严密，不得扭曲、皱折和翘边	观察检查	按屋面面积每500～1 000 m² 划分为一个检验批，不足500 m² 应按一个检验批；每个检验批的抽检数量，应按屋面面积每100 m² 抽查一处，每处应为10 m²，且不得少于3处
			卷材防水层的收头应与基层粘结，钉压应牢固，密封应严密		
			卷材防水层的铺贴方向应正确，卷材搭接宽度的允许偏差为－10 mm	观察和尺量检查	
			屋面排汽构造的排汽道应纵横贯通，不得堵塞；排汽管应安装牢固，位置应正确，封闭应严密		
	2	涂膜防水层	涂膜防水层与基层应粘结牢固，表面应平整，涂布应均匀，不得有流淌、皱折、起泡和露胎体等缺陷	观察检查	
			涂膜防水层的收头应用防水涂料多遍涂刷		
			铺贴胎体增强材料应平整顺直，搭接尺寸应准确，应排除气泡，并应与涂料粘结牢固；胎体增强材料搭接宽度的允许偏差为－10 mm	观察和尺量检查	
	3	复合防水层	卷材与涂膜应粘结牢固，不得有空鼓和分层现象	观察检查	
			复合防水层总厚度应符合设计要求	针测法或取样量测	

四、任务实施

（1）保证防水工程施工质量的措施见"质量控制点"相关内容。

（2）防水工程检验批质量验收按照"表4-9 防水工程质量检验标准"进行。

五、拓展提高

防水工程施工过程中应注意的质量问题如下所述。

（1）热熔法铺贴卷材时，因操作不当造成卷材起鼓。

预防措施：

1）高聚物改性沥青防水卷材施工时，火焰加热要均匀、充分、适度。在操作时，首先，持枪人不能让火焰停留在一个地方的时间过长，而应沿着卷材宽度方向缓缓移动，使卷材横向受热均匀。其次，要求加热充分，温度适中。再次，要掌握加热程度，以热熔后沥青胶出现黑色光泽（此时沥青温度在200 ℃～230 ℃之间）、发亮并有微泡现象为度。

2)趁热推滚，排尽空气。卷材被热熔粘贴后，要在卷材尚处于较柔软时，就及时进行滚压。滚压时间可根据施工环境、气候条件调节掌握。气温高冷却慢，滚压时间宜稍紧密接触，排尽空气，而在铺压时用力又不宜过大，确保粘结牢固。

（2）转角、立面和卷材接缝处粘结不牢。

预防措施：

1)基层必须做到平整、坚实、干净、干燥。

2)涂刷基层处理剂，并要求做到均匀一致，无空白漏刷现象，但切勿反复涂刷。

3)屋面转角处应按规定增加卷材附加层，并注意与原设计的卷材防水层相互搭接牢固，以适应不同方向的结构和温度变形。

4)对于立面铺贴的卷材，应将卷材的收头固定于立墙的凹槽内，并用密封材料嵌填封严。

5)卷材与卷材之间的搭接缝口，亦应用密封材料封严，宽度不应小于 10 mm。密封材料应在缝口抹平，使其形成有明显的沥青条带。

【任务巩固】

1. 卷材搭接缝相邻两幅卷材短边搭接缝应错开，且不得小于(　　)mm。

   A. 50　　　　　　B. 150　　　　　　C. 200　　　　　　D. 500

2. 高聚物改性沥青防水卷材采用(　　)时，搭接宽度为 80 mm。

   A. 胶粘剂　　　B. 胶粘带　　　　C. 单缝焊　　　　D. 自粘

3. 卷材与涂料复合使用时，涂膜防水层宜设置在卷材防水层的(　　)。

   A. 上面　　　　B. 下面　　　　　C. 上面或下面　　D. 无要求

任务二　密封防水工程质量控制与验收

一、任务描述

屋面工程施工过程中，要保证接缝密封防水工程的施工质量。接缝密封防水工程施工完毕后，完成接缝密封防水工程检验批的质量验收。

二、任务分析

本任务共包含两方面的内容：一是要保证接缝密封防水工程的施工质量；二是要对接缝密封防水工程检验批进行质量验收。

要保证接缝密封防水工程的施工质量，就需要掌握接缝密封防水工程施工质量控制要点。

要对接缝密封防水工程检验批进行质量验收，就需要掌握接缝密封防水工程检验批的检验标准及检验方法等知识。

三、相关知识

相关知识包括接缝密封防水工程质量控制点和接缝密封防水工程检验批的检验标准及检验方法两部分知识。

(一)质量控制点

(1)密封防水部位的基层应符合下列要求：

1)基层应牢固，表面应平整、密实，不得有裂缝、蜂窝、麻面、起皮和起砂现象；

2)基层应清洁、干燥，并应无油污、无灰尘；

3)嵌入的背衬材料与接缝壁间不得留有孔隙；

4)密封防水部位的基层宜涂刷基层处理剂，涂刷应均匀，不得漏涂。

(2)多组分密封材料应按配合比准确计量，拌和应均匀，并应根据有效时间确定每次配制的数量。

(3)密封材料嵌填完成后，在固化前应避免灰尘、破损及污染，且不得踩踏。

(二)检验批施工质量验收

接缝密封防水工程质量检验标准见表 4-10。

表 4-10　接缝密封防水工程质量检验标准

项目	序号	检查项目	检验标准及要求	检查方法	检查数量
主控项目	1	材料要求	密封材料及其配套材料的质量，应符合设计要求	检查出厂合格证、质量检验报告和进场检验报告	按屋面面积每 500～1 000 m² 划分为一个检验批，不足 500 m² 应按一个检验批；每个检验批的抽检数量，应按屋面面积每 100 m² 抽查一处，每处应为 10 m²，且不得少于 3 处
	2	密封质量	密封材料嵌填应密实、连续、饱满，粘结牢固，不得有气泡、开裂、脱落等缺陷	观察检查	
一般项目	1	基层要求	密封防水部位的基层应符合相关规定	观察检查	
	2	嵌填深度	接缝宽度和密封材料的嵌填深度应符合设计要求，接缝宽度的允许偏差为±10%	尺量检查	
	3	表面质量	嵌填的密封材料表面应平滑，缝边应顺直，应无明显不平和周边污染现象	观察检查	

四、任务实施

(1)保证接缝密封防水工程施工质量的措施见"质量控制点"相关内容。

(2)接缝密封防水工程检验批质量验收按照"表 4-10 接缝密封防水工程质量检验标准"进行。

五、拓展提高

接缝密封防水工程施工过程中应注意的质量问题如下所述。

(1)进场密封材料的储运、保管不当。

预防措施：

1)密封材料的包装容器必须密封，容器表面应有明显标志，标明材料名称、生产厂名、生产日期和产品有效期。

2)不同品种、规格和等级的密封材料应分开存放。多组分密封材料更应避免组分间相互混淆。

3)保管环境应干燥、通风、远离火源并不得日晒、雨淋、受潮，避免碰撞并防止渗漏。

4)储运和保管的环境温度对水溶型密封材料应高于 5 ℃，对溶剂型密封材料不宜低于 0 ℃，同时不应高出 50 ℃。储存期控制在各产品的要求范围内。

(2)完成养护的屋面接缝，做嵌缝充填前清理、修整不当。

预防措施：

1)缝边松动、起皮、泛砂予以剔除，缺边掉角修补完整，过窄或堵塞段通过割、凿贯通，使接缝纵横相互贯通、缝侧密实平整、宽窄均匀且满足设计要求。

2)清除缝内残余物，钢丝刷刷除缝壁和缝顶两侧 80～100 mm 范围的水泥浮浆等杂物，吹扫清洗干净并晾晒或采取相应的干燥措施，使之含水率不大于 10%。

3)待充填接缝的基层应牢固、无缺损，表面平整、密实，不得有蜂窝、麻面、起皮和起砂现象。

【任务巩固】

1. 接缝宽度和密封材料的嵌填深度应符合设计要求，接缝宽度的允许偏差为(　　　)。
   A. ±5%　　　　　B. ±10%　　　　　C. ±15%　　　　　D. ±20%

2. 密封材料嵌填应密实、连续、饱满，粘结牢固，(　　　)有气泡、开裂、脱落等缺陷。
   A. 不得　　　　　B. 可　　　　　C. 应　　　　　D. 宜

3. 接缝密封防水工程的表面质量检查方法为(　　　)。
   A. 尺量检查　　　B. 观察检查　　　C. 设备检查　　　D. 直尺检查

【例题 4-3】 某公共建筑工程，建筑面积为 22 000 m²，地下 2 层，地上 5 层，层高为 3.2 m，钢筋混凝土框架结构，大堂一至三层中空，大堂顶板为钢筋混凝土井字梁结构，屋面为女儿墙，屋面防水材料采用 SBS 卷材，某施工总承包单位承担施工任务。

屋面防水层施工时，因工期紧没有搭设安全防护栏杆。工人王某在铺贴卷材后退时不慎从屋面掉下，经医院抢救无效死亡。

屋面进行闭水试验时，发现女儿墙根部漏水，经检查，主要原因是转角处卷材开裂，施工总承包单位进行了整改。

问题：

(1)从安全防护措施角度指出发生这一起伤亡事故的直接原因。

(2)项目经理部负责人在事故发生后应该如何处理此事？

(3)按先后顺序说明女儿墙根部漏水质量问题的治理步骤。

答案：

（1）事故直接原因：临边防护未做好。

（2）事故发生后，项目经理应及时上报，保护现场，做好抢救工作，积极配合调查，认真落实纠正和预防措施，并认真吸取教训。

（3）刚性防水层与女儿墙交接处，应留 30 mm 缝隙并用密封材料嵌填；泛水处应铺设卷材或涂膜附加层；铺贴女儿墙泛水檐口 800 mm 范围内采取满粘法。

【能力训练】

训练题目：完成卷材防水层的铺贴方向和卷材搭接宽度的检查，并填写现场验收检查原始记录表。

子项目四　细部构造工程

细部构造是屋面分部工程的子分部工程，共包括十一个分项工程：檐口、檐沟和天沟、女儿墙和山墙、水落口、变形缝、伸出屋面管道、屋面出入口、反梁过水孔、设施基座、屋脊及屋顶窗。

一、任务描述

屋面工程施工过程中，要保证细部构造工程的施工质量。细部构造工程施工完毕后，完成细部构造工程检验批的质量验收。

二、任务分析

本任务共包含两方面的内容：一是要保证细部构造工程的施工质量；二是要对细部构造工程检验批进行质量验收。

要保证细部构造工程的施工质量，就需要掌握细部构造工程施工质量控制要点。

要对细部构造工程检验批进行质量验收，就需要掌握细部构造工程检验批的检验标准及检验方法等知识。

三、相关知识

相关知识包括细部构造工程质量控制点和细部构造工程检验批的检验标准及检验方法两部分知识。

(一)质量控制点

（1）细部构造工程各分项工程每个检验批应全数进行检验。

（2）细部构造所使用卷材、涂料和密封材料的质量应符合设计要求，两种材料之间应具有相容性。

(3)屋面细部构造热桥部位的保温处理，应符合设计要求。

(二)检验批施工质量验收

细部构造工程质量检验标准见表 4-11。

表 4-11　细部构造工程质量检验标准

项目	序号	检查项目	检验标准及要求	检查方法	检查数量
主控项目	1	檐口	檐口的防水构造应符合设计要求	观察检查	全数检查
			檐口的排水坡度应符合设计要求；檐口部位不得有渗漏和积水现象	坡度尺检查和雨后观察或淋水试验	
	2	檐沟和天沟	防水构造应符合设计要求	观察检查	全数检查
			排水坡度应符合设计要求；沟内不得有渗漏和积水现象	坡度尺检查和雨后观察或淋水、蓄水试验	
	3	女儿墙和山墙	防水构造应符合设计要求	观察检查	全数检查
			压顶向内排水坡度不应小于 5%，压顶内侧下端应做成鹰嘴或滴水槽	观察和坡度尺检查	
			根部不得有渗漏和积水现象	雨后观察或淋水试验	
	4	水落口	防水构造应符合设计要求	观察检查	全数检查
			水落口杯上口应设在沟底最低处；水落口处不得有渗漏和积水现象	雨后观察或淋水、蓄水试验	
	5	变形缝	防水构造应符合设计要求	观察检查	全数检查
			变形缝处不得有渗漏和积水现象	雨后观察或淋水试验	
	6	伸出屋面管道	防水构造应符合设计要求	观察检查	全数检查
			伸出屋面管根部不得有渗漏和积水现象	雨后观察或淋水试验	
	7	屋面出入口	防水构造应符合设计要求	观察检查	全数检查
			屋面出入口处不得有渗漏和积水现象	雨后观察或淋水试验	
	8	反梁过水孔	防水构造应符合设计要求	观察检查	全数检查
			反梁过水孔处不得有渗漏和积水现象	雨后观察或淋水试验	
	9	设施基座	防水构造应符合设计要求	观察检查	全数检查
			设施基座处不得有渗漏和积水现象	雨后观察或淋水试验	
	10	屋脊	防水构造应符合设计要求	观察检查	全数检查
			屋脊处不得有渗漏现象	雨后观察或淋水试验	
	11	屋顶窗	防水构造应符合设计要求	观察检查	全数检查
			屋顶窗及其周围不得有渗漏现象	雨后观察或淋水试验	

项目	序号	检查项目	检验标准及要求	检查方法	检查数量
一般项目	1	檐口	檐口在 800 mm 范围内的卷材应满粘	观察检查	全数检查
			卷材收头应在找平层的凹槽内用金属压条钉压固定，并应用密封材料封严		
			涂膜收头应用防水涂料多遍涂刷		
			檐口端部应抹聚合物水泥砂浆，其下端应做成鹰嘴和滴水槽		
	2	檐沟和天沟	檐沟、天沟附加层铺设应符合设计要求	观察和尺量检查	全数检查
			檐沟防水层应由沟底翻上至外侧顶部，卷材收头应用金属压条钉压固定，并应用密封材料封严；涂膜收头应用防水涂料多遍涂刷	观察检查	
			檐沟外侧顶部及侧面均匀抹聚合物水泥砂浆，其下端做成鹰嘴或滴水槽		
	3	女儿墙和山墙	泛水高度及附加层铺设应符合设计要求	观察和尺量检查	全数检查
			卷材应满粘，卷材收头应用金属压条钉压固定，并应用密封材料封严	观察检查	
			涂膜应直接涂刷至压顶下，涂膜收头应用防水涂料多遍涂刷		
	4	水落口	水落口的数量和位置应符合设计要求；水落口杯应安装牢固	观察和手扳检查	全数检查
			水落口周围直径 500 mm 范围内坡度不应小于5%，水落口周围的附加层铺设应符合设计要求	观察和尺量检查	
			防水层及附加层伸入水落口杯内不应小于 50 mm，并应粘结牢固		
	5	变形缝	泛水高度和附加层铺设应符合设计要求	观察和尺量检查	全数检查
			防水层应铺贴或涂刷至泛水墙顶部	观察检查	
			等高变形缝顶部宜加扣混凝土或金属盖板。混凝土盖板的接缝应用密封材料封严；金属盖板应铺钉牢固，搭接缝应顺流水方向，并应做好防锈处理		
			高低跨变形缝在高跨墙面上的防水卷材封盖和金属盖板，应用金属压条钉压固定，并应用密封材料封严		
	6	伸出屋面管道	泛水高度和附加层铺设，应符合设计要求	观察和尺量检查	全数检查
			周围的找平层应抹出高度不小于 30 mm 的排水坡		
			卷材防水层收头应用金属箍固定，并应用密封材料封严；涂膜防水层收头应用防水涂料多遍涂刷	观察检查	

项目	序号	检查项目	检验标准及要求	检查方法	检查数量
一般项目	7	屋面出入口	屋面垂直出入口防水层收头应压在压顶圈下，附加层铺设应符合设计要求	观察检查	全数检查
			屋面水平出入口防水层收头应压在混凝土踏步下，附加层铺设和护墙应符合设计要求		
			屋面出入口的泛水高度不应小于 250 mm	观察和尺量检查	
	8	反梁过水孔	反梁过水孔的孔底标高、孔洞尺寸或预埋管管径，均应符合设计要求	尺量检查	全数检查
			反梁过水孔的孔洞四周应涂刷防水涂料；预埋管道两端周围与混凝土接触处应留凹槽，并应用密封材料封严	观察检查	
	9	设施基座	设施基座与结构层相连时，防水层应包裹设施基座的上部，并应在地脚螺栓周围做密封处理	观察检查	全数检查
			设施基座直接放置在防水层上时，设施基座下部应增设附加层，必要时应在其上浇筑细石混凝土，其厚度不应小于 50 mm		
			需经常维护的设施基座周围和屋面出入口至设施之间的人行道，应铺设块体材料或细石混凝土保护层		
	10	屋脊	平脊和斜脊铺设应顺直，应无起伏现象	观察检查	全数检查
			脊瓦应搭盖正确，间距应均匀，封固严密	观察和手扳检查	
	11	屋顶窗	屋顶窗用金属排水板、窗框固定铁脚应与屋面连接牢固	观察检查	全数检查
			屋顶窗用窗口防水卷材应铺贴平整，粘结应牢固		

四、任务实施

(1)保证细部构造工程施工质量的措施见"质量控制点"相关内容。

(2)细部构造工程检验批质量验收按照"表4-11 细部构造工程质量检验标准"进行。

五、拓展提高

细部构造工程施工过程中应注意的质量问题如下所述。

(一)水落口处有渗漏现象；水落口排水不畅通、有积水

预防措施：

(1)施工前应调整水落口管垂直度，固定雨水管后才进行防水油膏嵌缝施工。

(2)结构施工完成后，水落口汇水区直径范围水泥砂浆面层应进行表面压光处理，在找

平层到面层保护层施工过程进行递减厚度，保证面层的排水坡度。

(二)女儿墙在变形缝处没有断开，影响变形功能

预防措施：

(1)严格按照设计图纸施工。

(2)女儿墙变形缝内灰浆杂物清理干净。

(3)变形缝内填充聚苯乙烯泡沫塑料，上部填放衬垫材料，并用卷材封盖。

(4)金属板材盖板用射钉或螺栓固定牢固，两边铺设钢板网。

(5)采用平板盖板时单边固定，一边活动。

【任务巩固】

1. 水落口周围直径 500 mm 范围内坡度不应小于( )。

   A. 5%   B. 10%   C. 15%   D. 20%

2. 伸出屋面管道周围的找平层应抹出高度不小于( )mm 的排水坡。

   A. 10   B. 20   C. 30   D. 50

3. 屋面出入口的泛水高度不应小于( )mm。

   A. 150   B. 250   C. 400   D. 500

【例题 4-4】 某公共建筑工程，建筑面积为 22 000 m²，地下 2 层，地上 5 层，层高为 3.2 m，钢筋混凝土框架结构，大堂一至三层中空，大堂顶板为钢筋混凝土井字梁结构，屋面为女儿墙，屋面防水材料采用 SBS 卷材，某施工总承包单位承担施工任务。

施工单位对屋面细部构造工程拟定了质量检验方案，包括检验内容和检查数量等。

问题：

(1)屋面细部构造工程包括哪些检验内容？

(2)屋面细部构造工程各分项工程每个检验批检验数量为多少？

答案：

(1)包括檐口、檐沟和天沟、女儿墙和山墙、水落口、变形缝、伸出屋面管道、屋面出入口、反梁过水孔、设施基座、屋脊、屋顶窗共十一部分内容。

(2)细部构造工程各分项工程每个检验批应全数进行检验。

【能力训练】

训练题目：完成细部构造工程防水构造的检验，并填写现场验收检查原始记录表。

项目四　综合训练

某教学楼长为 75.76 m，宽为 25.2 m，共 7 层，室内外高差为 450 mm。1～7 层每层层高均为 4.2 m，顶层水箱间层高为 3.9 m，建筑高度为 29.85 m(室外设计地面到平屋面面层)，建筑总高度为 30.75 m(室外设计地面到平屋面女儿墙)，钢筋混凝土框架结构。屋面防水层由一层聚氨酯防水涂料和一层自粘 SBS 高分子防水卷材构成。

屋面防水施工完成后，聚氨酯底胶配制时用的二甲苯稀释剂剩余不多，工人张某随手将剩余的二甲苯从屋面向外倒在了回填土上。

屋面防水工程检查验收时发现少量卷材起鼓，鼓泡有大有小，直径大的达到90 mm，鼓泡割破后发现有冷凝水珠。经查阅相关技术资料后发现：没有基层含水率试验和防水卷材粘贴试验记录；屋面防水工程技术交底要求自粘SBS卷材搭接宽度为50 mm，接缝口应用密封材料封严，宽度不小于5 mm。

问题：

(1)试分析卷材起鼓原因，并指出正确的处理方法。

(2)自粘SBS卷材搭接宽度和接缝口密封材料封严宽度应满足什么要求？

(3)将剩余的二甲苯倒在工地上的危害之处是什么？指出正确的处理方法。

答案：

(1)原因是在卷材防水层中粘结不实的部位，窝有水分和气体，当其受到太阳照射或人工热源影响后，体积膨胀，造成鼓泡。

治理方法：

1)直径为100 mm以下的中、小鼓泡，可用抽气灌胶法治理，并压上几块砖，几天后再将砖移去即可。

2)直径为100～300 mm的鼓泡，可先铲除鼓泡处的保护层，再用刀将鼓泡按斜十字形割开，放出鼓泡内气体，擦干水，清除旧胶结料，用喷灯把卷材内部吹干；然后，按顺序把旧卷材分片重新粘贴好，再新粘一块方形卷材(其边长比开刀范围大100 mm)，压入卷材下；最后，粘贴覆盖好卷材，四边搭接好，并重做保护层。上述分片铺贴顺序是按屋面流水方向先下再左右后上。

3)直径更大的鼓泡用割补法治理。先用刀把鼓泡卷材割除，按上一做法进行基层清理，再用喷灯烘烤旧卷材槎口，并分层剥开，除去旧胶结料后依次粘贴好旧卷材，上铺一层新卷材(四周与旧卷材搭接不小于100 mm)；然后，贴上旧卷材，再依次粘贴旧卷材，上面覆盖第二层新卷材；最后，粘贴卷材，周边压实刮平，重做保护层。

(2)屋面防水工程技术交底要求，自粘SBS卷材搭接宽度为60 mm，接缝口应用密封材料封严，宽度不小于10 mm。

(3)二甲苯具有毒性，对神经系统有麻醉作用，对皮肤有刺激作用，易挥发，燃点低，对环境造成影响。正确的处理方法是把它退回给仓库保管员。

![项目小结图标] ➤ 项目小结

本项目主要介绍了基层与保护工程质量控制与验收、保温与隔热工程质量控制与验收、防水与密封工程质量控制与验收及细部构造工程质量控制与验收四大部分内容。

基层与保护工程质量控制与验收包括基层工程质量控制与验收和保护工程质量控制与验收。

保温与隔热工程质量控制与验收包括保温工程质量控制与验收和隔热工程质量控制与验收。

防水与密封工程质量控制与验收包括屋面防水工程质量控制与验收和接缝密封工程质量控制与验收。

细部构造工程质量控制与验收包括檐口、檐沟和天沟、女儿墙和山墙、水落口、变形缝、伸出屋面管道、屋面出入口、反梁过水孔、设施基座、屋脊和屋顶窗的质量控制与验收。

思 考 题

1. 防水工程施工前对防水材料检查与检验的内容有哪些?
2. 屋面防水工程施工过程检查与检验的内容有哪些?
3. 板状材料保温工程需要作质量查验的内容有哪些?
4. 架空隔热工程需要作质量查验的内容有哪些?
5. 细部构造工程包括哪些分项工程?

知 识 链 接

一、单项选择题

1. 屋面找坡应满足设计排水坡要求,结构找坡不应小于( ),材料找坡宜为 2%;檐沟、天沟纵向找坡不应小于 1%,沟底水落差不得超过 200 mm。
   A. 2%　　　　　B. 3%　　　　　C. 4%　　　　　D. 5%

2. 屋面工程中找平层宜采用水泥砂浆或细石混凝土;找平层的抹平工序应在( )完成,压光工序应在终凝前完成,终凝后应进行养护。
   A. 初凝前　　　B. 终凝前　　　C. 初凝后　　　D. 终凝后

3. 隔汽层应设置在( )与保温层之间,隔汽层应选用气密性、水密性好的材料。
   A. 结构层　　　B. 构造层　　　C. 防水层　　　D. 主体基础

4. 隔汽层采用卷材时宜空铺,卷材搭接缝应满粘,其搭接宽度不应小于( )mm,隔汽层采用涂料时,应涂刷均匀。
   A. 40　　　　　B. 60　　　　　C. 80　　　　　D. 100

5. 现浇泡沫混凝土保温层的厚度应符合设计要求,其正负偏差应为 5%,且不得大于 5 mm,检验方法为( )。
   A. 钢针插入　　　　　　　　　B. 尺量检查
   C. 钻芯测量　　　　　　　　　D. 钢针插入和尺量检查

6. 架空隔热制品距山墙或女儿墙不得小于( )mm。
   A. 200　　　　　B. 250　　　　　C. 300　　　　　D. 400

7. 胎体增强材料长边搭接宽度不应小于 50 mm，短边搭接宽度不应小于( )mm。

    A. 120   B. 100   C. 70   D. 50

8. 热熔法铺贴卷材时，厚度小于( )mm 的高聚物改性沥青防水卷材，严禁采用热熔法施工。

    A. 3   B. 4   C. 5   D. 6

9. 防水层及附加层伸入水落口杯内不应小于( )mm，并应粘结牢固。

    A. 15   B. 20   C. 25   D. 50

10. 架空隔热层相邻两块制品的高低差不得大于( )mm。

    A. 3   B. 5   C. 6   D. 8

二、多项选择题

1. 保温材料的( )，必须符合设计要求。

    A. 导热系数   B. 表观密度或干密度   C. 抗压强度或压缩强度

    D. 抗拉强度   E. 燃烧性能

2. 屋面工程的主要功能是( )。

    A. 排水   B. 防水   C. 保温

    D. 隔热   E. 承重

3. ( )是屋面工程的细部工程。

    A. 檐沟和天沟   B. 女儿墙和山墙   C. 水落管

    D. 变形缝   E. 檐口

4. 屋面工程中架空隔热制品的质量应符合下列要求( )。

    A. 非上人屋面的砌块强度等级不应低于 MU7.5

    B. 上人屋面的砌块强度等级不应低于 MU10

    C. 混凝土板的强度等级不应低于 C20

    D. 混凝土板的强度等级不应低于 C40

    E. 板厚及配筋应符合设计要求

5. 密封防水部位的基层应符合下列要求( )。

    A. 基层应牢固，表面应平整，密实，不得有裂缝、蜂窝、麻面、起皮和起砂现象

    B. 基层混凝土强度等级不得小于 C30

    C. 基层应清洁、干燥，并应无油污、无灰尘

    D. 嵌入的背衬材料与接缝壁间不得留有空隙

    E. 密封防水部位的基层宜涂刷基层处理剂，涂刷应均匀，不得漏涂

三、案例题

案例一 某市新建一大型文化广场，新建主体建筑总面积为 65 000 m²，地下 5 层，地上 3 层，结构形式为钢筋混凝土框架-剪力墙结构和钢结构屋架。本地下工程防水等级为一级，屋面防水年限为 25 年，建筑耐火等级为一级。地下室室外顶板大部分区域均种植绿化，其防水采用三道设防，具体做法如下：

(1)回填土(种植土)；

(2)土工植物一层(带根系隔离层)；

(3)25 mm 厚疏水板，外伸出地下室外墙 300 mm 外；

(4)2 mm 厚合成高分子防水涂膜两道，下伸至地下室侧墙施工缝 300 mm 以下，用密封膏封严；

(5)20 mm 厚聚合物防水砂浆。

问题：

(1)试述钢筋混凝土框架剪力墙结构的优点和钢结构屋架吊装程序。

(2)本地下工程防水按哪一质量验收规范进行施工？本屋面防水工程等级为几级？为确保屋面防水工程质量，应严格根据哪一质量验收规范进行施工？

(3)本工程地下室室外顶板绿化种植土厚度至少为多少米？土工植物地基有什么作用？

案例二 某市科技大学新建一座现代化的智能教学楼，框架－剪力墙结构，地下 2 层，地上 18 层，建筑面积为 24 500 m²，某建筑公司施工总承包，工程于 2010 年 3 月开工建设。

地下防水采用卷材防水和防水混凝土两种防水结合。施工时，施工队在防水混凝土终凝后立即进行养护，养护 7 d 后，开始卷材防水施工。卷材防水采用外防外贴法。先铺立面，后铺平面。

屋面采用高聚物改性沥青防水卷材，屋面施工完毕后持续淋水 1 h 后进行检查，并进行了蓄水检验，蓄水时间 12 h。工程于 2011 年 8 月 28 日竣工验收。在使用至第 3 年发现屋面有渗漏，学校要求原施工单位进行维修处理。

问题：

(1)屋面渗漏淋水试验和蓄水检查是否符合施工要求？请简要说明。

(2)学校要求原施工单位进行维修处理是否合理？为什么？

(3)地下防水工程施工时哪些工作不合理？应该如何正确操作？

(4)该教学楼屋面防水工程造成渗漏的质量问题可能有哪些？

项目五　建筑装饰装修工程

一、教学目标

(一)知识目标

(1)了解建筑装饰装修工程施工质量控制要点。

(2)熟悉建筑装饰装修工程施工常见的质量问题及预防措施。

(3)掌握建筑装饰装修工程验收标准、验收内容和验收方法。

(二)能力目标

(1)能根据《建筑工程施工质量验收统一标准》(GB 50300—2013)、《建筑装饰装修工程质量验收规范》(GB 50210—2001)和《建筑地面工程施工质量验收规范》(GB 50209—2010)的规定,运用质量验收方法、验收内容等知识,对建筑装饰装修工程进行验收和评定。

(2)能根据建筑装饰装修工程施工方案文件等,对建筑装饰装修工程常见质量问题进行预控。

(三)素质目标

(1)具备团队合作精神。

(2)具备组织、管理及协调能力。

(3)具备表达能力。

(4)具备工作责任心。

(5)具备查阅资料及自学能力。

二、教学重点与难点

(一)教学重点

(1)建筑装饰装修工程施工质量控制要点。

(2)建筑装饰装修工程验收标准、验收内容和验收方法。

(二)教学难点

建筑装饰装修工程施工常见的质量问题及预防措施。

子项目一　建筑地面工程

　　建筑地面是建筑装饰装修分部工程的子分部工程，共包括四个分项工程：基层铺设、整体面层铺设、板块面层铺设及木、竹面层铺设。

　　建筑地面工程采用的大理石、花岗岩、料石等天然石材以及砖、预制板块、地毯、人造板材、胶粘剂、涂料、水泥、砂、石、外加剂等材料或产品应符合国家现行有关室内环境污染控制和放射性、有害物质限量的规定。材料进场时应具有检测报告。

　　建筑地面工程施工时，各层环境温度的控制应符合材料或产品的技术要求，并应符合下列规定：采用掺有水泥、石灰的拌合料铺设以及用石油沥青胶结料铺贴时，不应低于5 ℃；采用有机胶粘剂粘贴时，不应低于10 ℃；采用砂、石材料铺设时，不应低于0 ℃；采用自流平、涂料铺设时，不应低于5 ℃，也不应高于30 ℃。

　　各类面层的铺设宜在室内装饰工程基本完工后进行。木、竹面层、塑料板面层、活动地板面层、地毯面层的铺设，应待抹灰工程、管道试压等完工后进行。

　　建筑地面工程的分项工程施工质量检验的主控项目，应达到规范规定的质量标准，认定为合格；一般项目80%以上的检查点(处)符合规范规定的质量要求，其他检查点(处)不得有明显影响使用的问题，且最大偏差值不超过允许偏差值的50%为合格。

任务一　基层铺设工程质量控制与验收

一、任务描述

　　地面工程施工过程中，要保证基层铺设工程的施工质量。基层铺设工程施工完毕后，完成基层铺设工程检验批的质量验收。

二、任务分析

　　本任务共包含两方面的内容：一是要保证基层铺设工程的施工质量；二是要对基层铺设工程检验批进行质量验收。

　　要保证基层铺设工程的施工质量，就需要掌握基层铺设工程施工质量控制要点。

　　要对基层铺设工程检验批进行质量验收，就需要掌握基层铺设工程检验批的检验标准及检验方法等知识。

三、相关知识

　　相关知识包括基层铺设工程质量控制点和基层铺设工程检验批的检验标准及检验方法两部分知识。

(一)质量控制点

(1)基层的标高、坡度、厚度等应符合设计要求。基层表面应平整，其允许偏差和检验方法应符合表 5-1 的规定。

表 5-1　基层表面的允许偏差和检验方法

序号	项目	允许偏差/mm													检验方法
		基土	垫层					找平层				填充层		隔离层	绝热层	
					垫层地板											
		土	砂、砂石、碎石、碎砖	灰土、三合土、四合土、炉渣、水泥混凝土、陶粒混凝土	木搁栅	拼花实木地板、拼花实木复合地板、软木类地板面层	其他种类面层	用胶结料做结合层铺设板块面层	用水泥砂浆做结合层铺设板块面层	用胶粘剂做结合层铺设拼花木板、浸渍纸层压木质地板、实木复合地板、竹地板、软木地板面层	金属板面层	松散材料	板、块材料	防水、防潮、防油渗	板块材料、浇筑材料、喷涂材料	
1	表面平整度	15	15	10	3	3	5	3	5	2	3	7	5	3	4	用 2 m 靠尺和楔形塞尺检查
2	标高	0 −50	±20	±10	±5	±5	±8	±5	±8	±4	±4	±4	±4	±4	±4	用水准仪检查
3	坡度	不大于房间相应尺寸的 2/1 000，且不大于 30														用坡度尺检查
4	厚度	在个别地方不大于设计厚度的 1/10，且不大于 20														用钢尺检查

(2)基土。

1)地面应铺设在均匀密实的基土上。土层结构被扰动的基土应进行换填，并予以压实，压实系数应符合设计要求。

2)对软弱土层应按设计要求进行处理。

3)填土应分层摊铺、分层压(夯)实、分层检验其密实度。

4)填土时应为最优含水量。重要工程或大面积的地面填土前，应取土样，按击实试验确定最优含水量与相应的最大干密度。

(3)灰土垫层。

1)灰土垫层应采用熟化石灰与黏土(或粉质黏土、粉土)的拌合料铺设，其厚度不应小于 100 mm。

2)熟化石灰粉可采用磨细生石灰，亦可用粉煤灰代替。

3)灰土垫层应铺设在不受地下水浸泡的基土上。施工后应有防止水浸泡的措施。

4)灰土垫层应分层夯实，经湿润养护、晾干后方可进行下一道工序施工。

(4)砂垫层和砂石垫层。

1)砂垫层厚度不应小于 60 mm；砂石垫层厚度不应小于 100 mm。

2)砂石应选用天然级配材料。铺设时不应有粗细颗粒分离现象，压(夯)至不松动为止。

(5)找平层。

1)找平层宜采用水泥砂浆或水泥混凝土铺设。当找平层厚度小于 30 mm 时，宜用水泥砂浆做找平层；当找平层厚度不小于 30 mm 时，宜用细石混凝土做找平层。

2)找平层铺设前，当其下一层有松散填充料时，应予铺平振实。

3)有防水要求的建筑地面工程，铺设前必须对立管、套管和地漏与楼板节点之间进行密封处理，并应进行隐蔽验收；排水坡度应符合设计要求。

4)在预制钢筋混凝土板上铺设找平层时，其板端应按设计要求做防裂的构造措施。

(6)隔离层。

1)隔离层材料的防水、防油渗性能应符合设计要求。

2)在水泥类找平层上铺设卷材类、涂料类防水、防油渗隔离层时，其表面应坚固、洁净、干燥。铺设前，应涂刷基层处理剂。基层处理剂应采用与卷材性能相容的配套材料或采用与涂料性能相容的同类涂料的底子油。

3)当采用掺有防渗外加剂的水泥类隔离层时，其配合比、强度等级、外加剂的复合掺量应符合设计要求。

4)铺设隔离层时，在管道穿过楼板面四周，防水、防油渗材料应向上铺涂，并超过套管的上口；在靠近柱、墙处，应高出面层 200～300 mm 或按设计要求的高度铺涂。阴阳角和管道穿过楼板面的根部应增加铺涂附加防水、防油渗隔离层。

5)防水隔离层铺设后，应进行蓄水检验，并做记录。

(7)填充层。

1)填充层材料的密度和导热系数应符合设计要求。

2)填充层的下一层表面应平整。当为水泥类时，还应洁净、干燥，并不得有空鼓、裂缝和起砂等缺陷。

3)采用松散材料铺设填充层时，应分层铺平拍实；采用板、块状材料铺设填充层时，应分层错缝铺贴。

(8)绝热层。

1)绝热层材料的性能、品种、厚度、构造做法应符合设计要求和国家现行有关标准的规定。

2)建筑物室内接触基土的首层地面应增设水泥混凝土垫层后方可铺设绝热层，垫层的厚度及强度等级应符合设计要求。首层地面及楼层楼板铺设绝热层前，表面平整度宜控制在 3 mm 以内。

3)有防水、防潮要求的地面，宜在防水、防潮隔离层施工完毕并验收合格后再铺设绝热层。

4)穿越地面进入非采暖保温区域的金属管道应采取隔断热桥的措施。

5)绝热层与地面面层之间应设有水泥混凝土结合层，构造做法及强度等级应符合设计要求。设计无要求时，水泥混凝土结合层的厚度不应小于 30 mm，层内应设置间距不大于 200 mm×200 mm 的 $\phi 6$ 钢筋网片。

(二)检验批施工质量验收

基层铺设工程质量检验标准见表 5-2。

表 5-2　基层铺设工程质量检验标准 mm

项目	序号	项目	检验标准及要求	检验方法	检查数量
主控项目	1	基土	基土不应用淤泥、腐殖土、冻土、耕植土、膨胀土和建筑杂物作为填土，填土土块的粒径不应大于 50 mm	观察检查和检查土质记录	符合注 1 要求
			基土应均匀密实，压实系数应符合设计要求，设计无要求时，不应小于 0.9	观察检查和检查试验记录	
			Ⅰ类建筑基土的氡浓度应符合现行国家标准《民用建筑工程室内环境污染控制规范》(GB 50325—2010)的规定	检查检测报告	同一工程、同一土源地点检查一组
	2	灰土垫层	灰土体积比应符合设计要求	观察检查和检查配合比试验报告	同一工程、同一体积比检查一项
	3	砂垫层和砂石垫层	砂和砂石不应含有草根等有机杂质；砂应采用中砂；石子最大粒径不应大于垫层厚度的 2/3	观察检查和检查质量合格证明文件	符合注 1 要求
			砂垫层和砂石垫层的干密度(或贯入度)应符合设计要求	观察检查和检查试验记录	
	4	找平层	找平层采用碎石或卵石的粒径不应大于其厚度的 2/3，含泥量不应大于 2%；砂为中粗砂，其含泥量不应大于 3%	观察检查和检查质量合格证明文件	同一工程、同一强度等级、同一配合比检查一次
			水泥砂浆体积比、水泥混凝土强度等级应符合设计要求，且水泥砂浆体积比不应小于 1∶3(或相应强度等级)；水泥混凝土强度等级不应小于 C15	观察检查和检查配合比试验报告、强度等级检测报告	符合注 2 要求
			有防水要求的建筑地面工程的立管、套管、地漏处不应渗漏，坡向应正确、无积水	观察检查和蓄水、泼水检验及坡度尺检查	符合注 1 要求
			在有防静电要求的整体面层的找平层施工前，其下敷设的导电地网系统应与接地引下线和地下接电体有可靠连接，经电性能检测且符合相关要求后进行隐蔽工程验收	观察检查和检查质量合格证明文件	
	5	隔离层	隔离层材料应符合设计要求和现行国家有关标准的规定	观察检查和检查型式检验报告、出厂检验报告、出厂合格证	同一工程、同一材料、同一生产厂家、同一型号、同一规格、同一批号检查一次
			卷材类、涂料类隔离层材料进入施工现场，应对材料的主要物理性能指标进行复验	检查复验报告	执行现行国家标准《屋面工程质量验收规范》(GB 50207—2012)的有关规定

项目	序号	项目	检验标准及要求	检验方法	检查数量
主控项目	5	隔离层	厨浴间和有防水要求的建筑地面必须设置防水隔离层。楼层结构必须采用现浇混凝土或整块预制混凝土板，混凝土强度等级不应小于C20；房间的楼板四周除门洞外应做混凝土翻边，高度不应小于200 mm，宽同墙厚，混凝土强度等级不应小于C20。施工时结构层标高和预留孔洞位置应准确，严禁乱凿洞	观察和钢尺检查	符合注1要求
			水泥类防水隔离层的防水等级和强度等级应符合设计要求	观察检查和检查防水等级检测报告、强度等级检测报告	符合注2要求
			防水隔离层严禁渗漏，排水的坡向应正确、排水通畅	观察检查和蓄水、泼水检验、坡度尺检查及检查验收记录	符合注1要求
	6	填充层	填充层材料应符合设计要求和国家现行有关标准的规定	观察检查和检查质量合格证明文件	同一工程、同一材料、同一生产厂家、同一型号、同一规格、同一批号检查一次
			填充层的厚度、配合比应符合设计要求	用钢尺检查和检查配合比试验报告	符合注1要求
			对填充材料接缝有密闭要求的应密封良好	观察检查	
	7	绝热层	绝热层材料应符合设计要求和国家现行有关标准的规定	观察检查和检查形式检验报告、出厂检验报告、出厂合格证	同一工程、同一材料、同一生产厂家、同一型号、同一规格、同一批号检查一次
			绝热层材料进入施工现场时，应对材料的导热系数、表观密度、抗压强度或压缩强度、阻燃性进行复验	检查复验报告	
			绝热层的板块材料应采用无缝铺贴法铺设，表面应平整	观察检查、楔形塞尺检查	符合注1要求
一般项目	1	基土	基土表面的允许偏差应符合表5-1的规定	见表5-1	符合注1要求
	2	灰土垫层	熟化石灰颗粒粒径不应大于5 mm；黏土(或粉质黏土、粉土)内不得含有有机物质，颗粒粒径不应大于16 mm	观察检查和检查质量合格证明文件	
			灰土垫层表面的允许偏差应符合表5-1的规定	见表5-1	
	3	砂垫层和砂石垫层	表面不应有砂窝、石堆等现象	观察检查	
			砂垫层和砂石垫层表面的允许偏差应符合表5-1的规定	见表5-1	

项目	序号	项目	检验标准及要求	检验方法	检查数量
一般项目	4	找平层	找平层与其下一层结合应牢固，不应有空鼓	用小锤轻击检查	符合注1要求
			找平层表面应密实，不应有起砂、蜂窝和裂缝等缺陷	观察检查	
			找平层表面的允许偏差应符合表5-1的规定	见表5-1	
	5	隔离层	隔离层厚度应符合设计要求	观察检查和用钢尺、卡尺检查	
			隔离层与其下一层应粘结牢固，不应有空鼓；防水涂层应平整、均匀，无脱皮、起壳、裂缝、鼓泡等缺陷	用小锤轻击检查和观察检查	
			隔离层表面的允许偏差应符合表5-1的规定	见表5-1	
	6	填充层	松散材料填充层铺设应密实；板块状材料填充层应压实、无翘曲	观察检查	
			填充层的坡度应符合设计要求，不应有倒泛水和积水现象	观察和采用泼水或用坡度尺检查	
			填充层表面的允许偏差应符合表5-1的规定	见表5-1	
			用作隔声的填充层，其表面的允许偏差应符合表5-1中"隔离层"的规定	按表5-1中"隔离层"的检验方法检验	
	7	绝热层	绝热层的厚度应符合设计要求，不应出现负偏差，表面应平整	直尺或钢尺检查	
			绝热层表面应无开裂	观察检查	
			绝热层与地面面层之间的水泥混凝土结合层或水泥砂浆找平层，表面应平整，允许偏差应符合表5-1中"找平层"的规定	按表5-1中"找平层"的检验方法检验	

注：1. 每检验批应以各子分部工程的基层(各构造层)和各类面层所划分的分项工程按自然间(或标准间)检验，抽查数量应随机检验不应少于3间；不足3间，应全数检查；其中走廊(过道)应以10延长米为1间，工业厂房(按单跨计)、礼堂、门厅应以两个轴线为1间计算；有防水要求的建筑地面子分部工程的分项工程施工质量每检验批抽查数量应按其房间总数随机检验不少于4间，若不足4间，应全数检查。

2. 强度等级检测报告按检验同一施工批次、同一配合比水泥混凝土和水泥砂浆强度的试块，应按每一层(或检验批)建筑地面工程不少于1组。当每一层(或检验批)建筑地面工程面积大于1000 m²时，每增加1000 m²应增做1组试块；小于1000 m²按1000 m²计算，取样1组；检验同一施工批次、同一配合比的散水、明沟、踏步、台阶、坡度的水泥混凝土、水泥砂浆强度的试块，应按每150延长米不少于1组。

四、任务实施

(1)保证基层铺设工程施工质量的措施见"质量控制点"相关内容。

(2)基层铺设工程检验批质量验收按照"表5-2 基层铺设工程质量检验标准"进行。

【任务巩固】

1. 当找平层厚度小于(　　)mm 时，宜用水泥砂浆做找平层。

 A. 30   B. 50   C. 80   D. 100

2. 基土应均匀密实，压实系数应符合设计要求，设计无要求时，不应小于(　　)。

 A. 0.5   B. 0.6   C. 0.8   D. 0.9

3. 熟化石灰颗粒粒径不应大于 5 mm；黏土(或粉质黏土、粉土)内不得含有有机物质，颗粒粒径不应大于(　　)mm。

 A. 6   B. 16   C. 26   D. 36

任务二　整体面层铺设工程质量控制与验收

一、任务描述

地面工程施工过程中，要保证整体面层铺设工程的施工质量。整体面层铺设工程施工完毕后，完成整体面层铺设工程检验批的质量验收。

二、任务分析

本任务共包含两方面的内容：一是要保证整体面层铺设工程的施工质量；二是要对整体面层铺设工程检验批进行质量验收。

要保证整体面层铺设工程的施工质量，就需要掌握整体面层铺设工程施工质量控制要点。

要对整体面层铺设工程检验批进行质量验收，就需要掌握整体面层铺设工程检验批的检验标准及检验方法等知识。

三、相关知识

相关知识包括整体面层铺设工程质量控制点和整体面层铺设工程检验批的检验标准及检验方法两部分知识。

(一)质量控制点

(1)铺设整体面层时，水泥类基层的抗压强度不得小于 1.2 MPa；表面应粗糙、洁净、湿润并不得有积水。铺设前宜凿毛或涂刷界面剂。硬化耐磨面层、自流平面层的基层处理应符合设计及产品的要求。

(2)整体面层施工后，养护时间不应少于 7 d；抗压强度达到 5 MPa 后方准上人行走；抗压强度达到设计要求后，方可正常使用。

(3)当采用掺有水泥拌合料做踢脚线时，不得用石灰混合砂浆打底。

(4)水泥类整体面层的抹平工作应在水泥初凝前完成，压光工作应在水泥终凝前完成。

(5)整体面层的允许偏差和检验方法应符合表 5-3 的规定。

表 5-3 整体面层的允许偏差和检验方法

序号	项目	允许偏差/mm				检验方法
		水泥混凝土面层	水泥砂浆面层	普通水磨石面层	高级水磨石面层	
1	表面平整度	5	4	3	2	用2m靠尺和楔形塞尺检查
2	踢脚线上口平直	4	4	3	3	拉5m线和用钢尺检查
3	缝格顺直	3	3	3	2	

(6)水泥混凝土面层。

1)水泥混凝土面层厚度应符合设计要求。

2)水泥混凝土面层铺设不得留设施工缝。当施工间隙超过允许时间规定时，应对接槎处进行处理。

(7)水泥砂浆面层。

1)水泥砂浆面层的厚度应符合设计要求，且不应小于 20 mm。

2)基层应清理干净，表面应粗糙，湿润并不得有积水。

(8)水磨石面层。

1)水磨石面层应采用水泥与石粒拌合料铺设，有防静电要求时，拌合料内应按设计要求掺入导电材料。面层厚度除有特殊要求外，宜为 12~18 mm，且宜按石粒粒径确定。水磨石面层的颜色和图案应符合设计要求。

2)水磨石面层的结合层采用水泥砂浆时，强度等级应符合设计要求且不应小于 M10，稠度宜为 30~35 mm。

3)普通水磨石面层磨光遍数不应少于 3 遍。高级水磨石面层的厚度和磨光遍数应由设计单位确定。

(二)检验批施工质量验收

整体面层铺设工程质量检验标准见表 5-4。

表 5-4 整体面层铺设工程质量检验标准   mm

项目	序号	项目	检验标准及要求	检验方法	检查数量
主控项目	1	水泥混凝土面层	水泥混凝土采用的粗骨料，最大粒径不应大于面层厚度的2/3，细石混凝土面层采用的石子粒径不应大于 16 mm	观察检查和检查质量合格证明文件	同一工程、同一强度等级、同一配合比检查一次
			防水水泥混凝土中掺入的外加剂的技术性能应符合国家现行有关标准的规定，外加剂的品种和掺量应经试验确定	检查外加剂合格证明文件和配合比试验报告	同一工程、同一品种、同一掺量检查一次
			面层的强度等级应符合设计要求，且强度等级不应小于 C20	检查配合比试验报告和强度等级检测报告	符合表5-2注2的要求
			面层与下一层应结合牢固，且应无空鼓和开裂。当出现空鼓时，空鼓面积不应大于 400 cm²，且每自然间或标准间不应多于 2 处	观察和用小锤轻击检查	符合表5-2注1的要求

项目	序号	项目	检验标准及要求	检验方法	检查数量
主控项目	2	水泥砂浆面层	水泥宜采用硅酸盐水泥、普通硅酸盐水泥，不同品种、不同强度等级的水泥不应混用；砂应为中粗砂，当采用石屑时，其粒径应为1～5 mm，且含泥量不应大于3%；防水水泥砂浆采用的砂或石屑，其含泥量不应大于1%	观察检查和检查质量合格证明文件	同一工程、同一强度等级、同一配合比检查一次
			防水水泥砂浆中掺入的外加剂的技术性能应符合国家现行有关标准的规定，外加剂的品种和掺量应经试验确定	观察检查和检查质量合格证明文件、配合比试验报告	同一工程、同一强度等级、同一配合比、同一外加剂品牌、同一掺量检查一次
			水泥砂浆的体积比（强度等级）应符合设计要求，且体积比应为1∶2，强度等级不应小于M15	检查强度等级检测报告	符合表5-2注2的要求
			有排水要求的水泥砂浆地面、坡向应正确、排水通畅；防水水泥砂浆面层不应渗漏	观察检查和蓄水、泼水检验或坡度尺检查及检查检验记录	符合表5-2注1的要求
			面层与下一层应结合牢固，且应无空鼓和开裂。当出现空鼓时，空鼓面积不应大于400 cm²，且每自然间或标准间不应多于2处	观察和用小锤轻击检查	
	3	水磨石面层	水磨石面层的石粒应采用白云石、大理石等岩石加工而成，石粒应洁净无杂物，其粒径除特殊要求外应为6～16 mm；颜料应采用耐光、耐碱的矿物原料，不得使用酸性颜料	观察检查和检查质量合格证明文件	同一工程、同一体积比检查一次
			水磨石面层拌合料的体积比应符合设计要求，且水泥与石粒的比例应为1∶1.5～1∶2.5	检查配合比试验报告	
			防静电水磨石面层应在施工前及施工完成表面干燥后进行接地电阻和表面电阻测试，并做好记录	检查施工记录和检测报告	符合表5-2注1的要求
			面层与下一层应结合牢固，且应无空鼓和开裂。当出现空鼓时，空鼓面积不应大于400 cm²，且每自然间或标准间不应多于2处	观察和用小锤轻击检查	
一般项目	1	水泥混凝土面层	面层表面应洁净，不应有裂纹、脱皮、麻面、起砂等缺陷	观察检查	符合表5-2注1的要求
			面层表面的坡度应符合设计要求，不应有倒泛水和积水现象	观察和采用泼水或用坡度尺检查	
			踢脚线与柱、墙面应紧密结合，踢脚线高度和出柱、墙厚度应符合设计要求且均匀一致。当出现空鼓时，局部空鼓长度不应大于300 mm，且每自然间或标准间不应多于2处	用小锤轻击、钢尺和观察检查	
			楼梯、台阶踏步的宽度、高度应符合设计要求。楼层梯段相邻踏步高度差不应大于10 mm；每踏步两端宽度差不应大于10 mm，旋转楼梯梯段每踏步两端宽度允许偏差不应大于5 mm。踏步面层应做防滑处理，齿角应整齐，防滑条应顺直牢固	观察和用钢尺检查	

项目	序号	项目	检验标准及要求	检验方法	检查数量
一般项目	1	水泥混凝土面层	水泥混凝土面层的允许偏差应符合表 5-3 的规定	见表 5-3	符合表 5-2 注 1 的要求
	2	水泥砂浆面层	面层表面的坡度应符合设计要求,不应有倒泛水和积水现象	观察和采用泼水或坡度尺检查	符合表 5-2 注 1 的要求
			面层表面应洁净,不应有裂纹、脱皮、麻面、起砂等现象	观察检查	
			踢脚线与柱、墙面应紧密结合,踢脚线高度和出柱、墙厚度应符合设计要求且均匀一致。当出现空鼓时,局部空鼓长度不应大于 300 mm,且每自然间或标准间不应多于 2 处	用小锤轻击、钢尺和观察检查	
			楼梯、台阶踏步的宽度、高度应符合设计要求。楼层梯段相邻踏步高度差不应大于 10 mm;每踏步两端宽度差不应大于 10 mm,旋转楼梯梯段每踏步两端宽度允许偏差不应大于 5 mm。踏步面层应做防滑处理,齿角应整齐,防滑条应顺直、牢固	观察和用钢尺检查	
			水泥砂浆面层的允许偏差应符合表 5-3 的规定	见表 5-3	
	3	水磨石面层	面层表面应光滑,且应无裂纹、砂眼和磨痕;石粒应密实,显露应均匀;颜色图案应一致,不混色;分格条应牢固、顺直和清晰	观察检查	符合表 5-2 注 1 的要求
			踢脚线与柱、墙面应紧密结合,踢脚线高度和出柱、墙厚度应符合设计要求且均匀一致。当出现空鼓时,局部空鼓长度不应大于 300 mm,且每自然间或标准间不应多于 2 处	用小锤轻击、钢尺和观察检查	
			楼梯、台阶踏步的宽度、高度符合设计要求。楼层梯段相邻踏步高度差不应大于 10 mm;每踏步两端宽度差不应大于 10 mm,旋转楼梯梯段每踏步两端宽度允许偏差不应大于 5 mm。踏步面层应做防滑处理,齿角应整齐,防滑条应顺直牢固	观察和用钢尺检查	
			水磨石面层的允许偏差应符合表 5-3 的规定	见表 5-3	

四、任务实施

(1)保证整体面层铺设工程施工质量的措施见"质量控制点"相关内容。

(2)整体面层铺设工程检验批质量验收按照"表 5-4 整体面层铺设工程质量检验标准"进行。

【任务巩固】

1. 铺设整体面层时,水泥类基层的抗压强度不得小于(　　)MPa。

A. 1　　　　　　　B. 1.2　　　　　　　C. 2　　　　　　　D. 2.5

2. 整体面层施工后，抗压强度应达到( )MPa后方准上人行走。

A. 3　　　　　　 B. 5　　　　　　 C. 7　　　　　　 D. 1.2

3. 水泥混凝土面层的强度等级应符合设计要求，且强度等级不应小于( )。

A. C15　　　　　 B. C20　　　　　 C. C25　　　　　 D. C30

任务三　板块面层铺设工程质量控制与验收

一、任务描述

地面工程施工过程中，要保证板块面层铺设工程的施工质量。板块面层铺设工程施工完毕后，完成板块面层铺设工程检验批的质量验收。

二、任务分析

本任务共包含两方面的内容：一是要保证板块面层铺设工程的施工质量；二是要对板块面层铺设工程检验批进行质量验收。

要保证板块面层铺设工程的施工质量，就需要掌握板块面层铺设工程施工质量控制要点。

要对板块面层铺设工程检验批进行质量验收，就需要掌握板块面层铺设工程检验批的检验标准及检验方法等知识。

三、相关知识

相关知识包括板块面层铺设工程质量控制点和板块面层铺设工程检验批的检验标准及检验方法两部分知识。

(一)质量控制点

(1)铺设板块面层时，水泥类基层的抗压强度不得小于1.2 MPa。

(2)铺设板块面层的结合层和板块间的填缝采用水泥砂浆时，应符合下列规定：

1)配置水泥砂浆应采用硅酸盐水泥、普通硅酸盐水泥或矿渣硅酸盐水泥；

2)配置水泥砂浆的砂应符合现行行业标准《普通混凝土用砂、石质量及检验方法标准》(JGJ 52—2006)的有关规定；

3)水泥砂浆的体积比(或强度等级)应符合设计要求。

(3)结合层和板块面层填缝的胶结材料应符合现行国家有关标准的规定和设计要求。

(4)铺设水泥混凝土板块、水磨石板块、人造石板块、陶瓷马赛克、陶瓷地砖、缸砖、水泥花砖、料石、大理石、花岗石等面层的结合层和填缝材料采用水泥砂浆时，在面层铺设后，表面应覆盖、湿润，养护时间不应少于7 d。当板块面层的水泥砂浆结合层的抗压强度达到设计要求后，方可正常使用。

(5)大面积板块面层的伸缩缝及分格缝应符合设计要求。

(6)板块类踢脚线施工时，不得采用混合砂浆打底。

(7)板块面层的允许偏差和检验方法应符合表5-5的规定。

表5-5　板块面层的允许偏差和检验方法

序号	项目	允许偏差/mm											检验方法
		陶瓷锦砖面层、高级水磨石板、陶瓷地砖面层	缸砖面层	水泥花砖面层	水磨石板块面层	大理石面层、花岗石面层、人造石面层、金属板面层	塑料板面层	水泥混凝土板块面层	碎拼大理石、碎拼花岗石面层	活动地板面层	条石面层	块石面层	
1	表面平整度	2.0	4.0	3.0	3.0	1.0	2.0	4.0	3.0	2.0	10	10	用2m靠尺和楔形塞尺检查
2	缝格平直	3.0	3.0	3.0	3.0	2.0		3.0	3.0	2.5	8.0	8.0	拉5m线和用钢尺检查
3	接缝高低差	0.5	1.5	0.5	1	0.5	0.5	1.5		0.4	2.0		用钢尺和楔形塞尺检查
4	踢脚线上口平直	3.0	4.0	—	4.0	1.0	2.0	4.0	1.0	—	—	—	拉5m线和用钢尺检查
5	板块间隙宽度	2.0	2.0	2.0	2.0	1.0	—	6.0		0.3	5.0		用钢尺检查

(8)砖面层。

1)在水泥砂浆结构层上铺贴缸砖、陶瓷地砖和水泥花砖面层时，应符合下列规定：

①在铺贴前，应对砖的规格尺寸、外观质量、色泽等进行预选；需要时，浸水湿润晾干待用；

②勾缝和压缝应采用同品种、同强度等级、同颜色的水泥，并做养护和保护。

2)在水泥砂浆结合层上铺贴陶瓷锦砖面层时，砖底面应洁净，每联陶瓷锦砖之间、与结合层之间以及在墙角、镶边和靠柱、墙处应紧密贴合。在靠柱、墙处不得采用砂浆填补。

3)在胶结料结合层上铺贴缸砖面层时，缸砖应干净，铺贴应在胶结料凝结前完成。

(9)大理石面层和花岗石面层。

1)大理石、花岗石面层采用天然大理石、花岗石(或碎拼大理石、碎拼花岗石)板材，应在结合层上铺设。

2)板材有裂缝、掉角、翘曲和表面有缺陷时应予剔除，品种不同的板材不得混杂使用；在铺设前，应根据石材的颜色、花纹、图案、纹理等按设计要求，试拼编号。

3)铺设大理石、花岗石面层前，板材应浸湿、晾干；结合层与板材应分段同时铺设。

(二)检验批施工质量验收

板块面层铺设工程质量检验标准见表5-6。

表 5-6　板块面层铺设工程质量检验标准 　　　　　　　　　　　　mm

项目	序号	项目	检验标准及要求	检验方法	检查数量
主控项目	1	砖面层	砖面层所用板块产品应符合设计要求和现行国家有关标准的规定	观察检查和检查型式检验报告、出厂检验报告、出厂合格证	同一工程、同一材料、同一生产厂家、同一型号、同一规格、同一批号检查一次
			砖面层所用板块产品进入施工现场时,应有放射性限量合格的检测报告	检查检测报告	
			面层与下一层应结合(粘结)牢固,无空鼓(单块砖边角允许有局部空鼓,但每自然间或标准间的空鼓砖不应超过总数的5%)	用小锤轻击检查	符合表5-2注1的要求
	2	大理石面层和花岗石面层	大理石、花岗石面层所用板块产品应符合设计要求和国家现行有关标准的规定	观察检查和检查质量合格证明文件	同一工程、同一材料、同一生产厂家、同一型号、同一规格、同一批号检查一次
			大理石、花岗石面层所用板块产品进入施工现场时,应有放射性限量合格的检测报告	检查检测报告	
			面层与下一层应结合牢固,无空鼓(单块板块边角允许有局部空鼓,但每自然间或标准间的空鼓板块不应超过总数的5%)	用小锤轻击检查	符合表5-2注1的要求
一般项目	1	砖面层	面层表面应洁净、图案清晰,色泽应一致,接缝应平整,深浅应一致,周边应顺直。板块应无裂纹、掉角和缺楞等缺陷	观察检查	符合表5-2注1的要求
			面层邻接处的镶边用料及尺寸应符合设计要求,边角应整齐、光滑	观察和用钢尺检查	
			踢脚线表面应洁净,与柱、墙面结合应牢固。踢脚线高度和出柱、墙厚度应符合设计要求且均匀一致	观察和用小锤轻击及钢尺检查	
			楼梯、台阶踏步的宽度、高度应符合设计要求。踏步板块的缝隙宽度应一致;楼层梯段相邻踏步高度差不应大于10 mm;每踏步两端宽度差不应大于10 mm,旋转楼梯梯段的每踏步两端宽度的允许偏差不应大于5 mm。踏步面层应做防滑处理,齿角应整齐,防滑条应顺直、牢固	观察和用钢尺检查	
			面层表面的坡度应符合设计要求,不倒泛水、无积水;与地漏、管道结合处应严密牢固,无渗漏	观察、泼水或用坡度尺及蓄水检查	
			面层的允许偏差应符合表5-5的规定	见表5-5	

项目	序号	项目	检验标准及要求	检验方法	检查数量
一般项目	2	大理石面层和花岗石面层	大理石、花岗石面层铺设前，板块的背面和侧面应进行防碱处理	观察检查和检查施工记录	符合表5-2注1的要求
			面层表面应洁净、平整、无磨痕，且应图案清晰、色泽一致、接缝均匀、周边顺直、镶嵌正确，板块应无裂纹、掉角和缺楞等缺陷	观察检查	
			踢脚线表面应洁净，与柱、墙面结合应牢固。踢脚线高度和出柱、墙厚度应符合设计要求，且均匀一致	观察和用小锤轻击及钢尺检查	
			楼梯、台阶踏步的宽度、高度应符合设计要求。踏步板块的缝隙宽度应一致；楼层梯段相邻踏步高度差不应大于10 mm；每踏步两端宽度差不应大于10 mm，旋转楼梯梯段的每踏步两端宽度的允许偏差不应大于5 mm。踏步面层应做防滑处理，齿角应整齐，防滑条应顺直、牢固	观察和用钢尺检查	
			面层表面的坡度应符合设计要求，不倒泛水、无积水；与地漏、管道结合处应严密牢固，无渗漏	观察、泼水或用坡度尺及蓄水检查	
			面层的允许偏差应符合表5-5的规定	见表5-5	

四、任务实施

(1)保证板块面层铺设工程施工质量的措施见"质量控制点"相关内容。

(2)板块面层铺设工程检验批质量验收按照"表5-6 板块面层铺设工程质量检验标准"进行。

【任务巩固】

1. 板块类踢脚线施工时，不得采用(　　)打底。

　　A. 水泥砂浆　　　　B. 石灰砂浆　　　　C. 混合砂浆　　　　D. A+B

2. 砖面层与下一层应结合(粘结)牢固，无空鼓，用(　　)检查。

　　A. 百格网　　　　B. 射线　　　　C. 雷达　　　　D. 小锤轻击

3. 铺设板块面层时，水泥类基层的抗压强度不得小于(　　)MPa。

　　A. 1　　　　B. 1.2　　　　C. 1.5　　　　D. 2.5

【例题5-1】 某既有综合楼装修改造工程共9层，层高为3.6 m。地面工程施工中，卫生间地面防水材料铺设后，做蓄水试验：蓄水时间为24 h，深度为18 mm；大厅花岗石地面出现不规则花斑。

问题：

指出地面工程施工中哪些做法不正确，并写出正确的施工方法。

答案：

地面工程施工中有一处施工方法不正确："大厅花岗石地面出现不规则花斑"，施工质量不合格。花岗石地面出现不规则花斑现象，是因为采用湿作业法铺设，在铺设前没有做防碱背涂处理。

正确的做法应根据规定操作，采用湿作业法施工的饰面板工程，石材应进行防碱背涂处理。

【能力训练】

训练题目：完成大理石面层和花岗石面层与下一层结合情况的检查，并填写现场验收检查原始记录表。

子项目二　抹灰工程

抹灰是建筑装饰装修分部工程的子分部工程，共包括四个分项工程：一般抹灰、保温层薄抹灰、装饰抹灰及清水砌体勾缝。

抹灰工程验收时应检查抹灰工程的施工图、设计说明及其他设计文件，材料的产品合格证书、性能检测报告、进场验收记录和复验报告，隐蔽工程验收记录，施工记录。

抹灰工程应对抹灰总厚度大于或等于 35 mm 时的加强措施和不同材料基体交接处的加强措施等隐蔽工程项目进行验收。

各分项工程的检验批应按下列规定划分：相同材料、工艺和施工条件的室外抹灰工程每 500～1 000 m² 应划分为一个检验批，不足 500 m² 也应划分为一个检验批；相同材料、工艺和施工条件的室内抹灰工程每 50 个自然间（大面积房间和走廊按抹灰面积 30 m² 为一间）应划分为一个检验批，不足 50 间也应划分为一个检验批。

任务一　一般抹灰工程质量控制与验收

一、任务描述

抹灰工程施工过程中，要保证一般抹灰工程的施工质量。一般抹灰工程施工完毕后，完成一般抹灰工程检验批的质量验收。

二、任务分析

本任务共包含两方面的内容：一是要保证一般抹灰工程的施工质量；二是要对一般抹

灰工程检验批进行质量验收。

要保证一般抹灰工程的施工质量，就需要掌握一般抹灰工程施工质量控制要点。

要对一般抹灰工程检验批进行质量验收，就需要掌握一般抹灰工程检验批的检验标准及检验方法等知识。

三、相关知识

相关知识包括一般抹灰工程质量控制点和一般抹灰工程检验批的检验标准及检验方法两部分知识。

(一)质量控制点

(1)抹灰工程应对水泥的凝结时间和安定性进行复验。

(2)抹灰用的石灰膏的熟化期不应少于 15 d，罩面用的磨细石灰粉的熟化期不应少于 3 d。

(3)当要求抹灰层具有防水、防潮功能时，应采用防水砂浆。

(4)各种砂浆抹灰层，在凝结前应防止快干、水冲、撞击、振动和受冻，在凝结后应采取措施防止沾污和损坏，水泥砂浆抹灰层应在湿润条件下养护。

(5)外墙和顶棚的抹灰层与基层之间及各抹灰层之间必须粘结牢固。

(6)外墙抹灰工程施工前应先安装钢木门窗框、护栏等，并应将墙上的施工孔洞堵塞密实。

(7)室内墙面、柱面和门洞口的阳角做法应符合设计要求，设计无要求时，应采用 1:2 的水泥砂浆做暗护角，其高度不应低于 2 m，每侧宽度不应小于 50 mm。

(二)检验批施工质量验收

一般抹灰工程质量检验标准见表 5-7。

表 5-7 一般抹灰工程质量检验标准

项目	序号	项目	检验标准及要求	检查方法	检查数量
主控项目	1	基层表面	抹灰前基层表面的尘土、污垢、油渍等应清除干净，并应洒水润湿	检查施工记录	室内每个检验批至少抽查 10%并不得少于 3 间，不足 3 间时应全数检查；室外每个检验批每 100 m² 应至少抽查一处，每处不得小于 10 m²
	2	材料品种和性能	所用材料的品种和性能应符合设计要求。水泥的凝结时间和安定性复验应合格。砂浆的配合比应符合设计要求	检查产品合格证书、进场验收记录、复验报告和施工记录	
	3	操作要求	抹灰工程应分层进行。当抹灰总厚度大于或等于 35 mm 时，应采取加强措施。不同材料基体交接处表面的抹灰，应采取防止开裂的加强措施，当采用加强网时，加强网与各基体的搭接宽度不应小于 100 mm	检查隐蔽工程验收记录和施工记录	
	4	层间及层面要求	抹灰层与基层之间及各抹灰层之间必须粘结牢固，抹灰层应无脱层、空鼓，面层应无爆灰和裂缝	用小锤轻击检查、检查施工记录	

项目	序号	项目	检验标准及要求	检查方法	检查数量
一般项目	1	表面质量	一般抹灰工程的表面质量应符合下列规定： (1)普通抹灰表面应光滑、洁净、接槎平整、分格缝应清晰； (2)高级抹灰表面应光滑、洁净、颜色均匀、无抹纹、分格缝和灰线应清晰美观	观察、手摸检查	同主控项目
	2	细部质量	护角、孔洞、槽、盒周围的抹灰表面应整齐、光滑；管道后面的抹灰表面应平整	观察	
	3	抹灰层总厚度及层间材料	抹灰层的总厚度应符合设计要求；水泥砂浆不得抹在石灰砂浆层上；罩面石膏灰不得抹在水泥砂浆层上	检查施工记录	
	4	分格缝	抹灰分格缝的设置应符合设计要求，宽度和深度应均匀，表面应光滑，棱角应整齐	观察，尺量检查	
	5	滴水线(槽)	有排水要求的部位应做滴水线(槽)。滴水线(槽)应整齐顺直，滴水线应内高外低，滴水槽的宽度和深度均不应小于 10 mm		
	6	允许偏差	一般抹灰工程质量的允许偏差和检验方法应符合表 5-8 的规定	见表 5-8	

表 5-8　一般抹灰的允许偏差和检验方法

序号	项目	允许偏差/mm		检验方法
		普通抹灰	高级抹灰	
1	立面垂直度	4	3	用 2 m 垂直检测尺检查
2	表面平整度	4	3	用 2 m 靠尺和塞尺检查
3	阴阳角方正	4	3	用直角检测尺检查
4	分格条(缝)直线度	4	3	拉 5 m 线，不足 5 m 拉通线，用钢直尺检查
5	墙裙、勒脚上口直线度	4	3	

注：1 普通抹灰，本表第 3 项阴角方正可不检查；
　　2 顶棚抹灰，本表第 2 项表面平整度可不检查，但应平顺。

四、任务实施

(1)保证一般抹灰工程施工质量的措施见"质量控制点"相关内容。

(2)一般抹灰工程检验批质量验收按照"表 5-7 一般抹灰工程质量检验标准"进行。

【任务巩固】

1.抹灰工程应对水泥的凝结时间和(　　)进行复验。

　　A. 密度　　　　　B. 质量　　　　　C. 安定性　　　　　D. 强度

2. 抹灰用的石灰膏的熟化期不应少于(　　)d。

　　A. 7　　　　　　　B. 14　　　　　　　C. 15　　　　　　　D. 28

3. 室内墙面、柱面和门洞口的阳角做法应符合设计要求，设计无要求时，应采用1∶2 水泥砂浆做暗护角，其高度不应低于(　　)m，每侧宽度不应小于50 mm。

　　A. 1.8　　　　　　B. 2　　　　　　　C. 2.5　　　　　　　D. 3

任务二　装饰抹灰工程质量控制与验收

一、任务描述

抹灰工程施工过程中，要保证装饰抹灰工程的施工质量。装饰抹灰工程施工完毕后，完成装饰抹灰工程检验批的质量验收。

二、任务分析

本任务共包含两方面的内容：一是要保证装饰抹灰工程的施工质量；二是要对装饰抹灰工程检验批进行质量验收。

要保证装饰抹灰工程的施工质量，就需要掌握装饰抹灰工程施工质量控制要点。

要对装饰抹灰工程检验批进行质量验收，就需要掌握装饰抹灰工程检验批的检验标准及检验方法等知识。

三、相关知识

相关知识包括装饰抹灰工程质量控制点和装饰抹灰工程检验批的检验标准及检验方法两部分知识。

(一)质量控制点

同一般抹灰工程质量控制点。

(二)检验批施工质量验收

装饰抹灰工程质量检验标准见表5-9。

表5-9　装饰抹灰工程质量检验标准

项目	序号	项目	检验标准及要求	检查方法	检查数量
主控项目	1	基层表面	抹灰前基层表面的尘土、污垢、油渍等应清除干净，并应洒水润湿	检查施工记录	室内每个检验批应至少抽查10%并不得少于3间，不足3间时应全数检查；室外每个检验批每100 m² 应至少抽查一处，每处不得小于10 m²
	2	材料品种和性能	所用材料的品种和性能应符合设计要求。水泥的凝结时间和安定性复验应合格。砂浆的配合比应符合设计要求	检查产品合格证书、进场验收记录、复验报告和施工记录	

项目	序号	项目	检验标准及要求	检查方法	检查数量
主控项目	3	操作要求	抹灰工程应分层进行。当抹灰总厚度大于或等于35 mm时，应采取加强措施。不同材料基体交接处表面的抹灰，应采取防止开裂的加强措施，当采用加强网时，加强网与各基体的搭接宽度不应小于100 mm	检查隐蔽工程验收记录和施工记录	室内每个检验批应至少抽查10%并不得少于3间，不足3间时应全数检查；室外每个检验批每100 m²应至少抽查一处，每处不得小于10 m²
	4	层间及层面要求	抹灰层与基层之间及各抹灰层之间必须粘结牢固，抹灰层应无脱层、空鼓和裂缝	用小锤轻击检查，检查施工记录	
一般项目	1	表面质量	装饰抹灰工程的表面质量应符合下列规定： (1)水刷石表面应石粒清晰、分布均匀、紧密平整、色泽一致，应无掉粒和接槎痕迹； (2)斩假石表面剁纹应均匀顺直、深浅一致，应无漏剁处；阳角处应横剁并留出宽窄一致的不剁边条，棱角应无损坏； (3)干粘石表面应色泽一致、不露浆、不漏粘，石粒应粘结牢固、分布均匀，阳角处应无明显黑边； (4)假面砖表面应平整、沟纹清晰、留缝整齐、色泽一致，应无掉角、脱皮、起砂等缺陷	观察、手摸检查	同主控项目
	2	分格缝	装饰抹灰分格条(缝)的设置应符合设计要求，宽度和深度应均匀，表面应光滑，棱角应整齐	观察	
	3	滴水线(槽)	有排水要求的部位应做滴水线(槽)。滴水线(槽)应整齐顺直，滴水线应内高外低，滴水槽的宽度和深度均不应小于10 mm	观察，尺量检查	
	4	允许偏差	装饰抹灰工程质量的允许偏差和检验方法应符合表5-10的规定	见表5-10	

表 5-10　装饰抹灰的允许偏差和检验方法

序号	项目	允许偏差/mm				检验方法
		水刷石	斩假石	干粘石	假面砖	
1	立面垂直度	5	4	5	5	用2 m垂直检测尺检查
2	表面平整度	3	3	5	4	用2 m靠尺和塞尺检查
3	阳角方正	3	3	4	4	用直角检测尺检查
4	分格条(缝)直线度	3	3	3	3	拉5 m线，不足5 m拉通线，用钢直尺检查
5	墙裙、勒脚上口直线度	3	3	—	—	

四、任务实施

(1)保证装饰抹灰工程施工质量的措施见"质量控制点"相关内容。

(2)装饰抹灰工程检验批质量验收按照"表5-9 装饰抹灰工程质量检验标准"进行。

【任务巩固】

1. 当抹灰总厚度(　　)35 mm 时，应采取加强措施。
　　A. 小于　　　　　　 B. 大于　　　　　　 C. 等于　　　　　　 D. 大于或等于

2. 不同材料基体交接处表面的抹灰，应采取防止开裂的加强措施，当采用加强网时，加强网与各基体的搭接宽度不应小于(　　)mm。
　　A. 75　　　　　　　 B. 100　　　　　　 C. 150　　　　　　 D. 200

3. 室外装饰抹灰工程每个检验批每100 m² 应至少抽查一处，每处不得小于(　　)m²。
　　A. 5　　　　　　　　 B. 10　　　　　　　 C. 15　　　　　　　 D. 20

【例题5-2】 某大型剧院拟进行维修改造，某装饰装修工程公司在公开招投标过程中获得了该维修改造任务，合同工期为5个月，合同价款为1 800万元。

(1)抹灰工程基层处理的施工过程部分记录如下：

1)在抹灰前对基层表面做了清除。

2)室内墙面、柱面和门窗洞口的阳角做法符合设计要求。

(2)工程师对抹灰工程施工质量控制的要点确定如下：

1)抹灰用的石灰膏的熟化期不应小于3 d。

2)当抹灰总厚度大于或等于15 mm时，应采取加强措施。

3)有排水要求的部位应做滴水线(槽)。

4)一般抹灰的石灰砂浆不得抹在水泥砂浆层上。

5)一般抹灰和装饰抹灰工程的表面质量应符合有关规定。

问题：

(1)抹灰前应清除基层表面的哪些物质？

(2)如果设计对室内墙面、柱面和门窗洞口的阳角做法无要求时，应怎样处理？

(3)为使基体表面在抹灰前光滑，应作怎样的处理？

(4)指出工程师确定的抹灰工程施工质量控制要点的不妥之处，并改正。

(5)对滴水线(槽)的要求是什么？

(6)一般抹灰工程表面质量应符合的规定有哪些？

(7)装饰抹灰工程表面质量应符合的规定有哪些？

答案：

(1)抹灰前应清除基层表面上的尘土、疏松物、脱模剂、污垢和油渍等。

(2)如果设计对室内墙面、柱面和门窗洞口的阳角做法无要求，应采用1：2的水泥砂浆做暗护角，其高度不应低于2 m，每侧宽度不应小于50 mm。

(3)为使基体表面在抹灰前光滑，应做毛化处理。

(4)工程师对抹灰工程施工质量控制要点的不妥之处和正确做法分述如下：

1)不妥之处：抹灰用的石灰膏的熟化期不应小于3 d。

正确做法：抹灰用的石灰膏的熟化期不应小于15 d，罩面用的磨细石灰粉的熟化期不应小于 3 d。

2)不妥之处：当抹灰总厚度大于或等于 15 mm 时，应采取加强措施。

正确做法：当抹灰总厚度大于或等于 35 mm 时，应采取加强措施。

3)不妥之处：一般抹灰的石灰砂浆不得抹在水泥砂浆层上。

正确做法：一般抹灰的水泥砂浆不得抹在石灰砂浆层上，罩面石膏不得抹在水泥砂浆层上。

(5)对滴水线(槽)的要求是：应整齐顺直，滴水线应内高外低，滴水槽的深度和宽度不应小于 10 mm。

(6)一般抹灰工程表面质量应符合的规定有：

1)普通抹灰表面应光滑、洁净、接槎平整，分格缝应清晰。

2)高级抹灰表面应光滑、洁净、颜色均匀、无抹纹，分格缝和灰线应清晰美观。

(7)装饰抹灰工程表面质量应符合的规定有：

1)水刷石表面应石粒清晰、分布均匀、紧密平整、色泽一致，应无掉粒和接槎痕迹。

2)斩假石表面剁纹应均匀顺直、深浅一致，应无漏剁处；阳角处应横剁，并留出宽窄一致的不剁边条，棱角应无损坏。

3)干粘石表面应色泽一致、不漏浆、不漏粘，石粒应粘结牢固、分布均匀，阳角处应无明显黑边。

4)假面砖表面应平整、沟纹清晰、留缝整齐、色泽一致，应无掉角、脱皮等缺陷。

【能力训练】

训练题目：完成一般抹灰工程中抹灰层与基层之间及各抹灰层之间粘结情况的检查，并填写现场验收检查原始记录表。

子项目三　门窗工程

门窗是建筑装饰装修分部工程的子分部工程，共包括五个分项工程：木门窗安装、金属门窗安装、塑料门窗安装、特种门安装及门窗玻璃安装。

门窗工程验收时应检查门窗工程的施工图、设计说明及其他设计文件；材料的产品合格证书、性能检测报告、进场验收记录和复验报告；特种门及其附件的生产许可文件；隐蔽工程验收记录；施工记录。

门窗工程应对人造木板的甲醛含量和建筑外墙金属窗、塑料窗的抗风压性能、空气渗透性能和雨水渗漏性能等指标进行复验。

门窗工程应对预埋件和锚固件和隐蔽部位的防腐、填嵌处理等隐蔽工程项目进行验收。

各分项工程的检验批应按下列规定划分：同一品种、类型和规格的木门窗、金属门窗、塑料门窗及门窗玻璃每 100 樘应划分为一个检验批，不足 100 樘也应划分为一个检验批；

同一品种、类型和规格的特种门每 50 樘应划分为一个检验批，不足 50 樘也应划分为一个检验批。

任务一　金属门窗安装工程质量控制与验收

一、任务描述

门窗工程施工过程中，要保证金属门窗安装工程的施工质量。金属门窗安装工程施工完毕后，完成金属门窗安装工程检验批的质量验收。

二、任务分析

本任务共包含两方面的内容：一是要保证金属门窗安装工程的施工质量；二是要对金属门窗安装工程检验批进行质量验收。

要保证金属门窗安装工程的施工质量，就需要掌握金属门窗安装工程施工质量控制要点。

要对金属门窗安装工程检验批进行质量验收，就需要掌握金属门窗安装工程检验批的检验标准及检验方法等知识。

三、相关知识

相关知识包括金属门窗安装工程质量控制点和金属门窗安装工程检验批的检验标准及检验方法两部分知识。

(一)质量控制点

(1)门窗安装前，应对门窗洞口尺寸进行检验。

(2)门窗安装应采用预留洞口的方法施工，不得采用边安装边砌口或先安装后砌口的方法施工。

(3)当窗组合时，其拼樘料的尺寸、规格、壁厚应符合设计要求。

(二)检验批施工质量验收

金属门窗安装工程质量检验标准见表 5-11。

表 5-11　金属门窗安装工程质量检验标准

项目	序号	检查项目	检验标准及要求	检查方法	检查数量
主控项目	1	门窗质量	金属门窗的品种、类型、规格、尺寸、性能、开启方向、安装位置、连接方式及铝合金门窗的型材壁厚应符合设计要求。金属门窗的防腐处理及填嵌、密封处理应符合设计要求	观察，尺量检查，检查产品合格证、性能检测报告、进场验收记录和复验报告，检查隐蔽工程验收记录	每个检验批至少抽查 5% 并不得少于 3 樘，不足 3 樘时应全数检查；高层建筑的外窗，每个检验批应至少抽查 10% 并不得少于 6 樘，不足 6 樘时应全数检查

项目	序号	检查项目	检验标准及要求	检查方法	检查数量
主控项目	2	框和副框的安装	金属门窗框和副框的安装必须牢固。预埋件的数量、位置、埋设方式与框的连接方式必须符合设计要求	手扳检查，检查隐蔽工程验收记录	每个检验批应至少抽查5%并不得少于3樘，不足3樘时应全数检查；高层建筑的外窗，每个检验批应至少抽查10%并不得少于6樘，不足6樘时应全数检查
	3	门窗扇安装	金属门窗扇必须安装牢固，并应开关灵活、关闭严密、无倒翘。推拉门窗扇必须有防脱落措施	观察，开启和关闭检查，手扳检查	
	4	配件质量及安装	金属门窗配件的型号、规格、数量应符合设计要求，安装应牢固，位置应正确，功能应满足使用要求	观察，开启和关闭检查，手扳检查	
一般项目	1	表面质量	金属门窗表面应洁净、平整、光滑、色泽一致、无锈蚀。大面应无划痕、碰伤，漆膜或保护层应连续	观察	同主控项目
	2	铝合金门窗推拉门窗扇开关力	铝合金门窗推拉门窗扇开关力应不大于100 N	用弹簧秤检查	
	3	框与墙体之间的缝隙	金属门窗框与墙体之间的缝隙应填嵌饱满，并采用密封胶密封。密封胶表面应光滑、顺直、无裂纹	观察，轻敲门窗框检查，检查隐蔽工程验收记录	
	4	密封条	金属门窗扇的橡胶密封条或毛毡密封条应安装完好，不得脱槽	观察，开启和关闭检查	
	5	排水孔	有排水孔的金属门窗，排水孔应畅通，位置和数量应符合设计要求	观察	
	6	留缝限值和允许偏差	金属门窗安装的留缝限值、允许偏差和检验方法应符合表5-12、表5-13和表5-14的规定	见表5-12、表5-13和表5-14	

表5-12 钢门窗安装的留缝限值、允许偏差和检验方法

序号	项目		留缝限值/mm	允许偏差/mm	检验方法
1	门窗槽口宽度、高度	≤1 500 mm	—	2.5	用钢尺检查
		>1 500 mm	—	3.5	
2	门窗槽口对角线长度差	≤2 000 mm	—	5	
		>2 000 mm	—	6	
3	门窗框的正、侧面垂直度		—	3	用1 m垂直检测尺检查
4	门窗横框的水平度		—	3	用1 m水平尺和塞尺检查
5	门窗横框标高		—	5	用钢尺检查
6	门窗竖向偏离中心		—	4	
7	双层门窗内外框间距		—	5	
8	门窗框、扇配合间隙		≤2	—	用塞尺检查
9	无下框时门扇与地面间留缝		4~8	—	

表 5-13　铝合金门窗安装的允许偏差和检验方法

序号	项目		允许偏差/mm	检验方法
1	门窗槽口宽度、高度	≤1 500 mm	1.5	用钢尺检查
		>1 500 mm	2	
2	门窗槽口对角线长度差	≤2 000 mm	3	
		>2 000 mm	4	
3	门窗框的正、侧面垂直度		2.5	用垂直检测尺检查
4	门窗横框的水平度		2	用 1 m 水平尺和塞尺检查
5	门窗横框标高		5	用钢尺检查
6	门窗竖向偏离中心		5	
7	双层门窗内外框间距		4	
8	推拉门窗扇与框搭接量		1.5	用钢直尺检查

表 5-14　涂色镀锌钢板门窗安装的允许偏差和检验方法

序号	项目		允许偏差/mm	检验方法
1	门窗槽口宽度、高度	≤1 500 mm	2	用钢尺检查
		>1 500 mm	3	
2	门窗槽口对角线长度差	≤2 000 mm	4	
		>2 000 mm	5	
3	门窗框的正、侧面垂直度		3	用垂直检测尺检查
4	门窗横框的水平度		3	用 1 m 水平尺和塞尺检查
5	门窗横框标高		5	用钢尺检查
6	门窗竖向偏离中心		5	
7	双层门窗内外框间距		4	
8	推拉门窗扇与框搭接量		2	用钢直尺检查

四、任务实施

(1)保证金属门窗安装工程施工质量的措施见"质量控制点"相关内容。

(2)金属门窗安装工程检验批质量验收按照"表 5-11 金属门窗安装工程质量检验标准"进行。

【任务巩固】

1. 钢门窗横框标高允许误差为(　　)mm。

　　A. 5　　　　　　　B. 10　　　　　　C. 15　　　　　　　D. 20

2. 铝合金双层门窗内外框间距允许误差为(　　)mm。

　　A. 2　　　　　　　B. 4　　　　　　　C. 5　　　　　　　D. 6

3. 金属门窗框的正、侧面垂直度检查用(　　)。

　　A. 经纬仪　　　　　B. 水平尺　　　　　C. 钢尺　　　　　　D. 垂直检测尺

任务二 塑料门窗安装工程质量控制与验收

一、任务描述

门窗工程施工过程中，要保证塑料门窗安装工程的施工质量。塑料门窗安装工程施工完毕后，完成塑料门窗安装工程检验批的质量验收。

二、任务分析

本任务共包含两方面的内容：一是要保证塑料门窗安装工程的施工质量；二是要对塑料门窗安装工程检验批进行质量验收。

要保证塑料门窗安装工程的施工质量，就需要掌握塑料门窗安装工程施工质量控制要点。

要对塑料门窗安装工程检验批进行质量验收，就需要掌握塑料门窗安装工程检验批的检验标准及检验方法等知识。

三、相关知识

相关知识包括塑料门窗安装工程质量控制点和塑料门窗安装工程检验批的检验标准及检验方法两部分知识。

(一)质量控制点

同金属门窗安装工程质量控制点。

(二)检验批施工质量验收

塑料门窗安装工程质量检验标准见表 5-15。

表 5-15 塑料门窗安装工程质量检验标准

项目	序号	项目	检验标准及要求	检查方法	检查数量
主控项目	1	门窗质量	塑料门窗的品种、类型、规格、尺寸、开启方向、安装位置、连接方式及填嵌、密封处理应符合设计要求，内衬增强型钢的壁厚及设置应符合国家现行产品标准的要求	观察，尺量检查，检查产品合格证、性能检测报告、进场验收记录和复验报告，检查隐蔽工程验收记录	每个检验批应至少抽查5%并不得少于3樘，不足3樘时应全数检查；高层建筑的外窗，每个检验批应至少抽查10%并不得少于6樘，不足6樘时应全数检查
	2	框、副框、扇安装	塑料门窗框、副框和扇的安装必须牢固。固定片或膨胀螺栓的数量与位置应正确，连接方式应符合设计要求。固定点应距窗角、中横框、中竖框150～200 mm，固定点间距应不大于600 mm	观察，手扳检查，检查隐蔽工程验收记录	

项目	序号	项目	检验标准及要求	检查方法	检查数量
主控项目	3	拼樘料与框连接	塑料门窗拼樘料内衬增强型钢的规格、壁厚必须符合设计要求,型钢应与型材内腔紧密吻合,其两端必须与洞口固定牢固。窗框必须与拼樘料连接紧密,固定点间距应不大于 600 mm	观察,手扳检查,尺量检查,检查进场验收记录	每个检验批应至少抽查5%并不得少于3樘,不足3樘时应全数检查;高层建筑的外窗,每个检验批应至少抽查10%并不得少于6樘,不足6樘时应全数检查
	4	门窗扇安装	塑料门窗扇应开关灵活、关闭严密,无倒翘。推拉门窗扇必须有防脱落措施	观察,开启和关闭检查,手扳检查	
	5	配件质量及安装	塑料门窗配件的型号、规格、数量应符合设计要求,安装应牢固,位置应正确,功能应满足使用要求	观察,手扳检查,尺量检查	
	6	框与墙体缝填嵌隙	塑料门窗框与墙体间缝隙应采用闭孔弹性材料填嵌饱满,表面应采用密封胶密封。密封胶应粘结牢固,表面应光滑、顺直、无裂纹	观察,检查隐蔽工程验收记录	
一般项目	1	表面质量	塑料门窗表面应洁净、平整、光滑,大面应无划痕、碰伤	观察	同主控项目
	2	密封条	塑料门窗扇的密封条不得脱槽。旋转窗间隙应基本均匀		
	3	门窗扇开关力	应符合下列规定: (1)平开门窗扇平铰链的开关力应不大于80 N;滑撑铰链的开关力应不大于80 N,并不小于30 N (2)推拉门窗扇的开关力应不大于100 N	用弹簧秤检查	
	4	密封条、槽口	玻璃密封条与玻璃及玻璃槽口的接缝应平整,不得卷边、脱槽	观察	
	5	排水孔	应畅通,位置和数量应符合设计要求		
	6	安装的允许偏差	塑料门窗安装的允许偏差和检验方法应符合表5-16的规定	见表5-16	

表 5-16 塑料门窗安装的允许偏差和检验方法

序号	项目		允许偏差/mm	检验方法
1	门窗槽口宽度、高度	≤1 500 mm	2	用钢尺检查
		>1 500 mm	3	
2	门窗槽口对角线长度差	≤2 000 mm	3	
		>2 000 mm	5	
3	门窗框的正、侧面垂直度		3	用1 m垂直检测尺检查
4	门窗横框的水平度		3	用1 m水平尺和塞尺检查
5	门窗横框标高		5	用钢尺检查

序号	项目	允许偏差/mm	检验方法
6	门窗竖向偏离中心	5	用钢直尺检查
7	双层门窗内外框间距	4	用钢尺检查
8	同樘平开门窗相邻扇高度差	2	用钢直尺检查
9	平开门窗铰链部位配合间隙	+2, -1	用塞尺检查
10	推拉门窗扇与框搭接量	+1.5, -2.5	用钢直尺检查
11	推拉门窗扇与竖框平行度	2	用 1 m 水平尺和塞尺检查

四、任务实施

(1)保证塑料门窗安装工程施工质量的措施见"质量控制点"相关内容。

(2)塑料门窗安装工程检验批质量验收按照"表 5-15 塑料门窗安装工程质量检验标准"进行。

【任务巩固】

1. 塑料推拉门窗扇的开关力应不大于(　　　)N。

A. 50　　　　　　　B. 100　　　　　　　C. 150　　　　　　　D. 200

2. 塑料门窗横框的水平度允许误差为(　　　)mm。

A. 3　　　　　　　B. 4　　　　　　　C. 5　　　　　　　D. 6

3. 塑料门窗槽口宽度、高度检查用(　　　)。

A. 经纬仪　　　　　B. 水平尺　　　　　C. 钢尺　　　　　D. 垂直检测尺

任务三　门窗玻璃安装工程质量控制与验收

一、任务描述

门窗工程施工过程中，要保证门窗玻璃安装工程的施工质量。门窗玻璃安装工程施工完毕后，完成门窗玻璃安装工程检验批的质量验收。

二、任务分析

本任务共包含两方面的内容：一是要保证门窗玻璃安装工程的施工质量；二是要对门窗玻璃安装工程检验批进行质量验收。

要保证门窗玻璃安装工程的施工质量，就需要掌握门窗玻璃安装工程施工质量控制要点。

要对门窗玻璃安装工程检验批进行质量验收，就需要掌握门窗玻璃安装工程检验批的检验标准及检验方法等知识。

三、相关知识

相关知识包括门窗玻璃安装工程质量控制点和门窗玻璃安装工程检验批的检验标准及检验方法两部分知识。

(一)质量控制点

(1)玻璃的品种、规格、尺寸、色彩、图案和涂膜朝向应符合设计要求。

(2)门窗玻璃裁割尺寸应正确。

(二)检验批施工质量验收

门窗玻璃安装工程质量检验标准见表5-17。

表5-17 门窗玻璃安装工程质量检验标准

项目	序号	项目	检验标准及要求	检查方法	检查数量
主控项目	1	玻璃质量	玻璃的品种、规格、尺寸、色彩、图案和涂膜朝向应符合设计要求。单块玻璃大于1.5 m²时应使用安全玻璃	观察,检查产品合格证书、性能检测报告和进场验收记录	每个检验批应至少抽查5%并不得少于3樘,不足3樘时应全数检查;高层建筑的外窗,每个检验批应至少抽查10%并不得少于6樘,不足6樘时应全数检查
	2	玻璃裁割	门窗玻璃裁割尺寸应正确。安装后的玻璃应牢固,不得有裂纹、损伤和松动	观察,轻敲检查	
	3	安装方法	玻璃的安装方法应符合设计要求。固定玻璃的钉子或钢丝卡的数量、规格应保证玻璃安装牢固	观察,检查施工记录	
	4	木压条	镶钉木压条接触玻璃处,应与裁口边缘平齐。木压条应互相紧密连接,并与裁口边缘紧贴,割角应整齐	观察	
	5	密封条	密封条与玻璃、玻璃槽口的接触应紧密、平整。密封胶与玻璃、玻璃槽口的边缘应粘结牢固、接缝平齐		
	6	玻璃压条	带密封条的玻璃压条,其密封条必须与玻璃全部贴紧,压条与型材之间应无明显缝隙,压条接缝应不大于0.5 mm	观察,尺量检查	
一般项目	1	玻璃表面	玻璃表面应洁净,不得有腻子、密封胶、涂料等污渍。中空玻璃内外表面均应洁净,玻璃中空层内不得有灰尘和水蒸气	观察	同主控项目
	2	玻璃安装方向	门窗玻璃不应直接接触型材。单面镀膜玻璃的镀膜层及磨砂玻璃的磨砂面应朝向室内。中空玻璃的单面镀膜玻璃应在最外层,镀膜层应朝向室内		
	3	腻子	腻子应填抹饱满、粘结牢固;腻子边缘与裁口应平齐。固定玻璃的卡子不应在腻子表面显露		

四、任务实施

(1)保证门窗玻璃安装工程施工质量的措施见"质量控制点"相关内容。

(2)门窗玻璃安装工程检验批质量验收按照"表 5-17 门窗玻璃安装工程质量检验标准"进行。

【任务巩固】

1. 单块玻璃大于(　　)m² 时应使用安全玻璃。

    A. 1　　　　　　B. 1.5　　　　　　C. 10　　　　　　D. 15

2. 高层建筑的外窗,每个检验批应至少抽查 10% 并不得少于(　　)樘。

    A. 3　　　　　　B. 4　　　　　　C. 5　　　　　　D. 6

3. 单面镀膜玻璃的镀膜层及磨砂玻璃的磨砂面应朝向(　　)。

    A. 室内　　　　　B. 室外　　　　　C. 室内或室外

【例题 5-3】 某施工总承包单位承接了一地处闹市区的商务中心的施工任务。该工程地下 2 层,地上 20 层,基坑深为 8.75 m,灌注桩基础,上部结构为现浇剪力墙结构。

为赶工程进度,施工单位在结构施工后阶段,提前进场了几批外墙金属窗,并会同监理对这几批金属窗的外观进行了查看,双方认为质量合格,准备投入使用。

问题:

施工单位和监理对金属窗的检验是否正确?如不正确,该如何检验?

答案:

不正确。进场金属窗除进行外观检查外,还要检验产品质量证明文件,对金属窗还要复试气密性、水密性和抗风压性能。

【能力训练】

训练题目:完成金属门窗的品种、类型、规格、尺寸、性能、开启方向、安装位置及连接方式等检查,并填写现场验收检查原始记录表。

子项目四　吊顶工程

吊顶是建筑装饰装修分部工程的子分部工程,共包括三个分项工程:整体面层吊顶、板块面层吊顶及格栅吊顶。

吊顶工程验收时应检查吊顶工程的施工图、设计说明及其他设计文件;材料的产品合格证书、性能检测报告、进场验收记录和复验报告;隐蔽工程验收记录;施工记录。

吊顶工程应对下列隐蔽工程项目进行验收:吊顶内管道、设备的安装及水管试压;木龙骨防火、防腐处理;预埋件或拉结筋;吊杆安装;龙骨安装;填充材料的设置。

各分项工程的检验批应按下列规定划分：同一品种的吊顶工程每 50 间（大面积房间和走廊按吊顶面积 30 m² 为一间）应划分为一个检验批，不足 50 间也应划分为一个检验批。

任务一　暗龙骨吊顶工程质量控制与验收

一、任务描述

吊顶工程施工过程中，要保证暗龙骨吊顶工程的施工质量。暗龙骨吊顶工程施工完毕后，完成暗龙骨吊顶工程检验批的质量验收。

二、任务分析

本任务共包含两方面的内容：一是要保证暗龙骨吊顶工程的施工质量；二是要对暗龙骨吊顶工程检验批进行质量验收。

要保证暗龙骨吊顶工程的施工质量，就需要掌握暗龙骨吊顶工程施工质量控制要点。

要对暗龙骨吊顶工程检验批进行质量验收，就需要掌握暗龙骨吊顶工程检验批的检验标准及检验方法等知识。

三、相关知识

相关知识包括暗龙骨吊顶工程质量控制点和暗龙骨吊顶工程检验批的检验标准及检验方法两部分知识。

(一)质量控制点

(1)吊顶工程应对人造木板的甲醛含量进行复验。

(2)安装龙骨前，应按设计要求对房间净高、洞口标高和吊顶内管道、设备及其支架的标高进行交接检验。

(3)吊顶工程的木吊杆、木龙骨和木饰面板必须进行防火处理，并应符合有关设计防火规范的规定。

(4)吊顶工程中的预埋件、钢筋吊杆和型钢吊杆应进行防锈处理。

(5)安装饰面板前应完成吊顶内管道和设备的调试及验收。

(6)吊杆与主龙骨端部的距离不得大于 300 mm，当大于 300 mm 时，应增加吊杆。当吊杆长度大于 1.5 m 时，应设置反支撑。当吊杆与设备相遇时，应调整并增设吊杆。

(7)重型灯具、电扇及其他重型设备严禁安装在吊顶工程的龙骨上。

(二)检验批施工质量验收

暗龙骨吊顶工程质量检验标准见表 5-18。

表 5-18 暗龙骨吊顶工程质量检验标准

项目	序号	项目	检验标准及要求	检查方法	检查数量
主控项目	1	标高、尺寸、起拱和造型	吊顶标高、尺寸、起拱和造型应符合设计要求	观察,尺量检查	每个检验批应至少抽查10%并不得少于3间,不足3间时应全数检查
	2	饰面材料	饰面材料的材质、品种、规格、图案和颜色应符合设计要求	观察,检查产品合格证书、性能检测报告、进场验收记录和复验报告	
	3	吊杆、龙骨和饰面材料的安装	吊杆、龙骨和饰面材料的安装必须牢固	观察,手扳检查,检查隐蔽工程验收记录和施工记录	
	4	吊杆与龙骨材质	吊杆、龙骨的材质、规格、安装间距及连接方式应符合设计要求。金属吊杆、龙骨应经过表面防腐处理;木吊杆、龙骨应进行防腐、防火处理	观察,尺量检查,检查产品合格证书、性能检测报告、进场验收记录和隐蔽工程验收记录	
	5	石膏板接缝	石膏板的接缝应按其施工工艺标准进行板缝防裂处理。安装双层石膏板时,面层板与基层板的接缝应错开,并不得在同一根龙骨上接缝	观察	
一般项目	1	材料表面质量	饰面材料表面应洁净、色泽一致,不得有翘曲、裂缝及缺损。压条应平直、宽窄一致	观察,尺量检查	同主控项目
	2	灯具等设备	饰面板上的灯具、烟感器、喷淋头、风口箅子等设备的位置应合理、美观,与饰面板的交接应吻合、严密	观察	
	3	吊杆、龙骨接缝	金属吊杆、龙骨的接缝应均匀一致,角缝应吻合,表面应平整,无翘曲、锤印。木质吊杆、龙骨应顺直,无劈裂、变形	检查隐蔽工程验收记录和施工记录	
	4	填充材料	吊顶内填充吸声材料的品种和铺设厚度应符合设计要求,并应有防散落措施		
	5	允许偏差	安装的允许偏差和检验方法应符合表5-19的规定	见表5-19	

表 5-19 暗龙骨吊顶工程安装的允许偏差和检验方法

序号	项目	允许偏差/mm				检验方法
		纸面石膏板	金属板	矿棉板	木板、塑料板、格栅	
1	表面平整度	3	2	2	2	用2m靠尺和塞尺检查
2	接缝直线度	3	1.5	3	3	拉5m线;不足5m拉通线,用钢直尺检查
3	接缝高低差	1	1	1.5	1	用钢直尺和塞尺检查

四、任务实施

(1)保证暗龙骨吊顶工程施工质量的措施见"质量控制点"相关内容。

(2)暗龙骨吊顶工程检验批质量验收按照"表5-18暗龙骨吊顶工程质量检验标准"进行。

【任务巩固】

1. 吊顶工程应对人造木板的(　　)含量进行复验。

    A. 有机物   B. 无机物   C. 乙醚   D. 甲醛

2. 当吊杆长度大于(　　)m时,应设置反支撑。

    A. 1.3   B. 1.4   C. 1.5   D. 1.6

3. 重型灯具、电扇及其他重型设备(　　)安装在吊顶工程的龙骨上。

    A. 可   B. 宜   C. 严禁   D. 应

任务二　明龙骨吊顶工程质量控制与验收

一、任务描述

吊顶工程施工过程中,要保证明龙骨吊顶工程的施工质量。明龙骨吊顶工程施工完毕后,完成明龙骨吊顶工程检验批的质量验收。

二、任务分析

本任务共包含两方面的内容:一是要保证明龙骨吊顶工程的施工质量;二是要对明龙骨吊顶工程检验批进行质量验收。

要保证明龙骨吊顶工程的施工质量,就需要掌握明龙骨吊顶工程施工质量控制要点。

要对明龙骨吊顶工程检验批进行质量验收,就需要掌握明龙骨吊顶工程检验批的检验标准及检验方法等知识。

三、相关知识

相关知识包括明龙骨吊顶工程质量控制点和明龙骨吊顶工程检验批的检验标准及检验方法两部分知识。

(一)质量控制点

同暗龙骨吊顶工程质量控制点。

(二)检验批施工质量验收

明龙骨吊顶工程质量检验标准见表5-20。

表 5-20　明龙骨吊顶工程质量检验标准

项目	序号	项目	检验标准及要求	检查方法	检查数量
主控项目	1	吊顶标高、起拱和造型	吊顶标高、尺寸、起拱和造型应符合设计要求	观察，尺量检查	每个检验批应至少抽查10%并不得少于3间，不足3间时应全数检查
	2	饰面材料	饰面材料的材质、品种、规格、图案和颜色应符合设计要求。当饰面材料为玻璃板时，应使用安全玻璃或采取可靠的安全措施	观察，检查产品合格证书、性能检测报告和进场验收记录	
	3	饰面材料安装	饰面材料的安装应稳固严密。饰面材料与龙骨的搭接宽度应大于龙骨受力面宽度的2/3	观察，手扳检查，尺量检查	
	4	吊杆、龙骨材质	吊杆、龙骨的材质、规格、安装间距及连接方式应符合设计要求。金属吊杆、龙骨应经过表面防腐处理；木吊杆、龙骨应进行防腐、防火处理	观察，尺量检查，检查产品合格证书、进场验收记录和隐蔽工程验收记录	
	5	吊杆、龙骨安装	吊杆和龙骨安装必须牢固	手扳检查，检查隐蔽工程验收记录和施工记录	
一般项目	1	饰面材料表面质量	饰面材料表面应洁净、色泽一致，不得有翘曲、裂缝及缺损。饰面板与明龙骨的搭接应平整、吻合，压条应平直、宽窄一致	观察，尺量检查	同主控项目
	2	灯具等设备	饰面板上的灯具、烟感器、喷淋头、风口箅子等设备的位置应合理、美观，与饰面板的交接应吻合、严密	观察	
	3	龙骨接缝	金属龙骨的接缝应平整、吻合、颜色一致，不得有划伤、擦伤等表面缺陷。木质龙骨应平整、顺直，无劈裂		
	4	填充材料	吊顶内填充吸声材料的品种和铺设厚度应符合设计要求，并应有防散落措施	检查隐蔽工程验收记录和施工记录	
	5	允许偏差	安装的允许偏差和检验方法应符合表5-21的规定	见表5-21	

表 5-21　明龙骨吊顶工程安装的允许偏差和检验方法

序号	项目	允许偏差/mm				检验方法
		石膏板	金属板	矿棉板	塑料板、玻璃板	
1	表面平整度	3	2	3	2	用2m靠尺和塞尺检查
2	接缝直线度	3	2	3	3	拉5m线；不足5m拉通线，用钢直尺检查
3	接缝高低差	1	1	2	1	用钢直尺和塞尺检查

四、任务实施

(1)保证明龙骨吊顶工程施工质量的措施见"质量控制点"相关内容。

(2)明龙骨吊顶工程检验批质量验收按照"表5-20明龙骨吊顶工程质量检验标准"进行。

【任务巩固】

1. 吊杆距主龙骨端部距离不得大于( )mm，当大于此值时，应增加吊杆。

A. 200　　　　B. 300　　　　C. 400　　　　D. 500

2. 饰面材料与龙骨的搭接宽度应大于龙骨受力面宽度的( )。

A. 1/2　　　　B. 3/4　　　　C. 1/3　　　　D. 2/3

3. 金属吊杆、龙骨应经过表面( )处理。

A. 防火　　　　B. 防蛀　　　　C. 防电　　　　D. 防腐

【例题5-4】 某既有综合楼装修改造工程共9层，层高为3.6 m。吊顶工程施工中：

(1)对人造饰面板的甲醛含量进行了复验。

(2)安装饰面板前完成了吊顶内管道和设备的调试及验收。

(3)吊杆长度为1.0 m，距主龙骨端部距离为320 mm。

(4)安装双层石膏板时，面层板与基层板的接缝一致，并在同一根龙骨上接缝。

(5)5 m×8 m办公室吊顶起拱高度为12 mm。

问题：

指出吊顶工程施工中哪些做法不正确，并写出正确的施工方法。

答案：

(1)"距主龙骨端部距离为320 mm"是错误的。正确的做法是吊杆距主龙骨端部距离不得大于300 mm。

(2)"安装双层石膏板时，面层板与基层板的接缝一致，并在同一根龙骨上接缝"做法是错误的。正确的做法是安装双层石膏板时，面层板与基层板的接缝应错开，并不得在同一根龙骨上接缝。

【能力训练】

训练题目：完成金属板吊顶工程表面平整度、接缝直线度和接缝高低差的检验，并填写现场验收检查原始记录表。

子项目五　轻质隔墙工程

轻质隔墙是建筑装饰装修分部工程的子分部工程，共包括四个分项工程：板材隔墙、骨架隔墙、活动隔墙及玻璃隔墙。

轻质隔墙工程验收时应检查轻质隔墙工程的施工图、设计说明及其他设计文件；材料的产品合格证书、性能检测报告、进场验收记录和复验报告；隐蔽工程验收记录；施工记录。

轻质隔墙工程应对下列隐蔽工程项目进行验收：骨架隔墙中设备管线的安装及水管试压；木龙骨防火、防腐处理；预埋件或拉结筋；龙骨安装；填充材料的设置。

各分项工程的检验批应按下列规定划分：同一品种的轻质隔墙工程每 50 间（大面积房间和走廊按轻质隔墙的墙面 30 m² 为一间）应划分为一个检验批，不足 50 间也应划分为一个检验批。

任务一　板材隔墙工程质量控制与验收

一、任务描述

轻质隔墙工程施工过程中，要保证板材隔墙工程的施工质量。板材隔墙工程施工完毕后，完成板材隔墙工程检验批的质量验收。

二、任务分析

本任务共包含两方面的内容：一是要保证板材隔墙工程的施工质量；二是要对板材隔墙工程检验批进行质量验收。

要保证板材隔墙工程的施工质量，就需要掌握板材隔墙工程施工质量控制要点。

要对板材隔墙工程检验批进行质量验收，就需要掌握板材隔墙工程检验批的检验标准及检验方法等知识。

三、相关知识

相关知识包括板材隔墙工程质量控制点和板材隔墙工程检验批的检验标准及检验方法两部分知识。

(一)质量控制点

(1)隔墙工程应对人造木板的甲醛含量进行复验。

(2)隔墙与顶棚和其他墙体的交接处应采取防开裂措施。

(3)民用建筑轻质隔墙工程的隔声性能应符合现行国家标准《民用建筑隔声设计规范》(GB 50118—2010)的规定。

(二)检验批施工质量验收

板材隔墙工程质量检验标准见表 5-22。

表 5-22　板材隔墙工程质量检验标准

项目	序号	项目	检验标准及要求	检查方法	检查数量
主控项目	1	板材质量	隔墙板材的品种、规格、性能、颜色应符合设计要求。有隔声、隔热、阻燃、防潮等特殊要求的工程，板材应有相应性能等级的检测报告	观察，检查产品合格证书、进场验收记录和性能检测报告	每个检验批应至少抽查 10% 并不得少于 3 间，不足 3 间时应全数检查
	2	预埋件和连接件	安装隔墙板材所需预埋件、连接件的位置、数量及连接方法应符合设计要求	观察，尺量检查，检查隐蔽工程验收记录	
	3	安装质量	隔墙板材安装必须牢固。现制钢丝网水泥隔墙与周边墙体的连接方法应符合设计要求，并应连接牢固	观察，手扳检查	
	4	接缝材料、方法	隔墙板材所用接缝材料的品种及接缝方法应符合设计要求	观察，检查产品合格证书和施工记录	
一般项目	1	安装位置	隔墙板材安装应垂直、平整、位置正确，板材不应有裂缝或缺损	观察，尺量检查	同主控项目
	2	表面质量	板材隔墙表面应平整光滑、色泽一致、洁净，接缝应均匀、顺直	观察，手摸检查	
	3	孔洞、槽、盒	隔墙上的孔洞、槽、盒应位置正确、套割方正、边缘整齐	观察	
	4	允许偏差	安装的允许偏差和检验方法应符合表 5-23 的规定	见表 5-23	

表 5-23　板材隔墙工程安装的允许偏差和检验方法

序号	项目	允许偏差/mm				检验方法
		复合轻质墙板		石膏空心板	钢丝网水泥板	
		金属夹芯板	其他复合板			
1	立面垂直度	2	3	3	3	用 2 m 垂直检测尺检查
2	表面平整度	2	3	3	3	用 2 m 靠尺和塞尺检查
3	阴阳角方正	3	3	3	4	用直角检测尺检查
4	接缝高低差	1	2	2	3	用钢直尺和塞尺检查

四、任务实施

(1)保证板材隔墙工程施工质量的措施见"质量控制点"相关内容。

(2)板材隔墙工程检验批质量验收按照"表 5-22 板材隔墙工程质量检验标准"进行。

【任务巩固】

1. 隔墙工程应对人造木板的(　　　)含量进行复验。

    A. 胶含量　　　　B. 水　　　　　　　　C. 无机物　　　　　　D. 甲醛

2. 石膏空心板隔墙工程表面平整度允许误差为（　　）mm。

    A. 2　　　　　　　B. 3　　　　　　　C. 4　　　　　　　D. 5

3. 板材隔墙阴阳角方正的检查方法是用（　　）检查。

    A. 靠尺　　　　　　B. 塞尺　　　　　　C. 直角检测尺　　　　D. 水平尺

任务二　骨架隔墙工程质量控制与验收

一、任务描述

轻质隔墙工程施工过程中，要保证骨架隔墙工程的施工质量。骨架隔墙工程施工完毕后，完成骨架隔墙工程检验批的质量验收。

二、任务分析

本任务共包含两方面的内容：一是要保证骨架隔墙工程的施工质量；二是要对骨架隔墙工程检验批进行质量验收。

要保证骨架隔墙工程的施工质量，就需要掌握骨架隔墙工程施工质量控制要点。

要对骨架隔墙工程检验批进行质量验收，就需要掌握骨架隔墙工程检验批的检验标准及检验方法等知识。

三、相关知识

相关知识包括骨架隔墙工程质量控制点和骨架隔墙工程检验批的检验标准及检验方法两部分知识。

(一)质量控制点

同板材隔墙工程质量控制点。

(二)检验批施工质量验收

骨架隔墙工程质量检验标准见表 5-24。

表 5-24　骨架隔墙工程质量检验标准

项目	序号	项目	检验标准及要求	检查方法	检查数量
主控项目	1	材料质量	骨架隔墙所用龙骨、配件、墙面板、填充材料及嵌缝材料的品种、规格、性能和木材的含水率应符合设计要求。有隔声、隔热、阻燃、防潮等特殊要求的工程，材料应有相应性能等级的检测报告	观察，检查产品合格证书、进场验收记录、性能检测报告和复验报告	每个检验批应至少抽查 10％并不得少于 3 间，不足 3 间时应全数检查
	2	龙骨连接	骨架隔墙工程边框龙骨必须与基体结构连接牢固，并应平整、垂直、位置正确	手扳检查，尺量检查，检查隐蔽工程验收记录	

项目	序号	项目	检验标准及要求	检查方法	检查数量
主控项目	3	龙骨间距和构造连接	骨架隔墙中龙骨间距和构造连接方法应符合设计要求。骨架内设备管线的安装、门窗洞口等部位加强龙骨应安装牢固、位置正确,填充材料的设置应符合设计要求	检查隐蔽工程验收记录	每个检验批应至少抽查10%并不得少于3间,不足3间时应全数检查
	4	防火、防腐	木龙骨及木墙面板的防火和防腐处理必须符合设计要求	检查隐蔽工程验收记录	
	5	墙面板安装	骨架隔墙的墙面板应安装牢固、无脱层、翘曲、折裂及缺损	观察,手扳检查	
	6	接缝材料	墙面板所用接缝材料的接缝方法应符合设计要求	观察	
一般项目	1	表面质量	骨架隔墙表面应平整光滑、色泽一致、洁净、无裂缝,接缝应均匀、顺直	观察,手摸检查	同主控项目
	2	孔洞、槽、盒要求	骨架隔墙上的孔洞、槽、盒应位置正确、套割吻合、边缘整齐	观察	
	3	填充材料要求	骨架隔墙内的填充材料应干燥,填充应密实、均匀、无下坠	轻敲检查,检查隐蔽工程验收记录	
	4	安装允许偏差	安装的允许偏差和检验方法应符合表5-25的规定	见表5-25	

表 5-25　骨架隔墙工程安装的允许偏差和检验方法

序号	项目	允许偏差/mm		检验方法
		纸面石膏板	人造木板、水泥纤维板	
1	立面垂直度	3	4	用2m垂直检测尺检查
2	表面平整度	3	3	用2m靠尺和塞尺检查
3	阴阳角方正	3	3	用直角检测尺检查
4	接缝直线度	—	3	拉5m线,不足5m拉通线,用钢直尺检查
5	压条直线度	—	3	
6	接缝高低差	1	1	用钢直尺和塞尺检查

四、任务实施

(1)保证骨架隔墙工程施工质量的措施见"质量控制点"相关内容。

(2)骨架隔墙工程检验批质量验收按照"表5-24 骨架隔墙工程质量检验标准"进行。

【任务巩固】

1.木龙骨及木墙面板的(　　)处理必须符合设计要求。

　A.防火　　　　　B.防腐　　　　　C.防火或防腐　　　　D.防火和防腐

2. 纸面石膏板隔墙工程表面平整度允许误差为(　　)mm。

A. 2 　　　　　　B. 3 　　　　　　C. 4 　　　　　　D. 5

3. 骨架隔墙工程检验时每个检验批应至少抽查(　　)%并不得少于3间，不足3间时应全数检查。

A. 5 　　　　　　B. 10 　　　　　　C. 15 　　　　　　D. 20

【例题5-5】　某大学图书馆进行装修改造，根据施工设计和使用功能的要求，采用大量的轻质隔墙。外墙采用建筑幕墙，承揽该装修改造工程的施工单位根据规定，对工程细部构造施工质量的控制做了大量的工作。

该施工单位在轻质隔墙施工过程中提出以下技术要求：

(1)板材隔墙施工过程中如遇到门洞，应从两侧向门洞处依次施工。

(2)石膏板安装牢固时，隔墙端部的石膏板与周围的墙、柱应留有10 mm的槽口，槽口处加泛嵌缝膏，使面板与邻近表面接触紧密。

(3)当轻质隔墙下端用木踢脚覆盖时，饰面板应与地面留有5～10 mm缝隙。

(4)石膏板的接缝缝隙应保证8～10 mm。

问题：

(1)建筑装饰装修工程的细部构造是指哪些子分部工程中的细部节点构造？

(2)轻质隔墙按构造方式和所用材料的种类不同可分为哪几种类型？石膏板属于哪种轻质隔墙？

(3)逐条判断该施工单位在轻质隔墙施工过程中提出的技术要求正确与否。若不正确，请改正。

(4)轻质隔墙的节点处理主要包括哪几项？

答案：

(1)指地面、抹灰、门窗、吊顶、轻质隔墙、饰面板(砖)、涂饰、裱糊与软包、细部工程9个子分部工程。

(2)可分为板材隔墙、骨架隔墙、活动隔墙、玻璃隔墙四种类型。石膏板属于骨架隔墙。

(3)第(1)条不正确。

正确做法：板材隔墙施工过程中，当有门洞口时，应从门洞口处向两侧依次进行；当无洞口时，应从一端向另一端顺序安装。

第(2)条不正确。

正确做法：石膏板安装牢固时隔墙端部的石膏板与周围的墙、柱应留有3 mm的槽口。

第(3)条不正确。

正确做法：当轻质隔墙下端用木踢脚覆盖时，饰面板应与地面留有20～30 mm缝隙。

第(4)条不正确。

正确做法：石膏板的接缝缝隙宜为3～6 mm。

(4)主要包括接缝处理、防腐处理和踢脚处理。

训练题目：完成骨架隔墙工程中边框龙骨与基体结构连接的检验，并填写现场验收检查原始记录表。

子项目六　饰面板（砖）工程

饰面板（砖）是建筑装饰装修分部工程的子分部工程，饰面板共包括五个分项工程：石板安装、陶瓷板安装、木板安装、金属板安装及塑料板安装。饰面砖共包括两个分项工程：外墙饰面砖粘贴和内墙饰面砖粘贴。

饰面板（砖）工程验收时应检查饰面板（砖）工程的施工图、设计说明及其他设计文件；材料的产品合格证书、性能检测报告、进场验收记录和复验报告；后置埋件的现场拉拔检测报告；外墙饰面砖样板件的粘结强度检测报告；隐蔽工程验收记录；施工记录。

饰面板（砖）工程应对下列材料及其性能指标进行复验：室内用花岗石的放射性；粘贴用水泥的凝结时间、安定性和抗压强度；外墙陶瓷面砖的吸水率；寒冷地区外墙陶瓷面砖的抗冻性。

饰面板（砖）工程应对下列隐蔽工程项目进行验收：预埋件（或后置埋件）；连接节点；防水层。

各分项工程的检验批应按下列规定划分：相同材料、工艺和施工条件的室内饰面板（砖）工程每 50 间（大面积房间和走廊按施工面积 30 m² 为一间）应划分为一个检验批，不足 50 间也应划分为一个检验批；相同材料、工艺和施工条件的室外饰面板（砖）工程每 500～1 000 m² 应划分为一个检验批，不足 500 m² 也应划分为一个检验批。

任务一　饰面板安装工程质量控制与验收

一、任务描述

饰面板（砖）工程施工过程中，要保证饰面板安装工程的施工质量。饰面板安装工程施工完毕后，完成饰面板安装工程检验批的质量验收。

二、任务分析

本任务共包含两方面的内容：一是要保证饰面板安装工程的施工质量；二是要对饰面板安装工程检验批进行质量验收。

要保证饰面板安装工程的施工质量，就需要掌握饰面板安装工程施工质量控制要点。

要对饰面板安装工程检验批进行质量验收，就需要掌握饰面板安装工程检验批的检验标准及检验方法等知识。

三、相关知识

相关知识包括饰面板安装工程质量控制点和饰面板安装工程检验批的检验标准及检验方法两部分知识。

(一)质量控制点

(1)适用于内墙饰面板安装工程和高度不大于 24 m，抗震设防烈度不大于 7 度的外墙饰面板安装工程的质量验收。

(2)饰面板工程的抗震缝、伸缩缝、沉降缝等部位的处理应保证缝的使用功能和饰面的完整性。

(二)检验批施工质量验收

饰面板安装工程质量检验标准见表 5-26。

表 5-26　饰面板安装工程质量检验标准

项目	序号	项目	检验标准及要求	检查方法	检查数量
主控项目	1	材料质量	饰面板的品种、规格、颜色和性能应符合设计要求，木龙骨、木饰面板和塑料饰面板的燃烧性能等级应符合设计要求	观察，检查产品合格证书、进场验收记录、性能检测报告	室内每个检验批应至少抽查 10%并不得少于 3 间，不足 3 间时应全数检查；室外每个检验批每 100 m² 应至少抽查一处，每处不得小于 10 m²
	2	饰面板孔、槽	饰面板孔、槽的数量、位置和尺寸应符合设计要求	检查进场验收记录和施工记录	
	3	饰面板安装	饰面板安装工程的预埋件(或后置埋件)、连接件的数量、规格、位置、连接方法和防腐处理必须符合设计要求。后置埋件的现场拉拔强度必须符合设计要求。饰面板安装必须牢固	手扳检查，检查进场验收记录、现场拉拔检测报告、隐蔽工程验收记录和施工记录	
一般项目	1	饰面板表面质量	饰面板表面应平整、洁净、色泽一致，无裂痕和缺损。石材表面应无泛碱等污染	观察	同主控项目
	2	饰面板嵌缝	饰面板嵌缝应密实、平直，宽度和深度应符合设计要求，嵌填材料色泽应一致	观察，尺量检查	
	3	湿作业法施工	采用湿作业法施工的饰面板工程，石材应进行防碱背涂处理。饰面板与基体之间的灌注材料应饱满、密实	用小锤轻击检查，检查施工记录	
	4	饰面板上的孔洞	应套割吻合，边缘应整齐	观察	
	5	安装的允许偏差	安装的允许偏差和检验方法应符合表 5-27 的规定	见表 5-27	

表 5-27 饰面板安装工程安装的允许偏差和检验方法

序号	项目	允许偏差/mm							检验方法
		石材			瓷板	木材	塑料	金属	
		光面	剁斧石	蘑菇石					
1	立面垂直度	2	3	3	2	1.5	2	2	用 2 m 垂直检测尺检查
2	表面平整度	2	3	—	1.5	1	3	3	用 2 m 靠尺和塞尺检查
3	阴阳角方正	2	4	4	2	1.5	3	3	用直角检测尺检查
4	接缝直线度	2	4	4	2	1	1	1	拉 5 m 线,不足 5 m 拉通线,用钢直尺检查
5	墙裙、勒脚上口直线度	2	3	3	2	2	2	2	
6	接缝高低差	0.5	3	—	0.5	0.5	1	1	用钢直尺和塞尺检查
7	接缝宽度	1	2	2	1	1	1	1	用钢直尺检查

四、任务实施

(1)保证饰面板安装工程施工质量的措施见"质量控制点"相关内容。

(2)饰面板安装工程检验批质量验收按照"表 5-26 饰面板安装工程质量检验标准"进行。

【任务巩固】

1. 饰面板安装工程适用于内墙饰面板安装工程和高度不大于( )m,抗震设防烈度不大于 7 度的外墙饰面板安装工程的质量验收。

   A. 20　　　　　　B. 24　　　　　　C. 30　　　　　　D. 32

2. 饰面板安装时,后置埋件的现场( )必须符合设计要求。

   A. 抗拉强度　　B. 抗拔强度　　C. 抗压强度　　D. 拉拔强度

3. 金属饰面板安装时,接缝宽度允许误差为( )mm。

   A. 0.2　　　　　B. 1　　　　　C. 1.5　　　　　D. 2.0

任务二　饰面砖粘贴工程质量控制与验收

一、任务描述

饰面板(砖)工程施工过程中,要保证饰面砖粘贴工程的施工质量。饰面砖粘贴工程施工完毕后,完成饰面砖粘贴工程检验批的质量验收。

二、任务分析

本任务共包含两方面的内容:一是要保证饰面砖粘贴工程的施工质量;二是要对饰面砖粘贴工程检验批进行质量验收。

要保证饰面砖粘贴工程的施工质量，就需要掌握饰面砖粘贴工程施工质量控制要点。

要对饰面砖粘贴工程检验批进行质量验收，就需要掌握饰面砖粘贴工程检验批的检验标准及检验方法等知识。

三、相关知识

相关知识包括饰面砖粘贴工程质量控制点和饰面砖粘贴工程检验批的检验标准及检验方法两部分知识。

(一)质量控制点

(1)适用于内墙饰面砖粘贴工程和高度不大于 100 m、抗震设防烈度不大于 8 度、采用满粘法施工的外墙饰面砖粘贴工程的质量验收。

(2)外墙饰面砖粘贴前和施工过程中，均应在相同基层上做样板件，并对样板件的饰面砖粘结强度进行检验，其检验方法和结果判定应符合《建筑工程饰面砖粘结强度检验标准》(JGJ 110—2008)的规定。

(二)检验批施工质量验收

饰面砖粘贴工程质量检验标准见表 5-28。

表 5-28　饰面砖粘贴工程质量检验标准

项目	序号	项目	检验标准及要求	检查方法	检查数量
主控项目	1	饰面砖质量	饰面砖的品种、规格、图案、颜色和性能应符合设计要求	观察，检查产品合格证书、进场验收记录、性能检测报告、复验报告	室内每个检验批应至少抽查 10%并不得少于 3 间，不足 3 间时应全数检查；室外每个检验批每 100 m² 应至少抽查一处，每处不得小于 10 m²
	2	饰面砖粘贴材料	饰面砖粘贴工程的找平、防水、粘结和勾缝材料及施工方法应符合设计要求及国家现行产品标准和工程技术标准的规定	检查产品合格证书、复验报告和隐蔽工程验收记录	
	3	饰面砖粘贴	饰面砖粘贴必须牢固	检查样板件粘结强度检测报告和施工记录	
	4	满粘法施工	满粘法施工饰面砖工程应无空鼓、裂缝	观察，用小锤轻击检查	
一般项目	1	表面质量	饰面砖表面应平整、洁净、色泽一致，无裂痕和缺损	观察	同主控项目
	2	阴阳角	阴阳角处搭接方式、非整砖使用部位应符合设计要求		
	3	墙面突出物	墙面突出物周围的饰面砖应整砖套割吻合，边缘应整齐。墙裙、贴脸突出墙面的厚度应一致	观察，尺量检查	
	4	接缝、填嵌	饰面砖接缝应平直、光滑，填嵌应连续、密实；宽度和深度符合设计要求		

项目	序号	项目	检验标准及要求	检查方法	检查数量
一般项目	5	滴水线	有排水要求的部位应做滴水线(槽)。滴水线(槽)应顺直,流水坡向应正确,坡度应符合设计要求	观察,用水平尺检查	同主控项目
	6	允许偏差	安装的允许偏差和检验方法应符合表5-29的规定	见表5-29	

表 5-29 饰面砖粘贴的允许偏差和检验方法

序号	项目	允许偏差/mm		检验方法
		外墙面砖	内墙面砖	
1	立面垂直度	3	2	用 2 m 垂直检测尺检查
2	表面平整度	4	3	用 2 m 靠尺和塞尺检查
3	阴阳角方正	3	3	用直角检测尺检查
4	接缝直线度	3	3	拉 5 m 线,不足 5 m 拉通线,用钢直尺检查
5	接缝高低差	1	0.5	用钢直尺和塞尺检查
6	接缝宽度	1	1	用钢直尺检查

四、任务实施

(1)保证饰面砖粘贴工程施工质量的措施见"质量控制点"相关内容。

(2)饰面砖粘贴工程检验批质量验收按照"表5-28 饰面砖粘贴工程质量检验标准"进行。

【任务巩固】

1. 饰面砖安装工程适用于内墙饰面砖粘贴工程和高度不大于( )m、抗震设防烈度不大于 8 度、采用满粘法施工的外墙饰面砖粘贴工程的质量验收。

A. 20 B. 24 C. 50 D. 100

2. 室内每个检验批应至少抽查 10%,并不得少于( )间。

A. 3 B. 5 C. 8 D. 10

3. 外墙饰面砖安装时,接缝宽度允许误差为( )mm。

A. 0.2 B. 1 C. 1.5 D. 2.0

【例题 5-6】 某建筑公司承建了一地处繁华市区的带地下车库的大厦工程,工程紧邻城市主要干道,施工现场狭窄,施工现场入口处设立了"五牌"和"两图"。工程主体 9 层,地下 3 层,建筑面积为 20 000 m²,基础开挖深度为 12 m,地下水位为 3 m。大厦 2~12 层室内采用天然大理石饰面,大理石饰面板进场检查记录如下:天然大理石建筑板材,规格 600 mm×450 mm,厚度 18 mm,一等品。2015 年 6 月 6 日,石材进场后专业班组就开始从第 12 层开始安装。为便于灌浆操作,操作人员将结合层的砂浆厚度控制在 18 mm,每层板材安装后分两次灌浆。

2015 年 8 月 6 日，专业班组请项目专职质检员检验 12 层走廊墙面石材饰面，结果发现局部大理石饰面产生不规则的花斑，沿墙高的中下部位空鼓的板块较多。

问题：

试述装饰装修工程质量问题产生的原因和治理方法。

答案：

大理石饰面板产生的不规则花斑，俗称泛碱现象。

原因分析如下。

(1)采用传统的湿作业法安装天然石材，施工时由于水泥砂浆在水化时析出大量的氧化钙泛到石材表面，就会产生不规则的花斑，即泛碱。泛碱现象严重影响建筑物室内外石材饰面的观感效果。

(2)本案例背景中石材进场验收时记录为"天然大理石建筑板材"，按照《天然大理石建筑板材》(GB/T 19766—2005)标准，说明石材饰面板进场时没有进行防碱背涂处理。2015 年 6 月 6 日，石材进场后专业班组就开始从第 12 层开始粘贴施工，说明施工班组施工前也没有做石材饰面板防碱背涂处理的技术准备工作。防碱背涂处理是需要技术间歇的，本案例背景中没有这样的背景条件或时间差。

治理方法如下。

针对 12 层出现的"泛碱"缺陷，项目专业质量检查员应拟定返工处理意见。担任该工程项目经理的建造师应采纳项目专业质量检查员的处理意见，并决定按预防措施进行返工；同时，针对 2～12 层的施工组织制定预防措施。

预防措施如下。

进行施工技术交底，确保在天然石材安装前，对石材饰面板采用"防碱背涂剂"进行背涂处理，并选用碱含量低的水泥作为结合层的拌合料。

【能力训练】

训练题目：完成饰面板安装工程湿作业法施工质量的检验，并填写现场验收检查原始记录表。

子项目七　幕墙工程

幕墙是建筑装饰装修分部工程的子分部工程，共包括四个分项工程：玻璃幕墙安装、金属幕墙安装、石材幕墙安装及陶板幕墙安装。

幕墙工程验收时应检查幕墙工程的施工图、结构计算书、设计说明及其他设计文件；建筑设计单位对幕墙工程设计的确认文件；幕墙工程所用各种材料、五金配件、构件及组件的产品合格证书、性能检测报告、进场验收记录和复验报告；幕墙工程所用硅酮结构胶的认定证书和抽查合格证明、进口硅酮结构胶的商检证、国家指定检测机构出具的硅酮结构胶相容性和剥离黏结性试验报告、石材用密封胶的耐污染性试验报告；后置埋件的现场拉拔强度检测报告；幕墙的抗风压性能、空气渗透性能、雨水渗漏性能及平面变形性能检测报告；打胶、养护环境的温度、湿度记录、双组分硅酮结构胶的混匀性试验记录及拉断试验记录；防雷装置测试记录；隐蔽工程验收记录；幕墙构件和组件的加工制作记录、幕墙安装施工记录。

幕墙工程应对下列材料及其性能指标进行复验：铝塑复合板的剥离强度；石材的弯曲强度、寒冷地区石材的耐冻融性、室内用花岗石的放射性；玻璃幕墙用结构胶的邵氏硬度、标准条件拉伸粘结强度、相容性试验、石材用结构胶的粘结强度、石材用密封胶的污染性。

幕墙工程应对下列隐蔽工程项目进行验收：预埋件（或后置埋件）；构件的连接节点；变形缝及墙面转角处的构造节点；幕墙防雷装置；幕墙防火构造。

各分项工程的检验批应按下列规定划分：相同设计、材料、工艺和施工条件的幕墙工程每 500～1 000 m² 应划分为一个检验批，不足 500 m² 也应划分为一个检验批；同一单位工程的不连续的幕墙工程应单独划分检验批；对于异型或有特殊要求的幕墙，检验批的划分应根据幕墙的结构、工艺特点及幕墙工程规模，由监理单位（或建设单位）和施工单位协商确定。

任务一　玻璃幕墙工程质量控制与验收

一、任务描述

幕墙工程施工过程中，要保证玻璃幕墙工程的施工质量。玻璃幕墙工程施工完毕后，完成玻璃幕墙工程检验批的质量验收。

二、任务分析

本任务共包含两方面的内容：一是要保证玻璃幕墙工程的施工质量；二是要对玻璃幕墙工程检验批进行质量验收。

要保证玻璃幕墙工程的施工质量，就需要掌握玻璃幕墙工程施工质量控制要点。

要对玻璃幕墙工程检验批进行质量验收，就需要掌握玻璃幕墙工程检验批的检验标准及检验方法等知识。

三、相关知识

相关知识包括玻璃幕墙工程质量控制点和玻璃幕墙工程检验批的检验标准及检验方法两部分知识。

（一）质量控制点

（1）适用于建筑高度不大于 150 m、抗震设防烈度不大于 8 度的隐框玻璃幕墙、半隐框玻璃幕墙、明框玻璃幕墙、全玻幕墙及点支承玻璃幕墙工程的质量验收。

(2)幕墙及其连接件应具有足够的承载力、刚度和相对于主体结构的位移能力。幕墙构架立柱的连接金属角码与其他连接件应采用螺栓连接，并应有防松动措施。

(3)隐框、半隐框幕墙所采用的结构粘结材料必须是中性硅酮结构密封胶，其性能必须符合《建筑用硅酮结构密封胶》(GB 16776—2005)的规定；硅酮结构密封胶必须在有效期内使用。

(4)立柱和横梁等主要受力构件，其截面受力部分的壁厚应经计算确定，且铝合金型材壁厚不应小于 3.0 mm，钢型材壁厚不应小于 3.5 mm。

(5)隐框、半隐框幕墙构件中板材与金属框之间硅酮结构密封胶的粘结宽度，应分别计算风荷载标准值和板材自重标准值作用下硅酮结构密封胶的粘结宽度，并取其较大值，且不得小于 7.0 mm。

(6)硅酮结构密封胶应打注饱满，并应在温度 15 ℃～30 ℃、相对湿度 50％以上、洁净的室内进行；不得在现场墙上打注。

(7)幕墙的防火除应符合现行国家标准《建筑设计防火规范》(GB 50016—2014)的有关规定外，还应符合下列规定：

1)应根据防火材料的耐火极限决定防火层的厚度和宽度，并应在楼板处形成防火带。

2)防火层应采取隔离措施。防火层的衬板应采用经防腐处理且厚度不小于 1.5 mm 的钢板，不得采用铝板。

3)防火层的密封材料应采用防火密封胶。

4)防火层与玻璃不应直接接触，一块玻璃不应跨两个防火分区。

(8)主体结构与幕墙连接的各种预埋件，其数量、规格、位置和防腐处理必须符合设计要求。

(9)幕墙的金属框架与主体结构预埋件的连接、立柱与横梁的连接及幕墙面板的安装必须符合设计要求，安装必须牢固。

(10)单元幕墙连接处和吊挂处的铝合金型材的壁厚应通过计算确定，并不得小于 5.0 mm。

(11)幕墙的金属框架与主体结构应通过预埋件连接，预埋件应在主体结构混凝土施工时埋入，预埋件的位置应准确。当没有条件采用预埋件连接时，应采用其他可靠的连接措施，并应通过试验确定其承载力。

(12)立柱应采用螺栓与角码连接，螺栓直径应经过计算，并不应小于 10 mm。不同金属材料接触时应采用绝缘垫片分隔。

(13)幕墙的抗震缝、伸缩缝、沉降缝等部位的处理应保证缝的使用功能和饰面的完整性。

(14)幕墙工程的设计应满足维护和清洁的要求。

(二)检验批施工质量验收

玻璃幕墙工程质量检验标准见表 5-30。

表 5-30　玻璃幕墙工程质量检验标准

项目	序号	项目	检验标准及要求	检查方法	检查数量
主控项目	1	各种材料、构件、组件的质量	玻璃幕墙工程所使用的各种材料、构件和组件的质量应符合设计要求及国家现行产品标准和工程技术规范的规定	检查材料、构件、组件的产品合格证书、进场验收记录、性能检测报告和材料的复验报告	每个检验批每100 m² 应至少抽查一处，每处不得小于 10 m²；对于异型或有特殊要求的幕墙工程，应根据幕墙的结构和工艺特点，由监理单位(或建设单位)和施工单位协商确定
	2	造型和立面分格	玻璃幕墙的造型和立面分格应符合设计要求	观察，尺量检查	
	3	玻璃	玻璃幕墙使用的玻璃应符合下列规定： (1)幕墙应使用安全玻璃，玻璃的品种、规格、颜色、光学性能及安装方向应符合设计要求。 (2)幕墙玻璃的厚度不应小于 6.0 mm。全玻幕墙肋玻璃的厚度不应小于 12 mm。 (3)幕墙的中空玻璃应采用双道密封。明框幕墙的中空玻璃应采用聚硫密封胶及丁基密封胶；隐框和半隐框幕墙的中空玻璃应采用硅酮结构密封胶及丁基密封胶；镀膜面应在中空玻璃的第二或第三面上。 (4)幕墙的夹层玻璃应采用聚乙烯醇缩丁醛(PVB)胶片干法加工合成的夹层玻璃。点支承玻璃幕墙夹层玻璃的夹层胶片(PVB)厚度不应小于 0.76 mm。 (5)钢化玻璃表面不得有损伤；8.0 mm 以下的钢化玻璃应进行引爆处理。 (6)所有幕墙玻璃均应进行边缘处理	观察，尺量检查，检查施工记录	
	4	与主体结构连接件	玻璃幕墙与主体结构连接的各种预埋件、连接件、紧固件必须安装牢固，其数量、规格、位置、连接方法和防腐处理应符合设计要求	观察，检查隐蔽工程验收记录和施工记录	
	5	焊接连接	各种连接件、紧固件的螺栓应有防松动措施；焊接连接应符合设计要求和焊接规范的规定		
	6	托条	隐框或半隐框玻璃幕墙，每块玻璃下端应设置两个铝合金或不锈钢托条，其长度不应小于100 mm，厚度不应小于 2 mm，托条外端应低于玻璃外表面 2 mm		
	7	明框幕墙玻璃安装	应符合下列规定： (1)玻璃槽口与玻璃的配合尺寸应符合设计要求和技术标准的规定。 (2)玻璃与构件不得直接接触，玻璃四周与构件凹槽底部应保持一定的空隙，每块玻璃下部应至少放置两块宽度与槽口宽度相同、长度不小于 100 mm 的弹性定位垫块；玻璃两边嵌入量及空隙应符合设计要求。 (3)玻璃四周橡胶条的材质、型号应符合设计要求，镶嵌应平整，橡胶条长度应比边框内槽长 1.5%～2.0%，橡胶条在转角处应斜面断开，并应用胶粘剂粘结牢固后嵌入槽内	观察，检查施工记录	

项目	序号	项目	检验标准及要求	检查方法	检查数量
主控项目	8	超过4 m高全玻幕墙安装	高度超过4 m的全玻幕墙应吊挂在主体结构上,吊夹具应符合设计要求,玻璃与玻璃、玻璃与玻璃肋之间的缝隙,应采用硅酮结构密封胶填嵌严密	观察,检查隐蔽工程验收记录和施工记录	每个检验批每100 m²应至少抽查一处,每处不得小于10 m²;对于异型或有特殊要求的幕墙工程,应根据幕墙的结构和工艺特点,由监理单位(或建设单位)和施工单位协商确定
	9	点支承玻璃幕墙	点支承玻璃幕墙应采用带万向头的活动不锈钢爪,其钢爪间的中心距离应大于250 mm	观察,尺量检查	
	10	细部	玻璃幕墙四周、玻璃幕墙内表面与主体结构之间的连接节点、各种变形缝、墙角的连接节点应符合设计要求和技术标准的规定	观察,检查隐蔽工程验收记录和施工记录	
	11	幕墙防水	玻璃幕墙应无渗漏	在易渗漏部位进行淋水检查	
	12	结构胶、密封胶打注	玻璃幕墙结构胶和密封胶打注应饱满、密实、连续、均匀、无气泡,宽度和厚度应符合设计要求和技术标准的规定	观察,尺量检查,检查施工记录	
	13	开启窗	玻璃幕墙开启窗的配件应齐全,安装应牢固,安装位置和开启方向、角度应正确;开启应灵活,关闭应严密	观察,手扳检查,开启和关闭检查	
	14	防雷装置	玻璃幕墙的防雷装置必须与主体结构的防雷装置可靠连接	观察,检查隐蔽工程验收记录和施工记录	
一般项目	1	表面质量	玻璃幕墙表面应平整、洁净;整幅玻璃色泽应均匀一致;不得有污染和镀膜损坏	观察	同主控项目
	2	每平方米玻璃的表面质量	每平方米玻璃的表面质量和检验方法应符合表5-31的规定	见表5-31	
	3	铝合金型材质量	一个分格铝合金型材的表面质量和检验方法应符合表5-32的规定	见表5-32	
	4	明框外露框或压条	明框玻璃幕墙的外露框或压条应横平竖直,颜色、规格应符合设计要求,压条安装应牢固。单元玻璃幕墙的单元拼缝或隐框玻璃幕墙的分格玻璃拼缝应横平竖直、均匀一致	观察,手扳检查,检查进场验收记录	
	5	密封胶缝	玻璃幕墙的密封胶缝应横平竖直、深浅一致、宽窄均匀、光滑顺直	观察,手摸检查	
	6	防火、保温材料	防火、保温材料填充应饱满、均匀,表面应密实、平整	检查隐蔽工程验收记录	
	7	隐蔽节点	玻璃幕墙隐蔽节点的遮封装修应牢固整齐、美观	观察,手扳检查	
	8	明框玻璃幕墙安装的允许偏差	明框玻璃幕墙安装的允许偏差和检验方法应符合表5-33的规定	见表5-33	

项目	序号	项目	检验标准及要求	检查方法	检查数量
一般项目	9	隐框、半隐框玻璃幕墙安装的允许偏差	隐框、半隐框玻璃幕墙安装的允许偏差和检验方法应符合表5-34的规定	见表5-34	同主控项目

表5-31 每平方米玻璃的表面质量和检验方法

序号	项目	质量要求	检验方法
1	明显划伤和长度>100 mm的轻微划伤	不允许	观察
2	长度≤100 mm的轻微划伤	≤8条	用钢尺检查
3	擦伤总面积	≤500 mm²	

表5-32 一个分格铝合金型材的表面质量和检验方法

序号	项目	质量要求	检验方法
1	明显划伤和长度>100 mm的轻微划伤	不允许	观察
2	长度≤100 mm的轻微划伤	≤2条	用钢尺检查
3	擦伤总面积	≤500 mm²	

表5-33 明框玻璃幕墙安装的允许偏差和检验方法

序号	项目		允许偏差/mm	检验方法
1	幕墙垂直度	幕墙高度≤30 m	10	用经纬仪检查
		30 m<幕墙高度≤60 m	15	
		60 m<幕墙高度≤90 m	20	
		幕墙高度>90 m	25	
2	幕墙水平度	幕墙幅宽≤35 m	5	用水平仪检查
		幕墙幅宽>35 m	6	
3	构件直线度		2	用2 m靠尺和塞尺检查
4	构件水平度	构件长度≤2 m	2	用水平仪检查
		构件长度>2 m	3	
5	相邻构件错位		1	用钢直尺检查
6	分格框对角线长度差	对角线长度≤2 m	3	用钢尺检查
		对角线长度>2 m	4	

表5-34 隐框、半隐框玻璃幕墙安装的允许偏差和检验方法

序号	项目		允许偏差/mm	检验方法
1	幕墙垂直度	幕墙高度≤30 m	10	用经纬仪检查
		30 m<幕墙高度≤60 m	15	
		60 m<幕墙高度≤90 m	20	
		幕墙高度>90 m	25	

序号	项目		允许偏差/mm	检验方法
2	幕墙水平度	层高≤3 m	3	用水平仪检查
		层高>3 m	3	
3	幕墙表面平整度		2	用2 m靠尺和塞尺检查
4	板材立面垂直度		2	用垂直检测尺检查
5	板材上沿水平度		2	用1 m水平尺和钢直尺检查
6	相邻板材板角错位		1	用钢直尺检查
7	阳角方正		2	用直角检测尺检查
8	接缝直线度		3	拉5 m线，不足5 m拉通线，用钢直尺检查
9	接缝高低差		1	用钢直尺和塞尺检查
10	接缝宽度		1	用钢直尺检查

四、任务实施

(1)保证玻璃幕墙工程施工质量的措施见"质量控制点"相关内容。

(2)玻璃幕墙工程检验批质量验收按照"表5-30 玻璃幕墙工程质量检验标准"进行。

【任务巩固】

1. 玻璃幕墙工程适用于建筑高度不大于(   )m、抗震设防烈度不大于8度的隐框玻璃幕墙、半隐框玻璃幕墙、明框玻璃幕墙、全玻幕墙及点支承玻璃幕墙工程的质量验收。

   A. 50　　　　　B. 100　　　　　C. 150　　　　　D. 200

2. 立柱和横梁等主要受力构件，其截面受力部分的壁厚应经计算确定，且铝合金型材壁厚不应小于3.0 mm，钢型材壁厚不应小于(   )mm。

   A. 2.5　　　　　B. 3.0　　　　　C. 3.5　　　　　D. 4.0

3. 硅酮结构密封胶应打注饱满，并应在温度为15 ℃~30 ℃、相对湿度为(   )以上、洁净的室内进行；不得在现场墙上打注。

   A. 25%　　　　　B. 50%　　　　　C. 60%　　　　　D. 70%

任务二　石材幕墙工程质量控制与验收

一、任务描述

幕墙工程施工过程中，要保证石材幕墙工程的施工质量。石材幕墙工程施工完毕后，完成石材幕墙工程检验批的质量验收。

二、任务分析

本任务共包含两方面的内容：一是要保证石材幕墙工程的施工质量；二是要对石材幕墙工程检验批进行质量验收。

要保证石材幕墙工程的施工质量，就需要掌握石材幕墙工程施工质量控制要点。

要对石材幕墙工程检验批进行质量验收，就需要掌握石材幕墙工程检验批的检验标准及检验方法等知识。

三、相关知识

相关知识包括石材幕墙工程质量控制点和石材幕墙工程检验批的检验标准及检验方法两部分知识。

(一)质量控制点

(1)适用于建筑高度不大于 100 m、抗震设防烈度不大于 8 度的石材幕墙工程的质量验收。

(2)其他质量控制点与玻璃幕墙工程质量控制点的第(2)条～第(14)条相同。

(二)检验批施工质量验收

石材幕墙工程质量检验标准见表 5-35。

表 5-35　石材幕墙工程质量检验标准

项目	序号	项目	检验标准及要求	检查方法	检查数量
主控项目	1	材料质量	石材幕墙工程所用材料的品种、规格、性能和等级应符合设计要求及国家现行产品标准和工程技术规范的规定。石材的弯曲强度不应小于 8.0 MPa；石材幕墙吸水率应小于0.8%。石材幕墙的铝合金挂件厚度不应小于 4.0 mm，不锈钢挂件厚度不应小于 3.0 mm	观察，尺量检查，检查产品合格证书、性能检测报告、材料进场验收记录和复验报告	每个检验批每 100 m² 应至少抽查一处，每处不得小于 10 m²；对于异型或有特殊要求的幕墙工程，应根据幕墙的结构和工艺特点，由监理单位(或建设单位)和施工单位协商确定
	2	外观质量	石材幕墙的造型、立面分格、颜色、光泽、花纹和图案应符合设计要求	观察	
	3	石材孔、槽	石材孔、槽的数量、深度、位置、尺寸应符合设计要求	检查进场验收记录或施工记录	
	4	预埋件和后置埋件	石材幕墙主体结构上的预埋件和后置埋件的位置、数量及后置埋件的拉拔力必须符合设计要求	检查拉拔力检测报告和隐蔽工程验收记录	
	5	构件连接	石材幕墙的金属框架立柱与主体结构预埋件的连接、立柱与横梁的连接、连接件与金属框架的连接、连接件与石材面板的连接必须符合设计要求，安装必须牢固	手扳检查，检查隐蔽工程验收记录	

项目	序号	项目	检验标准及要求	检查方法	检查数量
主控项目	6	防腐处理	金属框架和连接件的防腐处理应符合设计要求	检查隐蔽工程验收记录	每个检验批每100 m² 应至少抽查一处，每处不得小于 10 m²；对于异型或有特殊要求的幕墙工程，应根据幕墙的结构和工艺特点，由监理单位(或建设单位)和施工单位协商确定
	7	防火、保温、防潮材料	石材幕墙的防火、保温、防潮材料的设置应符合设计要求，填充应密实、均匀、厚度一致		
	8	防雷装置	石材幕墙的防雷装置必须与主体结构防雷装置可靠连接	观察，检查隐蔽工程验收和施工记录	
	9	变形缝	各种结构变形缝、墙角的连接节点应符合设计要求和技术标准的规定	检查隐蔽工程验收记录和施工记录	
	10	表面和板缝处理	石材表面和板缝的处理应符合设计要求	观察	
	11	板缝注胶	石材幕墙的板缝注胶应饱满、密实、连续、均匀、无气泡，板缝宽度和厚度应符合设计要求和技术标准的规定	观察，尺量检查，检查施工记录	
	12	防水	石材幕墙应无渗漏	在易渗漏部位进行淋水检查	
一般项目	1	表面质量	石材幕墙表面应平整、洁净，无污染、缺损和裂痕。颜色和花纹应协调一致，无明显色差，无明显修痕	观察	同主控项目
	2	压条	石材幕墙的压条应平直、洁净、接口严密、安装牢固	观察，手扳检查	
	3	细部质量	石材接缝应横平竖直、宽窄均匀；阴阳角石板压向应正确，板边合缝应顺直，凹凸线出墙厚度应一致，上下口应平直；石材面板上洞口、槽边应套割吻合，边缘应整齐	观察，尺量检查	
	4	密封胶缝	石材幕墙的密封胶缝应横平竖直、深浅一致、宽窄均匀、光滑顺直	观察	
	5	滴水线	石材幕墙上的滴水线、流水坡向应正确、顺直	观察，用水平尺检查	
	6	石材表面质量	每平方米石材的表面质量和检验方法应符合表 5-36 的规定	见表 5-36	
	7	安装允许偏差	石材幕墙安装的允许偏差和检验方法应符合表 5-37 的规定	见表 5-37	

表 5-36　每平方米石材的表面质量和检验方法

序号	项目	质量要求	检验方法
1	裂痕、明显划伤和长度＞100 mm 的轻微划伤	不允许	观察
2	长度≤100 mm 的轻微划伤	≤8 条	用钢尺检查
3	擦伤总面积	≤500 mm²	

表 5-37 石材幕墙安装的允许偏差和检验方法

序号	项目		允许偏差/mm		检验方法
			光面	麻面	
1	幕墙垂直度	幕墙高度≤30 m	10		用经纬仪检查
		30 m＜幕墙高度≤60 m	15		
		60 m＜幕墙高度≤90 m	20		
		幕墙高度＞90 m	25		
2	幕墙水平度		3		用水平仪检查
3	板材立面垂直度		3		
4	板材上沿水平度		2		用1 m水平尺和钢直尺检查
5	相邻板材板角错位		1		用钢直尺检查
6	幕墙表面平整度		2	3	用垂直检测尺检查
7	阳角方正		2	4	用直角检测尺检查
8	接缝直线度		3	4	拉5 m线,不足5 m拉通线,用钢直尺检查
9	接缝高低差		1	—	用钢直尺和塞尺检查
10	接缝宽度		1	2	用钢直尺检查

四、任务实施

(1)保证石材幕墙工程施工质量的措施见"质量控制点"相关内容。

(2)石材幕墙工程检验批质量验收按照"表5-35 石材幕墙工程质量检验标准"进行。

【任务巩固】

1. 石材幕墙工程适用于建筑高度不大于(　　)m、抗震设防烈度不大于8度的石材幕墙工程的质量验收。

　　A. 50　　　　　　B. 100　　　　　　C. 150　　　　　　D. 200

2. 防火层的衬板应采用经防腐处理且厚度不小于(　　)mm的钢板,不得采用铝板。

　　A. 1.5　　　　　　B. 3.0　　　　　　C. 3.5　　　　　　D. 4.0

3. 石材幕墙的铝合金挂件厚度不应小于4.0 mm,不锈钢挂件厚度不应小于(　　)mm。

　　A. 2.0　　　　　　B. 3.0　　　　　　C. 4.0　　　　　　D. 5.0

【例题5-7】 某一级资质装饰公司承接了一幢精装修住宅工程,该幢楼的东西立面采用半隐框玻璃幕墙,南北立面采用花岗岩石材幕墙,在进行石材幕墙施工中,由于硅酮耐候胶库存不够,操作人员为了不延误工期即时采用了与硅酮结构胶不同品牌的硅酮耐候胶,事后提供了强度试验报告,证明其性能指标满足承载力的要求。

在玻璃幕墙构件大批量制作、安装前进行了"三性试验",但第一次检测未通过,第二次检测才合格。

在玻璃板块制作车间采用双组分硅酮结构密封胶，其生产工序如下：

室温为25℃，相对湿度为50%；清洁注胶基材表面的清洁剂为二甲苯，用白色棉布蘸入溶剂中吸取溶剂，并采用"一次擦"工艺进行清洁；清洁后的基材一般在1h内注胶完毕；注胶完毕到现场安装的间隔时间为1周；玻璃幕墙构件的立柱采用铝合金型材，上、下闭口型材立柱通过槽口嵌固进行密闭连接；石材幕墙的横梁和立柱均采用型钢，横梁采用分段焊接连接在立柱上；在室内装饰施工中，卫生间防水采用聚氨酯涂膜施工。

问题：

(1)硅酮耐候密封胶的采用是否正确？请说明理由。施工前须提供哪些报告证明文件？

(2)玻璃幕墙的"三性试验"是指哪三性？第一次检测未通过，应采取哪些措施？

(3)玻璃板块制作的注胶工艺是否合理？如有不妥应如何处理？

(4)幕墙的立柱与横梁安装存在哪些问题？该如何整改？

(5)简述卫生间防水的施工流程。

答案：

(1)不正确。同一幕墙工程应使用同一品牌的硅酮结构胶和硅酮耐候密封胶。

硅酮耐候密封胶除了提供常规的试验数据和相容性报告外，还应提供证明无污染的试验报告。

(2)"三性试验"指风压变形性能、气密性能、水密性能。

由于安装缺陷使某项性能未达到规定要求时，允许在改进安装工艺、修补缺陷后重新检测；由于设计或材料缺陷导致幕墙检测性能未达到规定值域时，应修改设计或更换材料后，重新制作试件，进行检测。

(3)注胶工艺是否合理分析如下：

1)室温在15℃～30℃，相对湿度不低于50%，合理；

2)白色棉布蘸入溶剂中吸取溶剂不合理，采用"一次擦"工艺进行清洁不合理，应将溶剂倒在棉布上，并采用"二次擦"的工艺进行清洁；

3)合理，清洁后的基材应在1h内注胶；

4)注胶完毕到现场安装的间隔时间为1周，不合理，注胶完毕到现场安装至少在1周后。

(4)立柱：没有留伸缩缝，上、下立柱连接方式不妥。立柱上、下柱之间应留有不少于15mm的缝隙，闭口型材可采用长度不小于250mm的芯柱连接，上、下立柱之间的缝隙应打注硅酮耐候密封胶密封。

横梁：横梁与立柱采用焊接连接的连接方式不妥。横梁与立柱应通过角码、螺钉、螺栓与立柱连接。螺钉直径不得小于4mm，每处连接螺钉不应少于3个，如用螺栓连接，不应少于2个。横梁与立柱之间应有一定的相对位移。

(5)卫生间防水的施工流程：清理基层→细部附加层施工→第一遍涂膜防水施工→第二遍涂膜防水施工→第三遍涂膜防水施工→第一次蓄水试验→保护层、饰面层施工→第二次蓄水试验。

【能力训练】

训练题目：完成满粘法施工的饰面砖施工质量的检验，并填写现场验收检查原始记录表。

项目五　综合训练

某装饰公司承接了寒冷地区某教学楼的室内外装饰工程。其中，室内地面采用地面砖镶贴，吊顶工程部分采用木龙骨，室外部分墙面为铝板幕墙，采用进口硅酮结构密封胶、铝塑复合板，其余外墙为加气混凝土外镶贴陶瓷砖。施工过程中，发生如下事件。

事件一：因木龙骨为甲方提供材料，施工单位未对木龙骨进行检验和处理就用到工程上。施工单位对新进场外墙陶瓷砖和内墙砖的吸水率进行了复试，对铝塑复合板核对了产品质量证明文件。

事件二：在送检时，为赶工期，施工单位未经监理许可就进行了外墙饰面砖镶贴施工，待复检报告出来，部分指标未能达到要求。

事件三：外墙面砖施工前，工长安排工人在陶粒空心砖墙面上做了外墙饰面砖样板件，并对其质量验收进行了允许偏差的检验。

问题：

(1)进口硅酮结构密封胶使用前应提供哪些质量证明文件和报告？事件一中，施工单位对甲方提供的木龙骨是否需要检查验收？木龙骨使用前应进行什么技术处理？

(2)事件一中，外墙陶瓷砖复试还应包括哪些项目？是否需要进行内墙砖吸水率复试？铝塑复合板应进行什么项目的复验？

(3)事件二中，施工单位的做法是否妥当？为什么？

(4)指出事件三中外墙饰面砖样板件施工中存在的问题，写出正确做法，补充外墙饰面砖质量验收的其他检验项目。

答案：

(1)进口硅酮结构密封胶使用前应提供出厂检验证明、产品质量合格证书、性能检测报告、进场验收记录和复验报告、有效期证明材料。

施工单位对甲方提供的木龙骨需要检验验收。

木龙骨使用前应进行防火处理。

(2)外墙陶瓷砖复试还应包括对外墙陶瓷砖的抗冻性进行复试。内墙砖不需要进行吸水率复试，应进行放射性检验。

铝塑复合板应进行剥离强度复验。

(3)不妥当。没有监理工程师的许可施工单位不得自行赶工，要按照之前编制的进度计划实施。

(4)应对样板件的饰面砖粘结强度进行检验；对外墙饰面砖隐蔽工程进行验收；平整度、光洁度的检验；尺寸检验；饰面板嵌缝质量检验。

项目小结

本项目主要介绍了建筑地面工程质量控制与验收、抹灰工程质量控制与验收、门窗工程质量控制与验收、吊顶工程质量控制与验收、轻质隔墙工程质量控制与验收、饰面板（砖）工程质量控制与验收和幕墙工程质量控制与验收等七大部分内容。

建筑地面工程质量控制与验收包括基层铺设工程质量控制与验收、整体面层铺设工程质量控制与验收和板块面层铺设工程质量控制与验收。

抹灰工程质量控制与验收包括一般抹灰工程质量控制与验收和装饰工程质量控制与验收。

门窗工程质量控制与验收包括金属门窗安装工程质量控制与验收、塑料门窗安装工程质量控制与验收和门窗玻璃安装工程质量控制与验收。

吊顶工程质量控制与验收包括暗龙骨吊顶工程质量控制与验收和明龙骨吊顶工程质量控制与验收。

轻质隔墙工程质量控制与验收包括板材隔墙工程质量控制与验收和骨架隔墙工程质量控制与验收。

饰面板（砖）工程质量控制与验收包括饰面板安装工程质量控制与验收和饰面砖粘贴工程质量控制与验收。

幕墙工程质量控制与验收包括玻璃幕墙工程质量控制与验收和石材幕墙工程质量控制与验收。

▶ 思 考 题

1. 装饰装修工程质量控制资料检查的主要检查内容有哪些？
2. 水泥混凝土面层铺设工程需要做质量查验的内容有哪些？
3. 一般抹灰工程需要做质量查验的内容有哪些？
4. 暗龙骨吊顶工程需要做质量查验的内容有哪些？
5. 石材幕墙工程需要做质量查验的内容有哪些？

▶ 知 识 链 接

一、单项选择题

1. 建筑装饰装修工程所用材料（　　）符合国家有关建筑装饰材料有害物质限量的规定。
   A. 不须　　　　　B. 宜　　　　　C. 应　　　　　D. 可

2. 罩面用的磨细石灰粉的熟化期不应少于（　　）d。
   A. 1　　　　　　B. 3　　　　　　C. 5　　　　　　D. 15

3. 室内墙面、柱面和门洞口的护角每侧宽度不应小于（　　）mm。
   A. 20　　　　　B. 50　　　　　C. 80　　　　　D. 100

4. 当要求抹灰层具有防水、防潮功能时，应采用（　　）。
   A. 石灰砂浆　　B. 混合砂浆　　C. 防水砂浆　　D. 水泥砂浆

5. 滴水槽的宽度和深度均不应小于（　　）mm。

    A. 8   B. 10   C. 12   D. 15

6. 甲醛限量标志为 E_1 的人造板（　　）。

    A. 可直接用于室内   B. 必须饰面处理后用于室内

    C. 不可用于室内   D. 不可直接用于室内

7. 塑料门窗框与墙体间缝隙应采用（　　）填嵌饱满。

    A. 混合砂浆   B. 油膏   C. 闭孔弹线材料   D. 水泥砂浆

8. 轻质隔墙用板有隔声、隔热、阻挠、防潮等要求的，板材应有相应性能的（　　）报告。

    A. 检测   B. 复验   C. 型式检验   D. 现场抽样检测

9. 采用湿作业法施工的饰面板工程，石材应进行（　　）处理。

    A. 打胶   B. 防碱背涂   C. 界面剂   D. 毛化

10. 玻璃幕墙应使用（　　）玻璃，其厚度不应小于 6 mm。

    A. 普通浮法   B. 半钢化   C. 安全   D. 镀膜

二、多项选择题

1. 建筑装饰装修工程所用材料进场包装应完好，应有（　　）。

    A. 合格证书   B. 中文说明书   C. 相关性能的检测报告

    D. 卫生检验报告   E. 化学分析报告

2. 抹灰工程应对水泥的（　　）进行复验。

    A. 凝结时间   B. 安定性   C. 强度

    D. 细度   E. SO_2

3. 建筑外墙金属窗、塑料窗的复验指标为（　　）。

    A. 抗风压性能   B. 空气渗透性能   C. 雨水渗漏性能

    D. 平面变形性能   E. 漏风性能

4. 龙骨安装前，应按设计要求对（　　）进行交接检验。

    A. 地面标高   B. 房间净高   C. 洞口标高

    D. 吊顶内管道   E. 设备及其支架的标高

5. 饰面板（砖）应对外墙陶瓷面砖的（　　）复验。

    A. 吸水率   B. 抗冻性（寒冷地区）   C. 抗压强度

    D. 抗折强度   E. 密度

三、案例题

案例一 某建筑装饰装修工程，业主与承包商签订的施工合同协议条款约定如下。

工程概况：该工程为现浇混凝土框架结构，18 层，建筑面积为 110 000 m²，平面呈 L 形，在平面变形处设有一道变形缝，结构工程于 2015 年 6 月 28 日已验收合格。

施工范围：首层到 18 层的公共部分，包括各层电梯厅、卫生间、首层大堂等的建筑装饰装修工程，建筑装饰装修工程建筑面积 13 000 m²。

质量等级：合格。

工期：2015 年 7 月 6 日开工，2015 年 12 月 28 日竣工。

开工前，建筑工程专业建造师(担任项目经理，下同)主持编制施工组织设计时拟定的施工方案以变形缝为界，分两个施工段施工，并制定了详细的施工质量检验计划，明确了分部(子分部)工程、分项工程的检查点。其中，第三层铝合金门窗工程检查点的检查时间为2015年9月16日。

问题：

(1)该建筑装饰装修工程的分项工程应如何划分检验批？

(2)第三层门窗工程于2015年9月16日如期安装完成，建筑工程专业建造师安排由资料员填写质量验收记录，项目专业质量检查员代表企业参加验收，并签署检查评定结果，项目专业质量检查员签署的检查评定结果为合格。请问该建造师的安排是否妥当？质检员如何判定门窗工程检验批是否合格？

(3)2015年10月22日铝合金门窗安装全部完工，建筑工程专业建造师安排由项目专业质量检查员参加验收，并记录检查结果，签署检查评价结论。请问该建造师的安排是否妥当？如何判定铝合金门窗安装工程是否合格？

(4)2015年11月16日门窗工程全部完工，具备规定检查的文件和记录，规定的有关安全和功能的检测项目检测合格。为此，建筑工程专业建造师签署了该子分部工程检查记录，并交监理单位(建设单位)验收。请问该建造师的做法正确吗？

(5)2015年12月28日工程如期竣工，建筑工程专业建造师应如何选择验收方案，如何确定该工程是否具备竣工验收条件？单位工程观感质量如何评定？

(6)综合以上问题，按照过程控制方法，建筑装饰装修工程质量验收有哪些过程？

案例二 某大学图书馆进行装修改造，根据施工设计和使用功能的要求，采用大量的轻质隔墙。外墙采用建筑幕墙，承揽该装修改造工程的施工单位根据《建筑装饰装修工程质量验收规范》(GB 50210—2001)规定，对工程细部构造施工质量的控制做了大量的工作。

该施工单位在轻质隔墙施工过程中提出以下技术要求：

(1)板材隔墙施工过程中如遇到门洞，应从两侧向门洞处依次施工。

(2)石膏板安装牢固时，隔墙端部的石膏板与周围的墙、柱应留有10 mm的槽口，槽口处加泛嵌缝膏，使面板与邻近表面接触紧密。

(3)当轻质隔墙下端用木踢脚覆盖时，饰面板应与地面留有5～10 mm缝隙。

(4)石膏板的接缝缝隙应保证为8～10 mm。

该施工单位在施工过程中将特别注重现场文明施工和现场的环境保护措施，工程施工后，被评为优质工程。

问题：

(1)建筑装饰装修工程的细部构造是指哪些子分部工程中的细部节点构造？

(2)轻质隔墙按构造方式和所用材料的种类不同可分为哪几种类型？石膏板属于哪种轻质隔墙？

(3)逐条判断该施工单位在轻质隔墙施工过程中提出的技术要求的正确与否。若不正确，请改正。

(4)简述板材隔墙的施工工艺流程。

(5)轻质隔墙的节点处理主要包括哪几项？

项目六　建筑工程质量事故的处理

一、教学目标

(一)知识目标

(1)了解建筑工程质量事故的特点。

(2)熟悉建筑工程质量事故的分类。

(3)掌握建筑工程质量事故处理程序。

(二)能力目标

能根据《关于做好房屋建筑和市政基础设施工程质量事故报告和调查处理工作的通知》(建质〔2010〕111号)的规定,运用建筑工程质量事故的分类、建筑工程质量事故处理程序等知识,对建筑工程质量事故进行处理。

(三)素质目标

(1)具备团队合作精神。

(2)具备组织、管理及协调能力。

(3)具备表达能力。

(4)具备工作责任心。

(5)具备查阅资料及自学能力。

二、教学重点与难点

(一)教学重点

(1)建筑工程质量事故的分类。

(2)建筑工程质量事故处理程序。

(二)教学难点

建筑工程质量事故处理程序。

任务一　工程质量事故特点及分类

一、任务描述

建筑工程是一项特殊的产品,影响其质量的因素繁多,造成质量事故的原因错综复杂。

欲想控制工程质量事故的发生和正确处理工程质量事故，应了解工程质量事故的特点和工程质量事故的分类。

二、任务分析

本任务共包含两方面的内容：一是要了解工程质量事故的特点；二是要掌握工程质量事故的分类。

三、相关知识

相关知识包括工程质量事故的特点和工程质量事故的分类两部分知识。

(一)工程质量事故概念

(1)工程质量缺陷，是指工程不符合国家或行业的有关技术标准、设计文件及合同中对质量的要求。工程质量缺陷可分为施工过程中的质量缺陷和永久质量缺陷，施工过程中的质量缺陷又可分为可整改质量缺陷和不可整改质量缺陷。

(2)质量事故，是指由于建设、勘察、设计、施工、监理等单位违反工程质量有关法律法规和工程建设标准，使工程产生结构安全、重要功能等方面的质量缺陷，造成人身伤亡或者重大经济损失的事故。

(二)工程质量事故的特点

1. 复杂性

影响工程质量的因素繁多，造成质量事故的原因错综复杂，即使是同一类的质量事故，而原因也可能多种多样。这增加了质量事故的原因和危害的分析难度，也增加了工程质量事故的判断和处理的难度。

2. 严重性

建筑工程是一项特殊的产品，不像一般生活用品可以报废，降低使用等级或使用档次，工程项目一旦出现质量事故，其影响较大。轻者影响施工顺利进行，拖延工期、增加工程费用；重者则会留下隐患成为危险的建筑，影响使用功能或者不能使用；更严重的还会引起建筑物的失稳、倒塌，造成人民生命、财产的巨大损失。

3. 可变性

许多建筑工程的质量问题出现后，其质量状态并非稳定于发现的初始状态，而是有可能随着时间进程而不断地发展、变化。因此，在初始阶段并不严重的质量问题，如不能及时处理和纠正，有可能发展成严重的质量事故，在分析、处理工程质量事故时，一定要注意质量事故的可变性，应及时采取可靠的措施，防止事故进一步恶化，或加强观测与试验，取得数据，预测未来发展的趋向。

4. 多发性

建筑工程受手工操作和原材料多变等影响，建筑工程中有些质量事故，在各项工程中经常发生，降低了建筑标准，影响了使用功能，甚至危及使用安全，而成为多发性的质量通病。因此，必须总结经验、吸取教训、分析原因，采取有效措施进行必要预防。

(三)工程质量事故分类

根据工程质量事故造成的人员伤亡或者直接经济损失,工程质量事故分为4个等级:

(1)特别重大事故,是指造成30人以上死亡,或者100人以上重伤,或者1亿元以上直接经济损失的事故。

(2)重大事故,是指造成10人以上30人以下死亡,或者50人以上100人以下重伤,或者5 000万元以上1亿元以下直接经济损失的事故。

(3)较大事故,是指造成3人以上10人以下死亡,或者10人以上50人以下重伤,或者1 000万元以上5 000万元以下直接经济损失的事故。

(4)一般事故,是指造成3人以下死亡,或者10人以下重伤,或者100万元以上1 000万元以下直接经济损失的事故。

该等级划分所称的"以上"包括本数,所称的"以下"不包括本数。

四、任务实施

(1)工程质量事故的特点包括:复杂性、严重性、可变性和多发性。

(2)工程质量事故分为4个等级,具体见知识点相关内容。

五、拓展提高

工程质量事故原因主要有以下几点。

(1)违背建设程序。不经可行性论证,不做调查分析就拍板定案;没有搞清工程地质、水文地质就仓促开工;无证设计,无图施工;在水文气象资料缺乏,工程地质和水文地质情况不明,施工工艺不过关的条件下盲目兴建;任意修改设计,不按图纸施工;工程竣工不进行试车运转、不经验收就交付使用等蛮干现象等,致使不少工程项目留有严重隐患,房屋倒塌事故也常有发生。

(2)工程地质勘查原因。未认真进行地质勘查,提供地质资料、数据有误;地质勘查时,钻孔间距太大,不能全面反映地基的实际情况,如当基岩地面起伏变化极大时,软土层薄厚相关亦甚大;地质勘查钻孔深度不够,没有查清底下软土层、滑坡、墓穴、孔洞等底层构造;地质勘查报告不够详细、不准确等,均会导致采用错误的基础方案,造成地基不均匀沉降、失稳,使上部结构及墙体开裂、破坏、倒塌。

(3)未加固处理好地基。对软弱土、冲填土、杂填土、湿陷性黄土、膨胀土、岩层出露、岩溶、土洞等不均匀地基未进行加固处理或处理不当,均是导致重大质量问题的原因,必须根据不同地基的工程特性,按照地基处理应与上部结构相结合,使其共同工作的原则,从地基处理、设计措施、结构措施、放水措施、施工措施等方面综合考虑治理。

(4)设计计算问题。设计考虑不周,结构构造不合理,计算简图不正确,计算荷载取值过小,内力分析有误,沉降及伸缩设置不当,悬挑结构未进行抗倾覆验算等,都是诱发质量问题的隐患。

(5)建筑材料及制品不合格。诸如钢筋物理力学性能不符合标准,水泥受潮、过期、结块、安定性不良,砂石级配不合理、有害物含量过多,混凝土配合比不准,外加剂性能、掺量不符合要求时，均会影响混凝土的强度、和易性、密实性、抗渗性，导致混凝土结构强度不足、裂缝、渗漏、蜂窝、露筋等质量问题。预制构件断面尺寸不准，支承锚固长的强度不足，未可靠建立预应力值，钢筋漏放、错位，面板开裂等，必然会出现断裂、垮塌。

(6)施工和管理问题。许多工程质量问题，往往是由施工和管理所造成的。

1)不熟悉图纸，盲目施工；图纸未经会审，仓促施工；未经监理、设计部门同意，擅自修改设计。

2)不按图施工。把铰接做成刚接，把简支做成连续梁，抗裂结构用光圆钢筋代替交形钢筋等，致使机构裂缝破坏；挡土墙不按图设滤水层，留排水孔，致使土压力增大，造成挡土墙颠覆。

3)不按有关施工验收规范施工。如现浇混凝土机构不按规定的位置和方法任意留设施工缝；不按规定的强度拆除模板；砌体不按组砌形式建筑，留直槎不加拉结条，在小于 1 m 宽的窗间墙上设留脚手眼等。

4)缺乏基本结构知识，施工蛮干。如将钢筋混凝土预制梁倒放安装；将悬臂梁的受拉钢筋放在受压区；结构构件吊点选择不合理，不了解结构使用受力和吊装受力的状态；施工中在楼面超载堆放构件和材料等，均将给质量和安全造成严重的后果。

5)施工管理紊乱，施工方案考虑不周，施工顺序错误；技术组织措施不当，技术交底不清，违章作业；不重视质量检查和验收工作等，都是导致质量问题的祸根。

(7)自然条件影响。建设工程项目施工周期长、露天作业多，受自然条件影响大，温度、日照、雷电、供水、大风、暴雨等都能造成重大的质量事故，施工中应特别重视，采取有效措施予以预防。

(8)建筑结构使用问题。建筑物使用不当，也易造成质量问题。如不经校核、验算，就在原有建筑物上任意加层；使用荷载超过原设计的允许荷载；任意开槽、打洞、削弱承重结构的截面等。

(9)生产设备本身存在缺陷。

【任务巩固】

1. 工程质量事故的特点不包括(　　)。

A. 简单性　　　　　　　　　　B. 严重性

C. 可变性　　　　　　　　　　D. 多发性

2. 工程质量事故造成的 10 人死亡、20 人重伤，属于(　　)事故。

A. 特别重大　　　　　　　　　B. 重大

C. 较大　　　　　　　　　　　D. 一般

3. 工程质量事故造成的 3 人重伤、50 万元直接经济损失，属于(　　)事故。

A. 特别重大　　　　　　　　　B. 重大

C. 较大　　　　　　　　　　　D. 一般

任务二 工程质量事故处理依据和程序

一、任务描述

发生工程质量事故后，应如何进行工程质量事故处理。

二、任务分析

本任务共包含两方面的内容：一是工程质量事故处理依据；二是工程质量事故处理程序。

三、相关知识

相关知识包括工程质量事故处理依据和工程质量事故处理程序两部分知识。

(一)工程质量事故处理依据

1. 质量事故状况

要搞清质量事故的原因和确定处理对策，首要的是要掌握质量事故的实际情况，有关质量事故状况的资料主要来自以下几个方面。

(1)施工单位的质量事故调查报告。质量事故发生后，施工单位有责任就所发生的质量事故进行周密的调查，研究掌握情况，并在此基础上写出事故调查报告，对有关事故的实际情况作详尽的说明，其内容包括：

1)质量事故发生的时间、地点、工程部位；

2)质量事故发生的简要经过，造成工程损失状况、伤亡人数和直接经济损失的初步估计；

3)质量事故发展变化的情况(其范围是否继续扩大、程度是否已经稳定等)；

4)有关质量事故的观测记录、事故现场状态的照片或录像。

(2)项目监理机构所掌握的质量事故相关资料。其内容大致与施工单位调查报告中有关内容相似，可用来与施工单位所提供的情况对照、核实。

2. 相关法律法规

相关法律法规包括《中华人民共和国建筑法》《建设工程质量管理条例》等。《中华人民共和国建筑法》地颁布实施，对加强建筑活动的监督管理，维护市场秩序，保证建设工程质量提供了法律保障。《建设工程质量管理条例》以及相关的配套法规的相继颁布，完善了工程质量及质量事故处理有关的法律法规体系。

3. 有关合同和合同文件

所涉及的合同文件有：工程承包合同；设计委托合同；设备与器材购销合同；监理合同及分包工程合同等。有关合同和合同文件在处理质量事故中的作用是：确定在施工过程中有关各方是否按照合同约定的有关条款实施其活动，同时，有关合同文件还是界定质量责任的重要依据。

4. 有关的技术文件和档案

(1)有关的设计文件。如施工图纸和技术说明等。在处理质量事故中，其作用一方面是可以对照设计文件，核查施工质量是否完全符合设计的规定和要求；另一方面是可以根据所发生的质量事故情况，核查设计中是否存在问题或缺陷，成为导致质量事故的原因。

(2)与施工有关的技术文件、档案和资料：

1)施工组织设计或施工方案、施工计划；

2)施工记录、施工日志等；

3)有关建筑材料的质量证明文件资料；

4)现场制备材料的质量证明资料；

5)质量事故发生后，对事故状况的观测记录、试验记录或试验、检测报告等；

6)其他有关资料。

上述各类技术资料，对于分析事故原因，判断其发展变化趋势，推断事故影响及严重程度，确定处理措施等起着重要作用。

(二)工程质量事故处理程序

工程质量事故发生之后，可按以下程序进行处理，如图 6-1 所示。

1. 事故报告

(1)工程质量事故发生后，事故现场有关人员应当立即向工程建设单位负责人报告；工程建设单位负责人接到报告后，应在 1 h 内向事故发生地县以上建设主管部门及有关部门报告。

情况紧急时，事故现场有关人员可直接向事故发生地县以上建设主管部门报告。

(2)建设主管部门接到事故报告后，应当依照下列规定上报事故情况，并同时通知公安、检察机关等有关部门：

1)较大、重大及特别重大事故逐级上报至国务院建设主管部门，一般事故逐级上报至省级建设主管部门，必要时可以越级上报事故情况。

2)建设主管部门上报事故情况，应当同时报告本级人民政府；国务院建设主管部门接到重大和特别重大事故的报告后，应当立即报告国务院。

3)建设主管部门逐级上级事故情况，每级上报时间不得超过 2 h。

(3)事故报告应包括下列内容：

1)事故发生的时间、地点、工程项目名称、工程各参建单位名称；

2)事故发生的简要经过、伤亡人数(包括下落不明的人数)和初步估计的直接经济损失；

3)事故的初步原因；

4)事故发生后采取的措施及事故控制情况；

5)事故报告单位、联系人及联系方式；

6)其他应当报告的情况。

事故报告后出现新情况，以及事故发生之日起 30 日内伤亡人数发生变化的，应当及时补报。

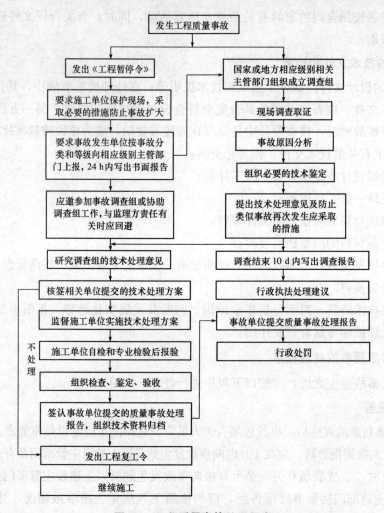

图 6-1　工程质量事故处理程序

2. 现场保护

当施工过程发生质量事故，尤其是导致土方、结构、施工模板、平台坍塌等安全事故造成人员伤亡时，施工负责人应视事故的具体状况，组织在场人员果断采取应急措施保护现场，救护人员，防止事故扩大。同时，做好现场记录、标识、拍照等，为后续的事故调查保留客观真实场景。

3. 事故调查

(1)建设主管部门应当按照有关授权或委托，组织或参与事故调查组对事故进行调查，并履行下列职责：

1)核实事故基本情况，包括事故发生的经过、人员伤亡情况及直接经济损失；

2)核实项目基本情况，包括项目履行法定建设程序情况、工程各参建单位履行职责的情况；

3)依据国家有关法律法规和工程建设标准分析事故的直接原因和间接原因，必要时组织对事故项目进行检查鉴定和专家技术论证；

4)认定事故的性质和事故责任；

5)依照国家有关法律法规提出对事故责任单位和责任人员的处理建议；

6)总结事故教训，提出规范和整改措施；

7)提交事故调查报告。

(2)事故调查报告应当包括下列要求：

1)事故项目及各参建单位概况；

2)事故发生经过和事故救援情况；

3)事故造成的人员伤亡和直接经济损失；

4)事故项目有关质量检查报告和技术分析报告；

5)事故发生的原因和事故性质；

6)事故责任的认定和事故责任者的处理建议；

7)事故防范和整改措施。

事故调查报告应当附有关证据材料，事故调查组成员应当在事故调查报告上签名。

4. 事故处理

(1)事故处理包括如下两个方面：

1)事故的技术处理，解决施工质量不合格和缺陷问题；

2)事故的责任处罚，根据事故性质、损失大小、情节轻重对责任单位和责任人做出行政处分直接追究刑事责任等不同处罚。

(2)工程质量事故处理报告主要内容为：

1)工程质量事故情况、调查情况、原因分析；

2)质量事故处理的依据；

3)质量事故技术处理方案；

4)实施技术处理施工中有关问题和资料；

5)对处理结果的检查鉴定和验收；

6)质量事故处理结论。

5. 恢复施工

对停工整改、处理质量事故的工程，经过对施工质量的处理过程和处理结果的全面检查验收，并有明确的质量事故处理鉴定意见后，报请工程监理单位签发《工程复工令》恢复正常施工。

四、任务实施

(1)工程质量事故处理依据包括：质量事故状况、相关法律法规、有关合同和合同文件、有关的技术文件和档案。

(2)工程质量事故处理程序见知识点相关内容。

五、拓展提高

为消除质量缺陷，以达到建筑物的安全可靠和正常使用功能及寿命要求，并保证后续施工的正常进行，应按照安全可靠，不留隐患；满足建筑物的功能和使用要求；技术可行，经济合理等基本要求选择工程质量事故处理方法。工程质量事故处理的基本方法包括工程质量事故处理方案的确定及工程质量事故处理后的鉴定验收。

(一)工程质量事故处理方案的确定

尽管质量事故的技术处理方案多种多样，但根据质量事故的情况可归纳为以下几种类型的处理方案。

1. 工程质量事故处理方案类型

(1)修补处理。这是最常用的一类处理方案。通常当工程的某个检验批、分项或分部的质量虽未达到规定的规范、标准或设计要求，存在一定的缺陷，但通过修补或更换构配件、设备后还可以达到要求标准，又不影响使用功能和外观要求，在此情况下，可以进行补修处理。

属于修补处理这类具体方案很多，诸如封闭保护、复位纠偏、结构补强、表面处理等。某些事故造成的结构混凝土表面裂缝，可根据其受力情况，仅作表面封闭保护；某些混凝土结构表面的蜂窝、麻面，经调查分析，可进行剔凿、抹灰等表面处理，一般不会影响其使用和外观。

对较严重的质量问题，可能影响结构的安全性和使用功能，必须按一定的技术方案进行加固补强处理，这样往往会造成一些永久性缺陷，如改变结构外形尺寸，影响一些次要的使用功能等。

(2)返工处理。当工程质量未达到规定的标准和要求，存在严重的质量问题，对结构的使用和安全构成重大影响，且又无法通过修补处理的情况下，可对检验批、分项、分部甚至整个工程返工处理。如某防洪堤坝填筑压实后，其压实土的干密度未达到规定值，经核算将影响土体的稳定且不满足抗渗能力要求，可挖除不合格土，重新填筑，进行返工处理。对某些存在严重质量缺陷，且无法采用加固补强等修补处理或修补处理费用比原工程造价还高的工程，应进行整体拆除，全员返工。

(3)让步处理。对质量不合格的施工结果，经设计人的核验，虽没达到设计的质量标准，却尚不影响结构安全和使用功能功能，经业主同意后可予验收。

(4)降级处理。对已完成施工部位，因轴线、标高引测差错而改变设计平面尺寸，若返工损失严重，在不影响使用功能的前提下，经承、发包双方协商验收。

出现质量问题后，经检测鉴定达不到设计要求，但经原设计单位核算，仍能满足结构安全和使用功能，则可作为降级处理。例如，某一结构构件截面尺寸不足，或材料强度不足，影响结构承载力，但经按实际检测所得截面尺寸和材料强度复核验算，仍能满足设计的承载力，可不进行专门处理。这是因为一般情况下，规范标准给出了满足安全和功能的最低限度要求，而设计往往在此基础上留有一定余量，这种处理方式实际上是挖掘了设计潜力或降低了设计的安全系数。

(5)不做处理。对于轻微的施工质量缺陷，如面积小、点数多、程度轻的混凝土蜂窝麻面、露筋等在施工规范允许范围内的缺陷，可通过后续工序进行修复。

实际上，让步处理和降级处理均为不做处理，但其质量问题在结构安全性和使用功能上的影响不同。不论什么样的质量问题处理方案，均必须做好必要的书面记录。

2. 选择最适用工程质量事故处理方案的辅助方法

选择工程质量处理方案，是复杂而重要的工作，它直接关系到工程的质量、费用和工期。处理方案选择不合理，不仅劳民伤财，严重的会留有隐患，危及人身安全，特别是对需要返工或不做处理的方案，更应慎重对待。下面给出一些可采取的选择工程质量事故处理方案的辅助决策方法。

(1)试验验证。对某些有严重质量缺陷的项目，可采取合同规定的常规试验以外的试验方法进一步进行验证，以便确定缺陷的严重程度。例如混凝土构件的试件强度低于要求的标准不太大(例如10％以下)时，可进行加载试验，以证明其是否满足使用要求。监理工程师可根据对试验验证结果的分析、论证，再研究处理决策。

(2)定期观测。在发现工程有质量缺陷时，其状态可能尚未达到稳定仍会继续发展，在这种情况下一般不宜过早作出决定，可以对其进行一段时间的观测，然后再根据情况做出决定。对此，监理工程师应与业主及承包商协商，是否可以留待责任期解决或采取修改合同，延长缺陷责任期的办法。

(3)专家论证。对于某些工程质量缺陷，可能涉及的技术领域比较广泛，或问题很复杂，有时仅根据合同规定难以决策，这时可提请专家论证。而采用这种办法时，应事先做好充分准备，尽早为专家提供尽可能详尽的情况和资料，以便使专家能够进行比较充分的、全面和细致的分析、研究，提出切实的意见与建议。实践证明，采取这种方法，对于就重大质量缺陷问题做出恰当的决定十分有益。

(二)工程质量事故处理的鉴定验收

质量事故的技术处理是否达到了预期目的，消除了工程质量不合格和工程质量缺陷，是否仍留有隐患，项目监理机构应通过组织检查和必要的鉴定，对此进行验收并予以最终确认。

1. 检查验收

工程质量事故处理完成后，应严格按施工验收标准及有关规范的规定进行检查，依据质量事故技术处理方案设计要求，通过实际量测，检查各种资料数据进行验收，并应办理验收手续，组织有关单位会签。

2. 必要的鉴定

为确定工程质量事故的处理效果，凡涉及结构承载力等使用安全和其他重要性能的处理工作，常需做必要的试验和检验鉴定工作。如果质量事故处理施工过程中建筑材料及构配件保证资料严重缺乏，或对检查验收结果各参与单位有争议时，常见的检验工作有：混凝土钻芯取样，用于检查密实性和裂缝修补效果，或检测实际强度；结构荷载试验，确定其实际承载力；超声波检测焊接或结构内部质量；池、罐、箱柜工程的渗漏检验等。检测鉴定必须委托具有资质的法定检测单位进行。

3. 验收结论

对所有的质量事故无论是经过技术处理、通过检查鉴定验收还是不需专门处理的，均应有明确的书面结论。若对后续工程施工有特定要求，或对建筑物使用有一定限制条件，应在结论中提出。验收结论通常有以下几种：

(1)事故已排除，可以继续施工。

(2)隐患已消除，结构安全有保证。

(3)经修补处理后，完全能够满足使用要求。

(4)基本上满足使用要求，但使用时有附加限制条件，例如限制荷载等。

(5)对耐久性影响的结论。

(6)对建筑物外观影响的结论。

(7)对短期内难以做出结论的，可提出进一步观测检查意见。

对于处理后应符合《建筑工程施工质量验收统一标准》(GB 50300—2013)的规定，监理人员应予以验收、确认，并应注明责任方承担的经济责任。对经加固补强或返工处理仍不能满足安全使用要求的分部工程、单位(子单位)工程，应拒绝验收。

【任务巩固】

1. 工程建设单位负责人接到报告后，应在(　　)h 内向事故发生地县以上建设主管部门及有关部门报告。

    A. 1　　　　　　　　B. 2　　　　　　　　C. 3　　　　　　　　D. 4

2. 一般事故逐级上报至(　　)级建设主管部门，必要时可以越级上报事故情况。

    A. 国家　　　　　　B. 省　　　　　　　C. 市　　　　　　　D. 县

3. 事故报告后出现新情况，以及事故发生之日起(　　)日内伤亡人数发生变化的，应当及时补报。

    A. 7　　　　　　　　B. 14　　　　　　　C. 28　　　　　　　D. 30

【能力训练】

训练题目：按照工程质量事故处理程序，模拟处理工程质量事故。

项目六　综合训练

某单层工业厂房工程拆除顶层钢模板时，将拆下的 25 根钢管(每根长 4.5 m)和扣件运到井字架的吊篮上，5 名工人随吊篮盘一起从屋顶下落到地面。此时，恰好操作该吊篮的专职司机上厕所不在岗，临时由附近施工的一名普通工开动卷扬机。在卷扬机下降过程中，钢丝绳突然断裂，人随吊篮下落坠地，造成 3 人死亡、2 人重伤的事故。

问题：

(1)该事故属于什么等级？简述该等级的判定标准。

(2)分析造成这起事故的原因。

(3)该单位在 1 h 内书面向有关单位报告事故，并按规定逐级上报。简要说明报告事故时应包括哪些具体内容。

答案：

(1)本次事故为较大事故。

较大事故的判定标准：

1)造成3人以上10人以下死亡；

2)造成10人以上50人以下重伤；

3)造成1 000万元以上5 000万元以下直接经济损失。

满足上述任一条，即为较大事故。

(2)造成这起事故的原因是：违反了货运升降机严禁载人上下的安全规定；违反了卷扬机应由经过专门培训且合格的人员操作的规定；对卷扬机各部件(如钢丝绳)缺乏日常检查和维护保养，致使酿成伤亡事故。

(3)报告事故应当包括下列内容：

1)事故发生的时间、地点、工程项目名称、工程各参建单位名称；

2)事故发生的简要经过、伤亡人数(包括下落不明的人数)和初步估计的直接经济损失；

3)事故的初步原因；

4)事故发生后采取的措施及事故控制情况；

5)事故报告单位、联系人及联系方式；

6)其他应当报告的情况。

项目小结

本项目主要介绍了工程质量事故特点及分类、工程质量事故处理依据和程序两大部分内容。

工程质量事故特点及分类包括工程质量事故概念、工程质量事故特点、工程质量事故分类及工程质量事故原因。

工程质量事故处理依据和程序包括工程质量事故处理依据、工程质量事故处理程序及工程质量事故处理的基本方法。

思考题

1. 简述工程质量事故的等级划分。

2. 工程质量事故处理的依据是什么？

3. 简述工程质量事故处理的程序。

4. 质量事故处理可能采取的处理方案有哪几类？它们各适合在何种情况下采用？

5. 工程质量事故调查报告应当包括哪些内容？

![知识链接]

一、单项选择题

1. 建筑工程是一项特殊的产品，不像一般生活用品可以报废，降低使用等级或使用档次，工程项目一旦出现质量事故，其影响较大，反映出工程质量事故具有(   )。

   A. 复杂性　　　B. 严重性　　　　C. 可变性　　　　D. 多发性

2. 根据工程质量事故造成的人员伤亡或者直接经济损失，工程质量事故分为(   )个等级。

   A. 2　　　　　B. 3　　　　　　C. 4　　　　　　D. 5

3. 工程质量事故造成 3 人死亡、9 人重伤、200 万元直接经济损失，该事故属于(   )事故。

   A. 特别重大　　B. 重大　　　　C. 较大　　　　　D. 一般

4. 建设主管部门逐级上级事故情况，每级上报时间不得超过(   )h。

   A. 0.5　　　　B. 1　　　　　　C. 2　　　　　　D. 3

5. 建设主管部门上报事故情况，应当同时报告本级(   )。

   A. 消防部门　　B. 公安部门　　　C. 人民政府　　　D. 医疗部门

6. 有明确的质量事故处理鉴定意见后，报请工程监理单位签发(   )恢复正常施工。

   A. 工程复工令　B. 工程开工令　C. 工程停工令　　D. 工程变更

7. 工程质量事故造成 10 人死亡、10 人重伤，该事故属于(   )事故。

   A. 特别重大　　B. 重大　　　　C. 较大　　　　　D. 一般

8. 对于轻微的施工质量缺陷，如面积小、点数多、程度轻的混凝土蜂窝麻面、露筋等在施工规范允许范围内的缺陷，可做(   )。

   A. 不做处理　　　B. 让步处理　　　C. 降级处理　　　D. 返工处理

9. 对于某些工程质量缺陷，可能涉及的技术领域比较广泛，或问题很复杂，有时仅根据合同规定难以决策，这时可提请(   )。

   A. 试验验证　　B. 专家论证　　　C. 定期观测　　　D. 返工

二、多项选择题

1. 施工过程中的质量缺陷可分为(   )和(   )。

   A. 可整改质量缺陷　　B. 不可整改质量缺陷　　C. 临时缺陷

   D. 永久缺陷　　　　　E. 可忽略缺陷

2. 工程质量事故的特点包括(   )。

   A. 简单性　　　　　　B. 严重性　　　　　C. 可变性

   D. 多发性　　　　　　E. 复杂性

3. 根据工程质量事故造成的人员伤亡或者直接经济损失，工程质量事故分为(   )事故。

   A. 特别重大　　　　　B. 重大　　　　　　C. 较大

D. 一般　　　　　　　　E. 较小

4. 工程质量事故处理依据包括(　　)。

A. 质量事故状况　　　B. 工程质量事故处理报告　C. 相关法律法规

D. 有关合同和合同文件　E. 有关的技术文件和档案

5. 建设主管部门接到事故报告后，(　　)事故逐级上报至国务院建设主管部门。

A. 特别重大　　　　　B. 重大　　　　　　　　C. 较大

D. 一般　　　　　　　E. 较小

三、案例题

某工程为 6 层砖混结构住宅，下部有高为 1.8 m 的杂物间，住宅层高为 3.3 m，建筑物总高为 21.3 m，建筑面积为 2 860 m²。每层设有钢筋混凝土圈梁和构造柱，基础两端为扩孔桩基，其余为浅带形基础。在浇筑 5 层楼板时，房屋整体坍塌，造成 2 人死亡、6 人重伤。

问题：

1. 工程验收的程序是什么？

2. 建筑工程安全检查的重点是什么？

3. 建筑工程安全检查的方法有哪些？

4. 本工程这起重大事故可定为哪种等级的重大事故？

参 考 文 献

[1]郑惠虹 . 建筑工程施工质量控制与验收[M]. 北京：机械工业出版社，2011.

[2]白锋 . 建筑工程质量检验与安全管理[M]. 北京：机械工业出版社，2011.

[3]王波，刘杰 . 建筑工程质量与安全管理[M]. 北京：北京邮电大学出版社，2013.

[4]张平 . 建设工程质量验收项目检验简明手册[M]. 北京：中国建筑工业出版社，2014.

[5]张传红 . 建筑工程管理与实务：案例题常见问答汇总与历年真题详解[M]. 北京：中国
电力出版社，2012.

[6]裴哲 . 建筑工程施工质量验收统一标准填写范例与指南(上下册)[M]. 北京：清华同方
光盘电子出版社，2014.

[7]中华人民共和国国家标准 . GB 50300—2013 建筑工程施工质量验收统一标准[S]. 北京：
中国建筑工业出版社，2014.

[8]中华人民共和国国家标准 . GB 50202—2002 建筑地基基础工程施工质量验收规范[S].
北京：中国建筑工业出版社，2002.

[9]中华人民共和国国家标准 . GB 50208—2011 地下防水工程质量验收规范[S]. 北京：中
国建筑工业出版社，2011.

[10]中华人民共和国国家标准 . GB 50204—2015 混凝土结构工程施工质量验收规范[S]. 北
京：中国建筑工业出版社，2015.

[11]中华人民共和国国家标准 . GB 50203—2011 砌体结构工程施工质量验收规范[S]. 北
京：中国建筑工业出版社，2011.

[12]中华人民共和国国家标准 . GB 50205—2001 钢结构工程施工质量验收规范[S]. 北京：
中国建筑工业出版社，2001.

[13]中华人民共和国国家标准 . GB 50207—2012 屋面工程质量验收规范[S]. 北京：中国建
筑工业出版社，2012.

[14]中华人民共和国国家标准 . GB 50210—2001 建筑装饰装修工程质量验收规范[S]. 北
京：中国建筑工业出版社，2001.

[15]中华人民共和国国家标准 . GB 50209—2010 建筑地面工程施工质量验收规范[S]. 北
京：中国建筑工业出版社，2010.